小型AIコンピュータボード

Jetson Nano 超入門

改訂第2版

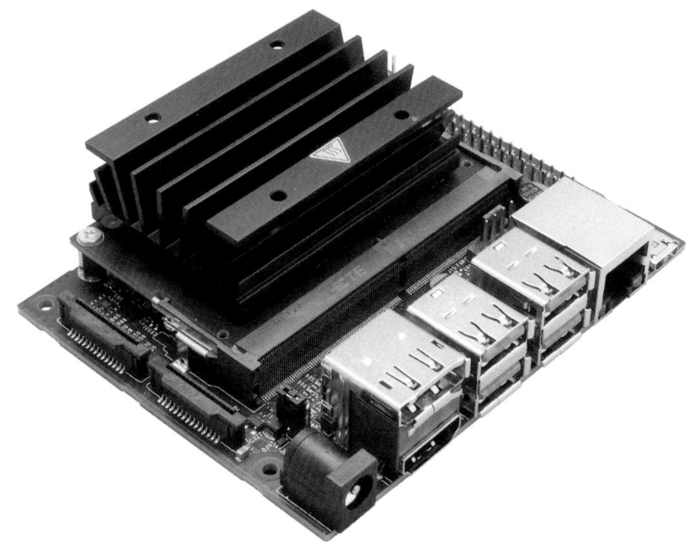

Jetson Japan User Group 著

からあげ・北崎恵凡・古瀬勉・鶴長鎮一・中畑隆拓

はじめに

2019年12月にこの本の初版が出た後の2020年は、COVID-19により世界が大きく変わりました。結果、それまではなかなか受け入れられなかった（嫌な顔をされた）リモートワークやオンラインでの打ち合せなどが、今では普通になりました。

同時に、人との接触をなくす、もしくは人の介在をなくす「自動化」「無人化」「遠隔化」の技術が、あらゆるところで求められる時代になってきました。

自動化、無人化、遠隔化の技術は「AI」が実現します。これまで以上にAIが私達の生活の中に入ってくる時代がやってきました。そのAIを実際に使う上で、NVIDIA社のJetson Nanoは私達の生活に近いところで、でも見えない場所で使われるようになります。

AIを理解するには、まず手を動かして体感することが一番です。Jetson Nanoを使ってAIを「自分ゴト」として体感しましょう。そこから、皆様のビジネスにつなげるアイデアのきっかけに、本書がお役に立てれば幸いです。

中畑隆拓

「Jetson Nano超入門」が世に出てから早くも1年4ヶ月経ちました。その間、Jetson Nanoはカメラ入力が2つになったB01モデル、メモリが2GBのモデルが発売され、ソフトウェア（JetPack）のバージョンも4.2から4.5へと大きく変わりました。このタイミングで新たに第2版として読者の皆様に本書をお届けできるのは、作者として望外の喜びです。

書籍では、本書の全体を掴んでもらうために「Part1 Jetson Nanoの概要」を書いています。特に今回の第2版では、古瀬さんが新しくNVIDIAが用意したプログラム「Jetson AI認定」に関して加筆されています。Jetson Nanoでモノづくりの楽しさを知ってもらうために「Part6　自分の身体を楽器にするソフトを使ってみよう」「Part 7　ROSを使ってロボットの眼を作ってみよう」も担当しています。

「Part3　本格運用するための設定や基礎知識」では、鶴長さんがJetson Nanoの基本的な使い方を丁寧に説明くださっています。「Part5　USBカメラを使った物体検出」は、古瀬さんがディープラーニングを活用した物体検出に関して高度な内容まで踏み込んで解説しています。「Part8　電子工作をしてみよう」では、北崎さんがJetson Nanoで電子工作に取り組みたい方のために多くの図・写真を交えて解説してくださっています。

この本が、多くのJetson Nanoでモノづくりをする人の助けになることを願っています。

からあげ

CONTENTS

本書の使い方

本書の使い方について解説します。本文中で紹介しているサンプルプログラムや設定ファイルの場所、また配線図の見方などについても紹介します。

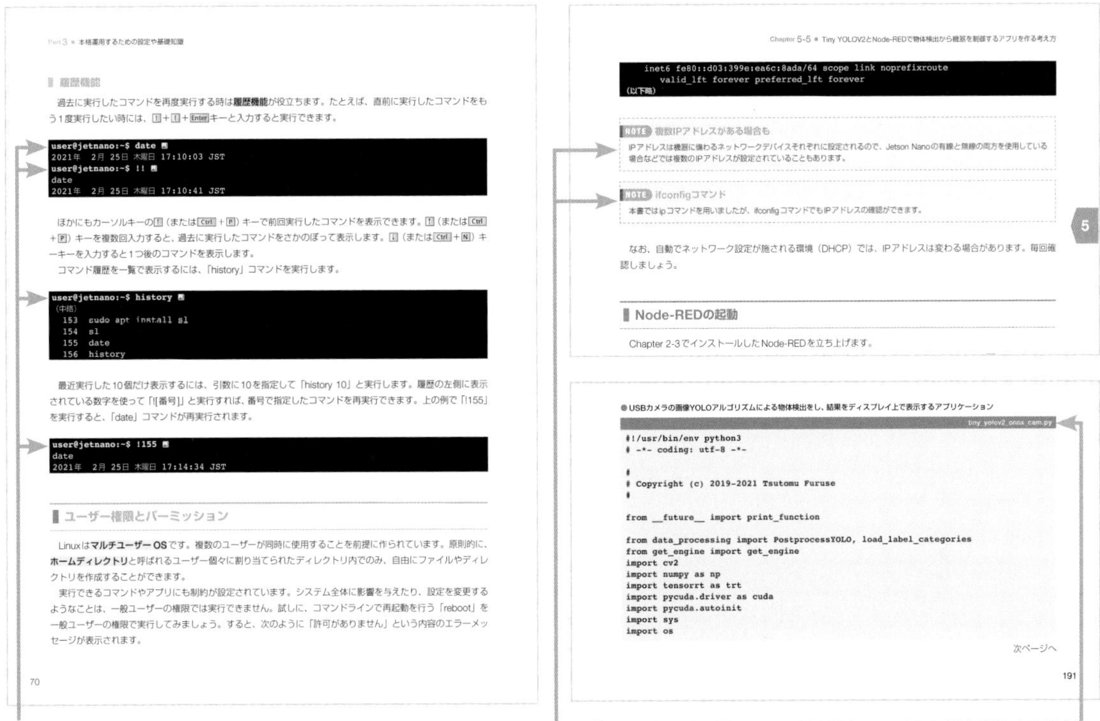

コマンド入力行は太字で表示して、入力内容をわかりやすくしています。

注意すべき点やTIPS的情報などを「NOTE」という囲み記事で適宜解説しています。

プログラムコードや設定ファイルなどを解説する場合は、ここにファイル名を記載しています。

● 配線図の見方

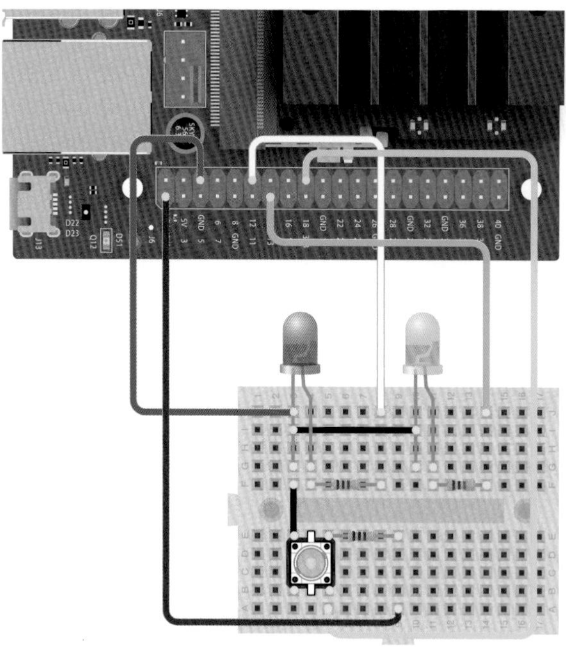

ブレッドボード上やJetson Nanoの拡張ヘッダー（J41）などに電子部品を接続する配線図のイラストでは、端子を挿入して利用する箇所を黄色の点で表現しています。自作の際の参考にしてください。

本書の補足・訂正情報ページについて

出版後に判明した補足・訂正情報などを掲載していきます。掲載情報は随時更新していきます。

◆ 本書の補足・訂正情報ページ

http://www.sotechsha.co.jp/sp/1283/

注意事項

- 本書の内容は2021年3月の原稿執筆時点での情報であり、予告なく変更されることがあります。特に電子部品に関しては、生産終了などによって取り扱いが無くなることが予想されますので、あくまで執筆時点の参考情報であることをご了承ください。また、本書に記載されたソフトウェアのバージョン、ハードウェアのリビジョン、URL、それにともなう画面イメージなどは原稿執筆時点のものであり、予告なく変更される場合があります。
- 本書の内容の操作によって生じた損害、および本書の内容に基づく運用の結果生じたいかなる損害につきましても著者および監修者、株式会社ソーテック社、ソフトウェア・ハードウェアの開発者および開発元、ならびに販売者は一切の責任を負いません。あらかじめご了承ください。
- 本書の制作にあたっては、正確な記述に努めていますが、内容に誤りや不正確な記述がある場合も、当社は一切責任を負いません。また著者、監修者、出版社、開発元のいずれも一切サポートを行わないものとします。
- 本書で解説したサンプルコード等のライセンス条件は、各配布元サイトをご参照ください。

Part 1

Jetson Nanoの概要

Jetson Nanoをはじめて使う初心者でもわかるように、製品の概要・特徴・購入先をまとめました。
Jetson Nanoを使用するために必須となる周辺機器や、あると便利なお勧めの周辺機器も紹介します。

Jetson Nanoはじめの一歩

Jetson Nanoは低消費電力でありながらAIコンピューティングが可能な開発ボードです。ここではJetson Nanoの製品概要や、他の開発ボードと比べた利点や応用例を解説します。代表的な入手先に関しても紹介します。

Jetsonファミリーと Jetson Nano

2019年3月に発表（日本国内販売開始は同年4月）された「**Jetson Nano**」は、NVIDIA社が提供する小型かつ低電力で動作する開発ボードです。Jetson NanoはNVIDIA製の**GPU**（Graphics Processing Unit）を搭載しており、同じくNVIDIA社が無償で提供する「**CUDA**」と呼ばれる開発環境が標準で動作します。CUDAはそのパフォーマンスの高さから、近年注目をあびている画像処理・AI分野でGPU計算のプラットフォームのデファクトスタンダードになりつつあります。

Jetson Nanoは、NVIDIA社が提供する「**Jetsonファミリー**」と呼ばれるハードウェアプラットフォームシリーズの1機種です。現行（記事執筆時点）のJetsonファミリーには、「Jetson AGX Xavier」「Jetson Xavier NX」「Jetson TX2」「Jetson Nano」などがあります。Jetson Nano自体も、初期バージョンの「**Jetson Nano A02**」に加えて、カメラ入力が2つに増えた「**Jetson Nano B01**」、安価な「**Jetson Nano 2GB**」モデルが追加されました。

Jetsonファミリーはロボットや IoTなど組み込み機器向けの開発・研究に向いており、企業から大学まで幅広く使われている製品です。最上位製品がJetson AGX Xavierで、最も安価で入門向け製品がJetson Nanoという位置づけです。Jetsonファミリーは従来、企業向け用途に用いられてきましたが、Jetson Nanoは小型かつ安価な製品であるため、個人向け・ホビー用途までその対象が広がりつつあります。

●小型で安価かつ高性能な開発ボード「Jetson Nano」（左はJetson Nano A02、右はJetson Nano 2GB）

Jetson Nanoの特徴

Jetson NanoはJetsonファミリーではエントリー（入門向け）モデルですが、CUDA対応の128コアGPUを搭載することで、他社の開発ボードと比べて高い性能のAI処理が可能です。Jetsonファミリーには「**JetPack SDK**」というアプリケーション開発・実行に必要なソフトウェアが提供されています。JetPack SDKで開発したソフトウェアはJetsonファミリーのどの製品でも動作します。JetPackにはCUDAのデモプログラムが収録されており、セットアップが完了したらすぐにJetson NanoのGPU処理性能を体験できます（Part4を参照）。

●JetPackのデモ実行画面

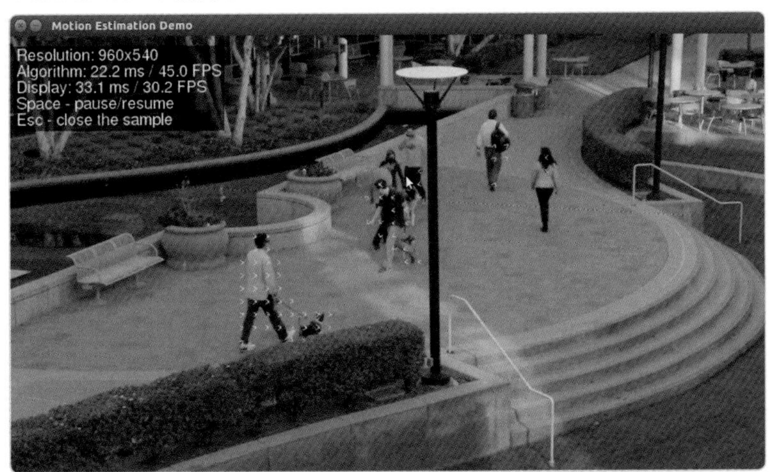

Jetson Nanoは、消費電力が低いことや小型で設置場所を選ばないことから、深層学習の推論システムに適しています。Jetson Nanoに搭載されたGPUで深層学習の推論フェーズを効率よく処理することができます（Part5を参照）。

●物体検出のバウンディングボックス

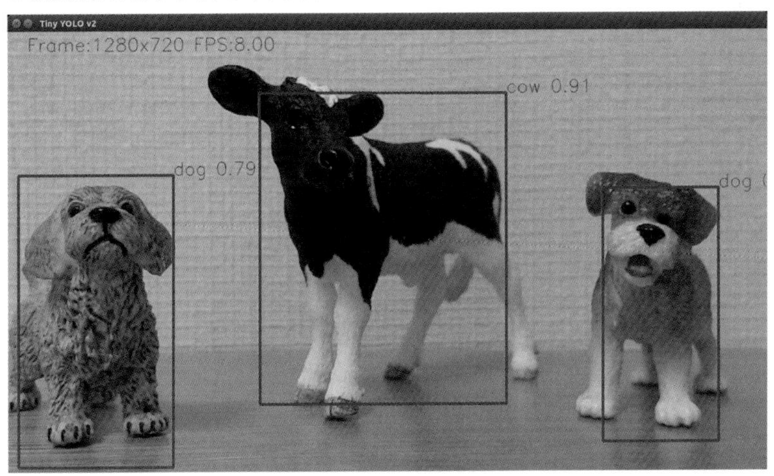

Jetson NanoにはRaspberry Piに似た拡張ヘッダーが用意されています。これを利用すれば、Raspberry Pi同様に電子部品の制御ができ、電子工作が可能です（Part8を参照）。

●Jetson Nanoで電子工作も可能

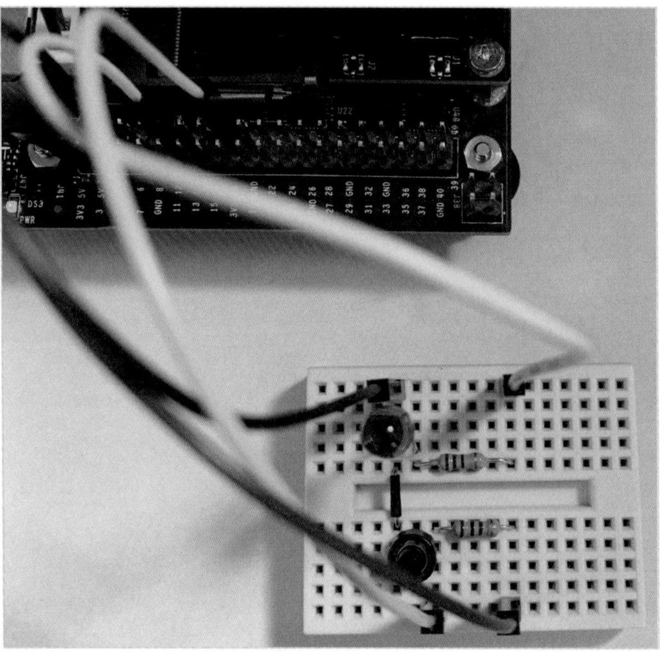

Raspberry PiやArduinoをはじめとして、世には多くの開発ボードがあります。それらを使った開発の経験の中で、筆者がJetson Nanoを実際に使って感じた良い点をまとめると次のとおりです。

- OSをインストールするmicroSDカードを作成するパソコン（Windows・Mac・Linuxなど）のみで簡単にセットアップが可能
- USBケーブルで給電できるため、電源の取り回しが楽である（ただし高負荷がかかる処理にはACアダプターからの給電が必要）
- 初心者にはセットアップが難しいCUDAが標準でインストールされている
- 小型で高画質なカメラモジュール「Raspberry Pi Camera Module V2」が使用できる
- 高度なAIを使ったパソコン向けアプリケーションを動かすことができる

実際にJetson Nanoを動かしながら本書を読み進めていけば、これらの利点を体感できるでしょう。

また、最新のJetPackでは、コンテナ型仮想化技術「**Docker**」が標準で利用できます。Dockerを利用すれば、アプリケーションとその実行環境を丸ごと「コンテナ」と呼ぶ仮想的な入れ物に隔離して利用できます。自分でDockerイメージを作成して利用するほか、Dockerイメージとして配布されている数々のソフトウェアを利用することもできます。また、NVIDIA社からはJetson固有のハードウェアアクセラレーションが有効になったDockerイメージも配布されています（Part9を参照）。

Jetson Nanoのスペック

現行のJetson Nanoモデルである「Jetson Nano B01」と「Jetson Nano 2GB」、およびJetson Nano 4GBの旧モデルである「Jetson Nano A02」のスペックは次のとおりです。教育や電子工作用途で人気の高いシングルボードコンピュータ「**Raspberry Pi**」（https://www.raspberrypi.org）の最新機種であるRaspberry Pi 4 Model Bのスペックも掲載しました。

Jetson Nanoは128コアGPUを搭載して高い処理性能を持っています。Jetson Nano A02・B01はメモリー（主記憶）を4GB搭載し、USBコネクターもすべてUSB 3.0に対応しています。Jetson Nano 2GBはメモリー容量が2GB、映像出力はHDMIのみなど機能を抑える一方、価格も安価になって入手しやすいモデルです。

	Jetson Nano A02	Jetson Nano B01	Jetson Nano 2GB	Raspberry Pi 4 Model B
CPU	ARM A57	ARM A57	ARM A57	ARM Cortex-A72
RAM	4GB	4GB	2GB	1GB／2GB／4GB／8GB
GPU	NVIDIA Maxwell 128core（CUDA対応）	NVIDIA Maxwell 128core（CUDA対応）	NVIDIA Maxwell 128core（CUDA対応）	Broadcom VideoCore Ⅵ
カメラ入力	MIPI-CSI×1	MIPI-CSI×2	MIPI-CSI×1	MIPI-CSI×1
映像出力	HDMI／DisplayPort	HDMI／DisplayPort	HDMI	micro-HDMI×2
USB	USB 3.0×4	USB 3.0×4	USB 3.0×1 USB 2.0×2	USB 3.0×2 USB 2.0×2
Wi-Fi／Bluetooth	なし	なし	なし	Wi-Fi／Bluetooth
価格※	-	12,540円	7,920円	-（1GB） 5,225円（2GB） 7,700円（4GB） 1,0340円（8GB）

※スイッチサイエンス（https://www.switch-science.com）の通販より。現行商品でないものは価格なし。

Jetson Nanoの入手先

Jetson Nanoの代表的な入手先は次のとおりです。

- Amazon.co.jp（https://www.amazon.co.jp/）
- スイッチサイエンス（https://www.switch-science.com/）
- 秋月電子（https://akizukidenshi.com/catalog/）
- 共立エレショップ（https://eleshop.jp/shop/）

Jetson Nanoの価格は、店や購入時期により変動します。また送料などの条件も異なるため、いくつかのサイトで比較して購入するのがお勧めです。

●スイッチサイエンスのJetson Nano B01のページ
（https://www.switch-science.com/catalog/6239/）

●共立エレショップのJetson Nano 2GBのページ
（https://eleshop.jp/shop/g/gKB6311/）

Jetson Nanoの各部名称と機能

Jetson Nanoを利用する前に、各部の名称と機能を把握しておきましょう。

各部の名称と概要

Jetson Nanoの、ユーザーが利用する主要な接続部を解説します。各部の後に記載している「JXX」（XXは数字）は、Jetson Nanoにプリントされた番号です。

●Jetson Nano 4GB（A02・B01）の各部名称

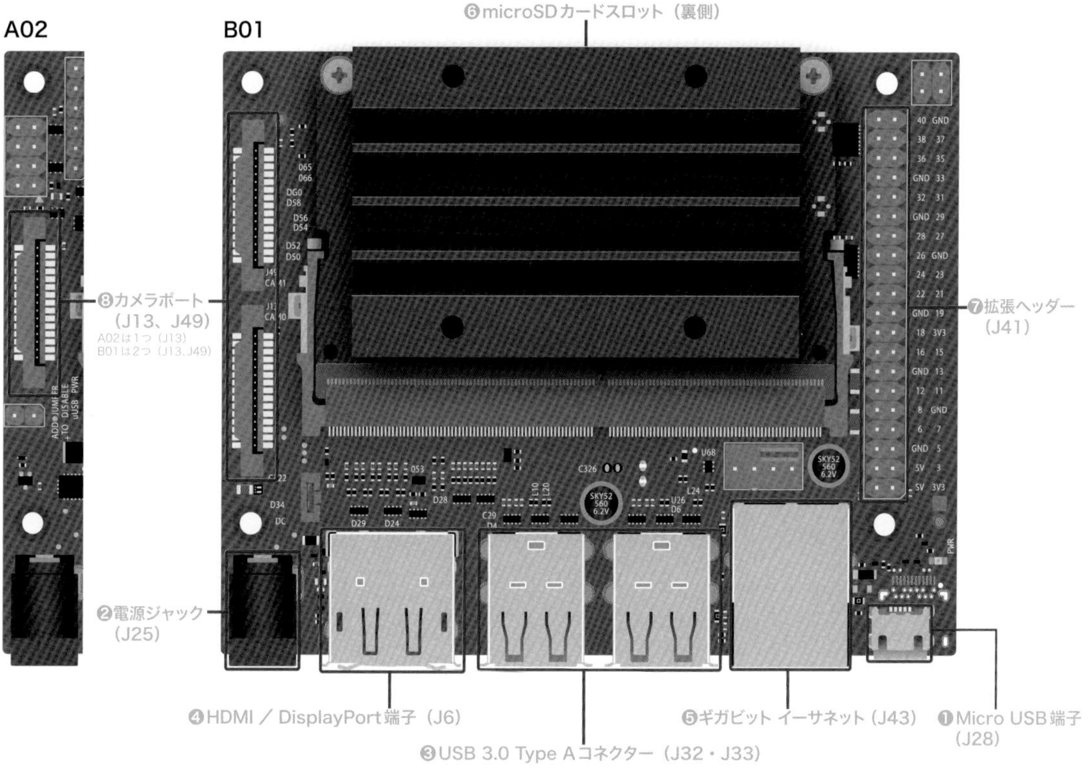

A02

B01

❻microSDカードスロット（裏側）

❽カメラポート
（J13、J49）
A02は1つ（J13）
B01は2つ（J13、J49）

❼拡張ヘッダー
（J41）

❷電源ジャック
（J25）

❹HDMI ／ DisplayPort端子（J6）

❸USB 3.0 Type Aコネクター（J32・J33）

❺ギガビット イーサネット（J43）

❶Micro USB端子
（J28）

●Jetson Nano 2GBの各部名称

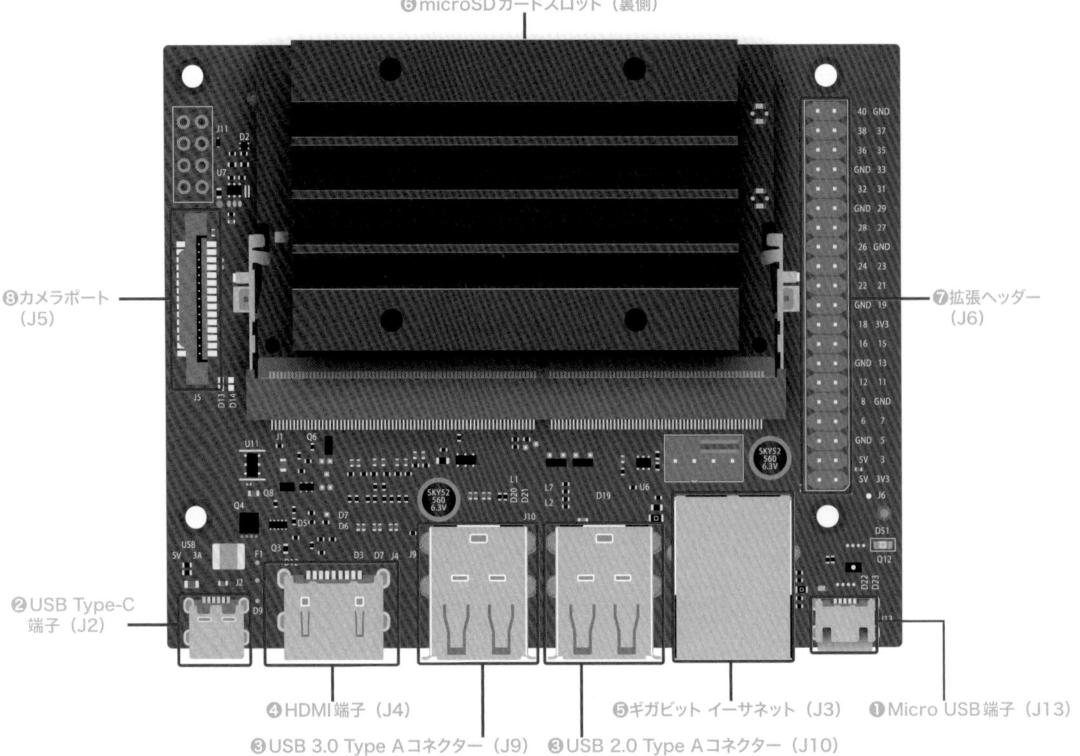

❶Micro USB端子（Jetson Nano 4GB─J28）（Jetson Nano 2GB─J13）

Micro USB端子は、受電や他機器との通信に用います。

Jetson Nano 4GB（A02・B01）では、Micro USBコネクターからJetson Nanoへ5V電源を供給することができます。OSのセットアップなどの通常利用だけであれば、Micro USBコネクターからの電源供給で運用可能です。高負荷がかかる処理を行う場合は、電源ジャック（J25）を使用します。なお、ACアダプターによる給電に切り替えた場合は、Micro USBコネクターは他機器の接続に利用できます（p.145を参照）。

Jetson Nano 2GBでは、Micro USB端子は通信のみの利用です。

❷電源ジャック（Jetson Nano 4GB─J25）／USB Type-C端子（Jetson Nano 2GB─J2）

Micro USB端子でも説明しましたが、Jetson Nano 4GB（A02・B01）では大電流を扱うためDCジャック電源を接続することも可能です。Micro USB端子からの給電と電源ジャックからの給電は、電源ジャック近くのパワーセレクトヘッダー（J48）をショートさせることで切り替えができます（p.99を参照）。

Jetson Nano 2GBは電源ジャックは搭載されておらず、USB Type-C端子から受電します。

❸USB Type Aコネクター（Jetson Nano 4GB—J32、J33）（Jetson Nano 2GB—J9、J10）

USBマウスやキーボードなどのほか、USB接続の周辺機器（USBメモリーや無線LANアダプター、USBカメラなど）を利用する場合はここに接続します。

Jetson Nano 4GB（A02・B01）にはUSB 3.0のコネクターが4つ搭載されています。Jetson Nano 2GBではUSB 3.0が1つ、USB 2.0が2つ搭載されています。

❹HDMI／DisplayPort端子（Jetson Nano 4GB—J6）（Jetson Nano 2GB—J13）

Jetson Nanoに接続するモニターを接続する端子です。Jetson Nano 4GB（A02・B01）はHDMIあるいはDisplayPortでの出力が可能です。なおJetson NanoではHDMIからDVIに変換するアダプターはサポートされていないため、変換アダプターは使わず接続することをお勧めします。変換アダプターを使用すると、モニターが表示されない場合があります。

Jetson Nano 2GBにはHDMI端子が1つ搭載されています。

❺ギガビット イーサネット（Jetson Nano 4GB—J43）（Jetson Nano 2GB—J3）

ネットワークに接続するためのイーサネットコネクターです。1Gbpsでの通信が可能なギガビットイーサでの通信に対応しています。Jetson NanoにはWi-FiやBluetoothは標準では搭載されていません。

●受電端子やイーサネット、ディスプレイ出力端子など（Jetson Nano 4GB）

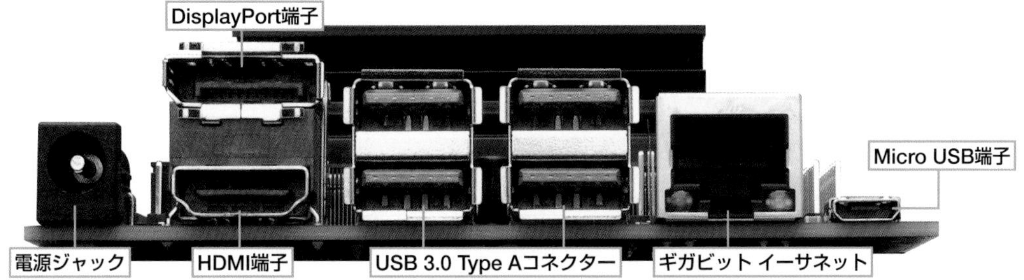

●受電端子やイーサネット、ディスプレイ出力端子など（Jetson Nano 2GB）

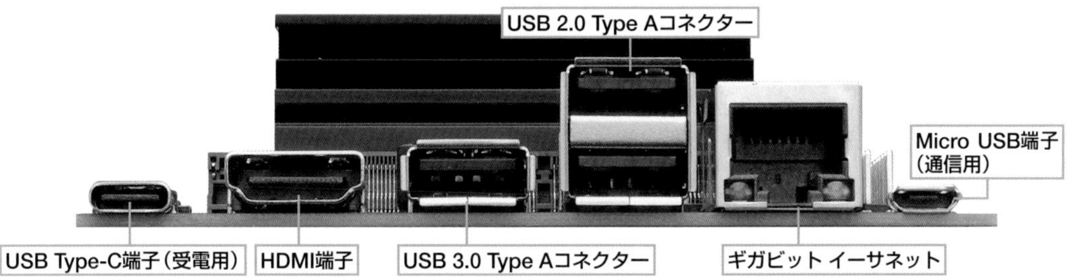

❻microSDカードスロット

Jetson Nanoで使用するmicroSDカードを挿入します。Jetson NanoのOS（オペレーティングシステム）およびデータは、すべてこのmicroSDカードに格納されるため、Jetson Nanoの起動にはmicroSDカードが必須です。OSセットアップ方法はPart2で解説します。

● microSDカードスロットの場所

❼拡張ヘッダー（Jetson Nano 4GB—J41）（Jetson Nano 2GB—J6）

Jetson NanoにはRaspberry Pi同様に40ピンの拡張ヘッダーが用意されています。**GPIO**（General-Purpose Input/Output　**汎用入出力**）と呼ばれる様々な用途に使用できる制御信号が集まったピンヘッダーです。LEDの制御、モーターの制御といったハードウェア制御をするときに使用するものです。拡張ヘッダーの詳細はPart8で解説します。

● Raspberry Piと同じ40ピンの拡張ヘッダー

❽カメラポート（Jetson Nano 4GB—J13、J49）（Jetson Nano 2GB—J5）

カメラモジュールを接続するコネクターです。Jetson Nanoは**MIPI-CSI**という通信規格のカメラに対応しています。Raspberry Pi用のカメラモジュール（Raspberry Pi Camera V2）をサポートしています。

現行Jetson Nano 4GBであるB01にはカメラポートが2つ搭載され、旧型のJetson Nano 4GBであるA02とJetson Nano 2GBにはカメラポートが1つ搭載されています。

運用に必要な周辺機器

Jetson Nanoを動かすために必要な周辺機器を解説します。最低限稼働させるために必須の周辺機器と、用意すると便利な周辺機器に分けて紹介します。

必須の周辺機器

Jetson Nanoを稼働させるのに必要な周辺機器等は次のとおりです。パソコンはJetson NanoのOSセットアップに使います。

Jetson Nano 4GB（A02・B01）の場合

- HDMIモニター・HDMIケーブル
- USBキーボード・USBマウス
- USB対応電源アダプターおよびMicro USBケーブル（設定変更してACアダプターからの給電も可能）
- microSDカード
- パソコン（Windows、Macなど）

●Jetson Nano 4GB周辺機器接続概念図

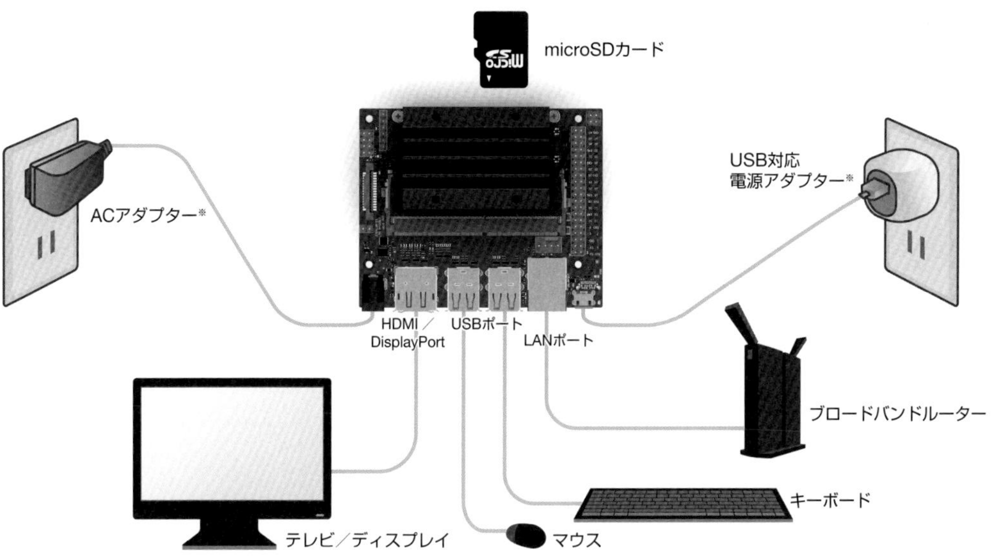

※標準ではUSB対応電源アダプターを使用します。ACアダプターへの切り替えは設定が必要です。電源はどちらかのみ利用可能です。同時に2カ所から給電することはできません。

Jetson Nano 2GBの場合

- HDMIモニター・HDMIケーブル
- USBキーボード・USBマウス
- USB対応電源アダプター（5V 3A供給可能なもの）およびUSB Type-Cケーブル
- microSDカード
- パソコン（Windows、Macなど）

●Jetson Nano 2GB周辺機器接続概念図

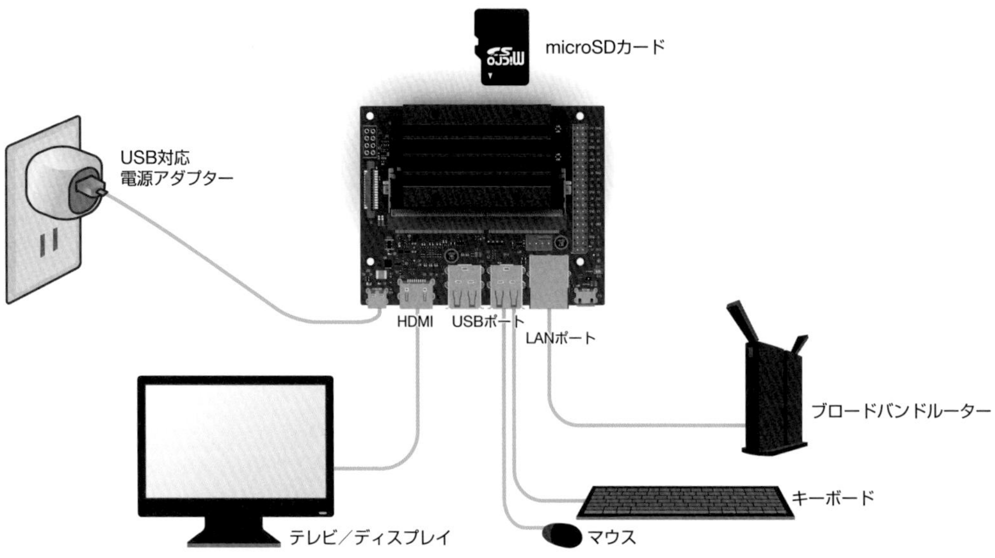

ディスプレイ、ディスプレイケーブル、USBキーボード・マウス

ディスプレイとケーブルは、Jetson Nanoの映像出力に使います。Jetson Nano 4GB（A02・B01）はHDMIおよびDisplayPortでの出力が可能です。Jetson Nano 2GBはHDMI出力のみです。

USBキーボードとUSBマウスはJetson Nanoへの入力に使います。いずれもパソコン用の機器と同じ物が利用できます。先にも説明しましたが、HDMIからDVIへ変換するアダプターは、動作しないケースがあるので注意してください。

Jetson Nanoは携帯性に優れるため、デモなどで外に持ち出すこともあるかもしれません。そのようなときにはタッチパッド付きのミニキーボードや小型モニターがあると便利です。

●Ewin® ミニ キーボード ワイヤレス 2.4GHz タッチパッド搭載 超小型 mini Wireless keyboard
(https://www.amazon.co.jp/dp/B00WNRW9XE)

●10.1インチ 液晶 小型 モニター
(https://www.amazon.co.jp/dp/B07D6GRR2X)

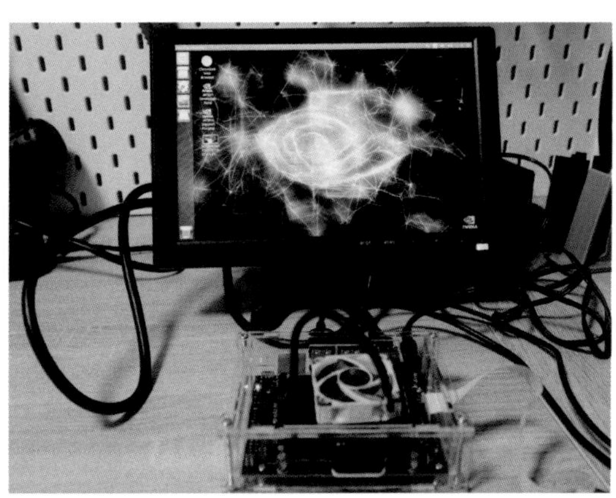

電源アダプター

Jetson Nano 4GBの場合、標準ではUSB対応電源アダプターとMicro USBケーブルを使って供給します。安定動作のために、最低でも2.4A以上の電流が流せるものを使うようにしてください。ACアダプターからの給電方法についてはp.95で解説します。

Jetson Nano 2GBの場合はUSBからの給電のみです。5V 3A供給可能なUSB対応電源アダプターとType-C USBケーブルを使って供給します。

microSDカード

Jetson NanoのOSおよびユーザーが使用するデータの格納のため、microSDカードが必要です。OSイメージのサイズを考慮すると、32GB以上の容量のものをお勧めします。

Jetson Nanoの活用が進むと、microSDカードを複数用意して用途に応じて切り替えることが多くなります。microSDカードは非常に小さく紛失しやすいため、カードケースで保管することをお勧めします。

パソコン（Windows、Macなど）

Jetson NanoのOSイメージをダウンロードしてmicroSDカードに書き込むために、WindowsやMacなどのパソコンが必要になります。また、microSDカードにイメージを書き込む際に、microSDカードリーダーも必要です。

●OSイメージの書き込み

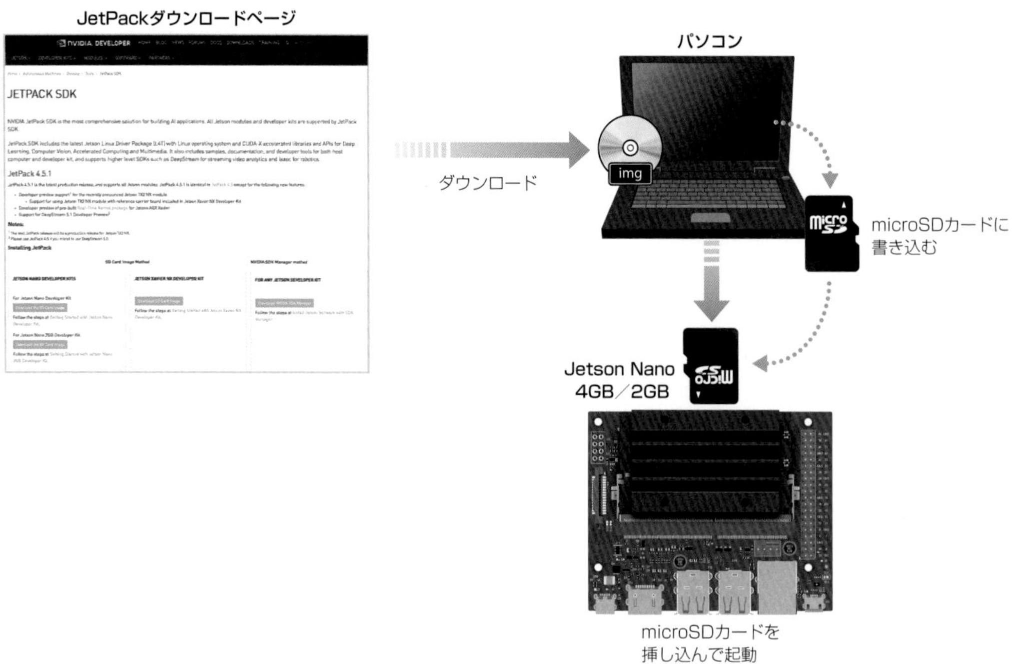

お勧めの周辺機器

必須周辺機器以外に、本書内で解説したものを中心に、Jetson Nanoをより活用できる便利な周辺機器を紹介します。

電源アダプター、冷却ファン、ケース

Jetson Nanoで深層学習などの高負荷のかかる計算処理をするためには、安定した電源供給が必要です。また、高負荷がかかる処理を行うと発熱量が増えるため、冷却ファンを取り付ける必要があります。また、Jetson Nanoは標準ではむき出しの状態ですので、対応ケースを購入して運用するのもお勧めです。DCジャック付きの電源アダプターと冷却ファンについては、p.95とp.105を参照してください。

Raspberry Pi Camera Module V2、USBカメラ（UVC対応）

Jetson Nanoで画像認識をするときに使用するのがカメラモジュールです。

カメラとしてお勧めなのが、小型で高性能なRaspberry Pi用のカメラモジュール（**Raspberry Pi Camera Module**）です。Raspberry Pi用カメラモジュールはJetson Nanoとも互換性があります。

Raspberry Pi Camera ModuleにはV1とV2の2種類ありますが、必ずV2を使用してください。Jetson NanoはRaspberry Pi Camera Module V1をサポートしていないため動きません。

また、**UVC**（USB Video Class）規格に対応した多くの市販USBカメラも動作します。

ハードウェアMIDI音源「ポケット・ミク」、3Dカメラ「RealSense」

Part6で解説するPythonゲーム用ライブラリ「**pygame**」でコントロールするハードウェアMIDI音源として「**ポケット・ミク**」を使用します。また、ロボットの「眼」として3Dカメラ「**RealSense**」を用いた三次元画像処理も解説します。読み進めるために必ずしも必須ではありませんが、持っていると書籍で解説した内容を100%体験できます。

サポートに関して

Jetson Nanoの周辺機器に関しては、今後販売先が変更になったり、生産終了したり、より良い製品が出てきたりと状況が変化する可能性があります。

そのため、周辺機器に関する情報提供を、次のサポートサイトでも継続して行っていきます。周辺機器購入の際には参考にしてみてください（Part6「自分の身体を楽器にするソフトを使ってみよう」、Part7「ROSを使ってロボットの眼を作ってみよう」についても同サイトでサポートします）。

● **周辺機器情報のサポートサイト**

https://karaage.hatenadiary.jp/jetson-nano-book

Jetson AIコースと認定

Jetson AI認定で、あなたのスキルをアピールしませんか？　NVIDIA社では、Jetsonユーザーに向けて、無料のAIコースと能力認定プログラムを提供しています。コースの受講から認定まで、すべてをオンラインで行うので、忙しい人でも無理なく完了できるでしょう。

認定の種類

Jetson AI認定には**Jetson AI Specialist**と**Jetson AI Ambassador**の2種類が用意されています。Jetson AI Specialistは一般向け認定、Jetson AI Ambassadorは教育者向け認定です。

Jetson AI Specialist

Jetson AI Specialistは一般向けの認定です。NVIDIA社が定める要件を満たして審査に合格すれば、誰でも取得可能です。基本的には上級者を認定するものですが、まだ上級者とは言えなくても、提供されるAIコースをしっかり習得すれば、認定取得は十分可能と思われます。

認定取得の前提とされるスキルは、PythonとLinuxの基本的な知識です。

Jetson AI Ambassador

Jetson AI Ambassadorは、教育者を対象にした認定です。教育者がAIカリキュラムを構築するための教材や、イベント開催の補助などが提供されます。

認定取得までの流れ

Jetson AI SpecialistとJetson AI Ambassadorは、プロジェクトベースの評価までは共通です。Jetson AI Ambassadorの場合は、それに加えてNVIDIA社の面接があります。

●認定取得手順

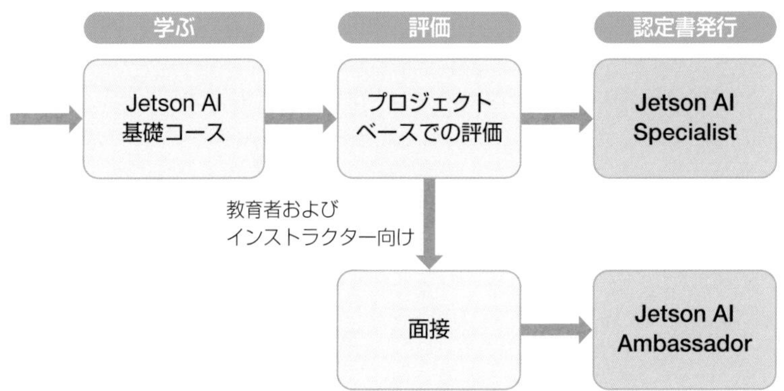

Jetson AI基礎コース

どちらの認定を受けるにも、まずはじめに「**Jetson AI基礎コース**」を修了する必要があります。修了といっても心配は要りません。ビデオによるとてもわかりやすい解説とJupyter Notebook形式の教材で、一歩一歩楽しみながら確実に理解できます。ビデオの音声は英語ですが、字幕は日本語にも対応しています。Jetsonにまだ慣れていない人でも、自分のペースで進めることが可能です。

コースの途中に理解度テストがあります。これに合格するとこのコースを修了できます。このコースを修了するのに要する標準的な時間は8時間です。

必要な機材

履修に必要な機材は次のとおりです。教材のプログラムはGPUに大きな負荷をかけるので、動作を安定させるため、電源はUSB給電ではなく、ACアダプターがお勧めです（Chapter 3-7参照）。

- **NVIDIA Jetson Nano 開発者キット**
- **microSDカード（32GB UHS-1以上。64GB UHS-1推奨）**
- **Micro-B USBケーブル**
- **電源（ACアダプターを利用する場合はジャンパーピンも必要）**
- **カメラ（Logitech C270 USB Webカメラ、またはRaspberry Pi Camera Module V2）**
- **SDカードスロットを備えたPCまたはラップトップパソコン（Windows、Mac、Linux）**

プロジェクトベースでの評価

プロジェクトベースでの評価といってもピンとこないかもしれません。認定を受ける人が開発したオープンソースプロジェクトが評価されます。評価対象となるオープンソースプロジェクトは、JetsonのGPUアクセラレーションを備えてAI要素を組み込んだものである必要がありますが、前述のJetson AI基礎コースの内容に沿ったものに限らず、自由なアイデアで開発できます。評価基準はNVIDIA社のウェブページで確認してください。

面接

Jetson AI Ambassador認定を受ける場合は上記に加えて、NVIDIA社の面接があります。

認定書取得

NVIDIA社の審査に合格すると電子メールで認定書が送られてきます。筆者は、Jetson AI Specialistの認定を受け、次の認定書を取得しました。

●筆者のJetson AI Specialist認定書

NVIDIA DEEP LEARNING INSTITUTE

JETSON AI SPECIALIST

This certificate is awarded to
Tsutomu Furuse

In recognition and achievement of outstanding competence and understanding of **Jetson AI Fundamentals coursework**.

Craig J. Clawson
Director Deep Learning Institute, NVIDIA

2020
Year issued

認定に必要な詳細情報は次のウェブページを参照してください。

https://developer.nvidia.com/ja-jp/embedded/learn/jetson-ai-certification-programs

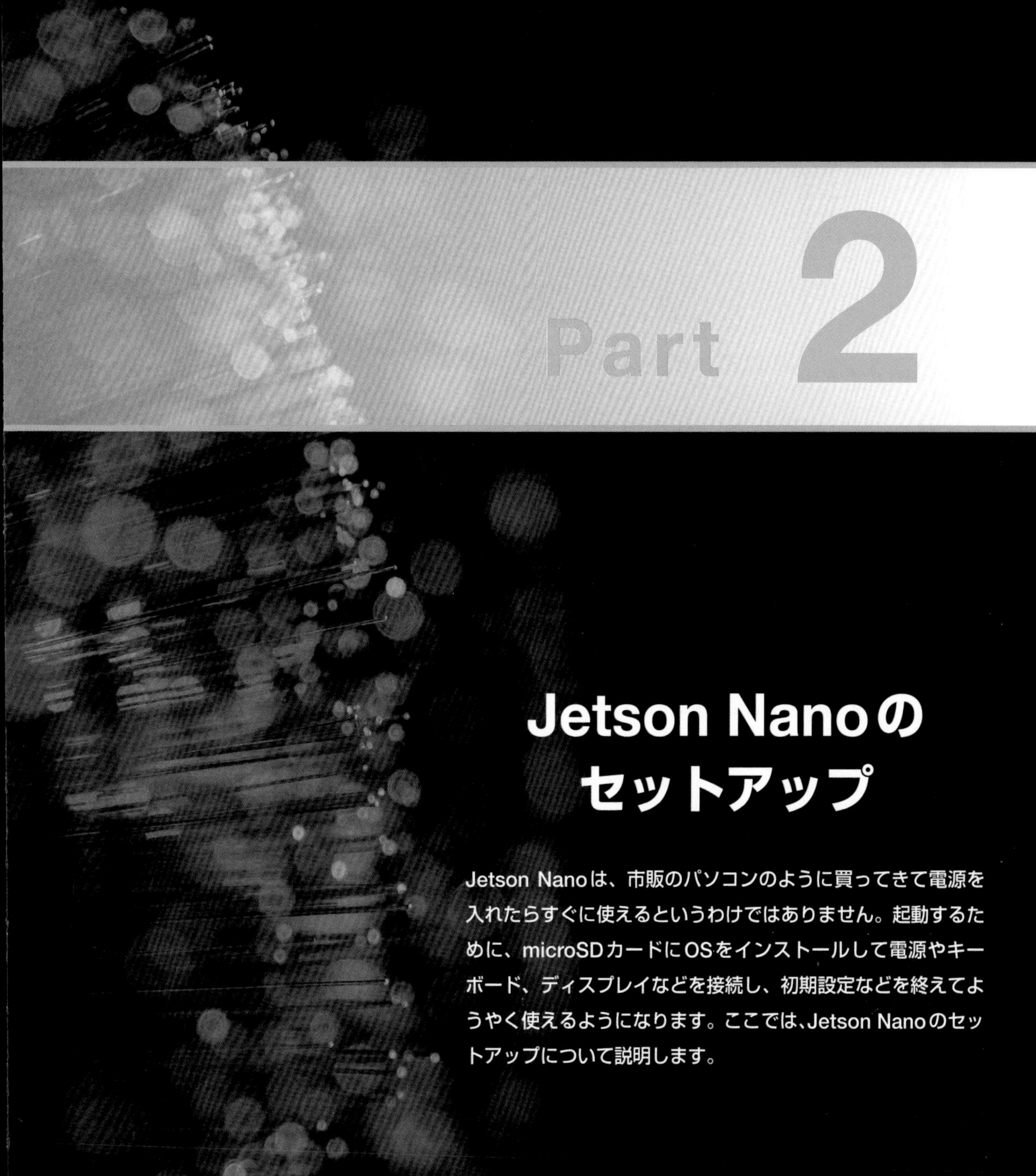

Part 2

Jetson Nanoのセットアップ

Jetson Nanoは、市販のパソコンのように買ってきて電源を入れたらすぐに使えるというわけではありません。起動するために、microSDカードにOSをインストールして電源やキーボード、ディスプレイなどを接続し、初期設定などを終えてようやく使えるようになります。ここでは、Jetson Nanoのセットアップについて説明します。

Jetson Nanoのセットアップの準備

ここでは、Jetson Nanoのセットアップの流れについて説明します。セットアップに必要なものについても説明します。

セットアップ方法の流れ

Jetson Nanoのセットアップには、別のWindowsパソコンやMacで行う作業と、Jetson Nano上で行う作業があります。まずは全体の流れを把握しましょう。

1. **NVIDIA社のサイトからJetson Nano Developer Kitをダウンロードする（パソコンでの作業）**
2. **microSDカードに書き込むソフトをダウンロードする（パソコンでの作業）**
3. **microSDカードにJetson Nano Developer Kitを書き込む（パソコンでの作業）**
4. **機器を接続して、Jetson Nanoを立ち上げる（Jetson Nanoでの作業）**
5. **設定をする（Jetson Nanoでの作業）**

Jetson NanoのOSインストールは、Raspberry Pi（https://www.raspberrypi.org/）と同じように、パソコン上でOSイメージをダウンロードしてmicroSDカードに書き込み、そのmicroSDカードをJetson Nanoにセットすることで行います。

●microSDカード

microSDカードを交換するだけで環境を入れ替えできる

一般的なパソコンでは、OS環境の入れ替えは大変手間がかかります。ハードディスクやSSDをフォーマットしてOSをインストールしたり、セットアップ済みのシステムディスクを換装したりという作業が必要です。しかし、Jetson Nanoの場合は、OSイメージとmicroSDカードを用意しておけば、microSDカードを入れ替えることで、すぐにでも新しい環境を用意することができたり、作り上げた環境を保存したりできます。microSDカードは価格も安価ですので、複数枚準備しておいて必要に応じて入れ替えて使用すると便利です。

microSDカードは非常に小さなものなので、100円ショップで販売されているようなケースにまとめて管理保管するとよいでしょう。

●microSDカードをまとめて入れるケース（100円ショップで購入）

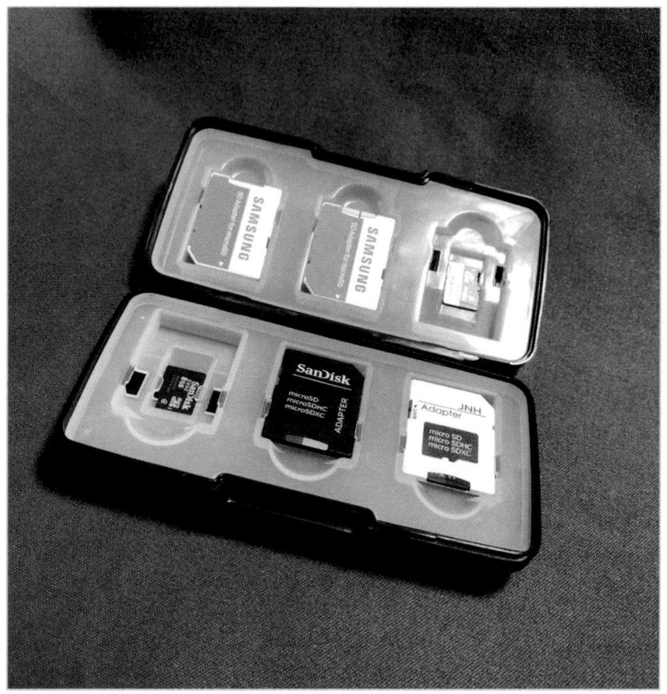

OSのダウンロードとセットアップ

Jetson NanoのOSイメージのダウンロードと、microSDカードへの書き込みを行います。microSDカードのフォーマット（初期化）も専用ソフトを使って行います。

Jetson Nano Developer Kit用JetPackのダウンロード

Jetson NanoのOS「**JetPack**」のセットアップ作業を行います。この作業はJetson Nano上ではなく、WindowsやMacなどのパソコン上で行います。

NVIDIA社のJetPackのページ（https://developer.nvidia.com/embedded/jetpack）にパソコンのブラウザでアクセスします。表示されたページの「Installing JetPack:」の「Jetson Nano Developer Kit」欄にある「Download SD Card Image」ボタンをクリックします。

●NVIDIA社JetPackのページ（https://developer.nvidia.com/embedded/jetpack）

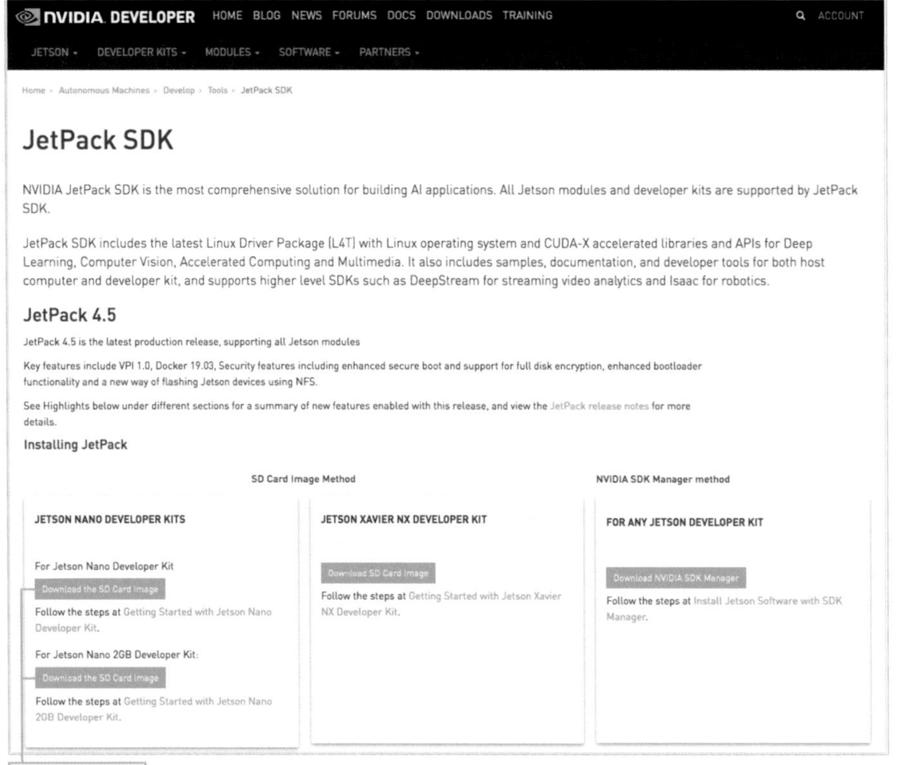

Jetson Nano A02もしくはB01（以降、まとめて表す場合はJetson Nano 4GBとします）を利用している場合は、右図の「Image A」をダウンロードしてください。Jetson Nano 2GBを利用している場合は、右図の「Image B」をダウンロードしてください。

圧縮ファイル（記事執筆時点ではImage Aはjetson-nano-jp451-sd-card-image.zip、Image Bはjetson-nano-2gb-jp451-sd-card-image.zip）のダウンロードが始まります。このファイルは約6GB以上あり、ダウンロードに時間がかかります。

●Jetson Nano A02/B01用と2GB用の各イメージ

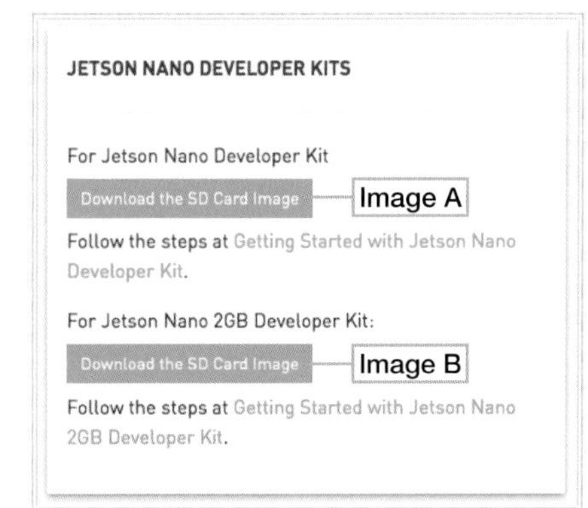

SDカードをフォーマットする

ダウンロードしたJetson Nanoのブートイメージはパソコン上でmicroSDカードに書き込みますが、書き込みの前にmicroSDカードをフォーマットしておきましょう。

microSDカードのフォーマットにはSD Associationが提供する「**SDメモリカードフォーマッター**」というソフトを利用します。Windows用、Mac用それぞれフリーで公開されています。

●SDメモリカードフォーマッター（https://www.sdcard.org/ja/downloads-2/formatter-2/）

Windows用とMac用が用意されているので、自分の環境に合わせてダウンロードします。

●ダウンロード

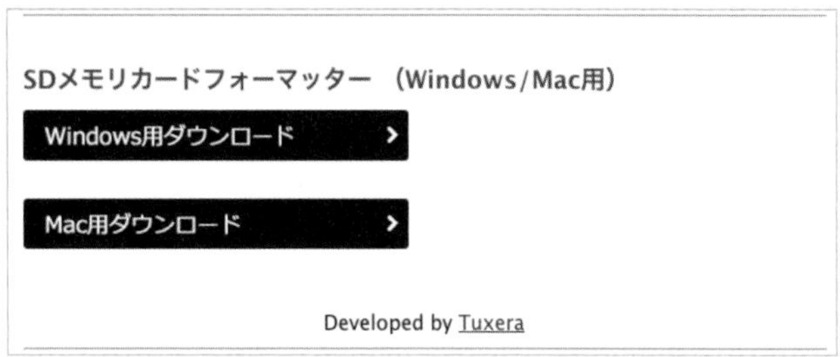

ダウンロードしたファイルを展開してインストールしてください。

microSDカードをフォーマットする

SD Card Formatterを起動した画面です。パソコンにmicroSDカードが接続されていたら、「カードの選択」欄に自動的にmicroSDカードが選択されています。もし選択が誤っていたら、ここで選択し直してください。「フォーマットオプション設定」で「クイックフォーマット」が選択されていることを確認し、右下の「フォーマット」ボタンをクリックします。

●SD Card Formatter（Windows）

●SD Card Formatter（Mac）

microSDカードに書き込むソフトをダウンロードする

Jetson NanoのOSイメージをmicroSDカードに書き込むのに「**balenaEtcher**」という無料ソフトを使います。Windows版とMac版の両方があるので、このソフトをパソコンにインストールしましょう。

● balenaEtcherのサイト（https://www.balena.io/etcher/）

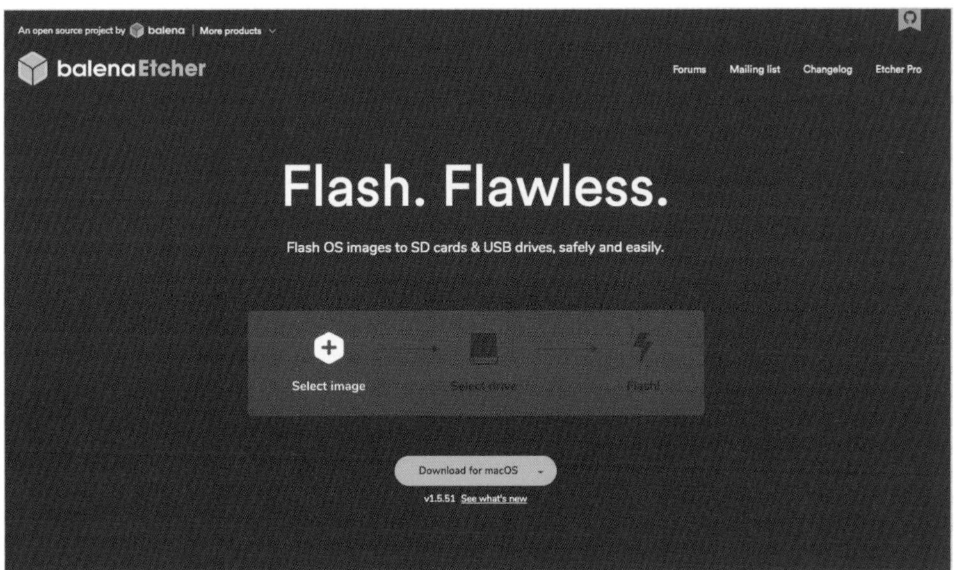

「Download for XX」（XXはパソコンのOS名）ボタンをクリックして、インストーラをダウンロードします。ファイルは80MBほどあります。インストーラがダウンロードできたら、パソコンにインストールしてください。

microSDカードにJetson Nano Developer Kitを書き込む

先程インストールしたbalenaEtcherを使って、microSDカードに「Jetson Nano Developer Kit」を書き込みましょう。

ダウンロードしたJetson NanoのOSイメージファイルのアーカイブ（記事執筆時点では4GB用がjetson-nano-jp451-sd-card-image.zip、2GB用がjetson-nano-2gb-jp451-sd-card-image.zip）を展開します。展開すると4GB用が「sd-blob-b01.img」、2GB用が「sd-blob.img」というファイルになります。このファイルをbalenaEtcherを使ってmicroSDカードに書き込みます。

balenaEtcherを起動し、「Flash from file」をクリックして、さきほど展開したファイルを選択します。

●balenaEtcherを起動して「Flash from file」をクリック

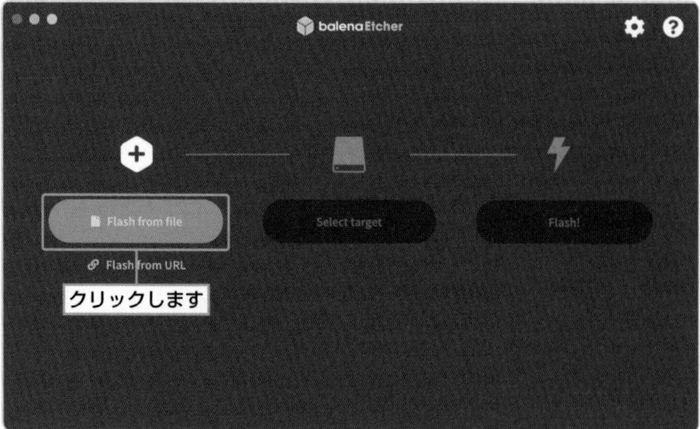

●書き込むイメージを選択します

●イメージ書き込む先を選択

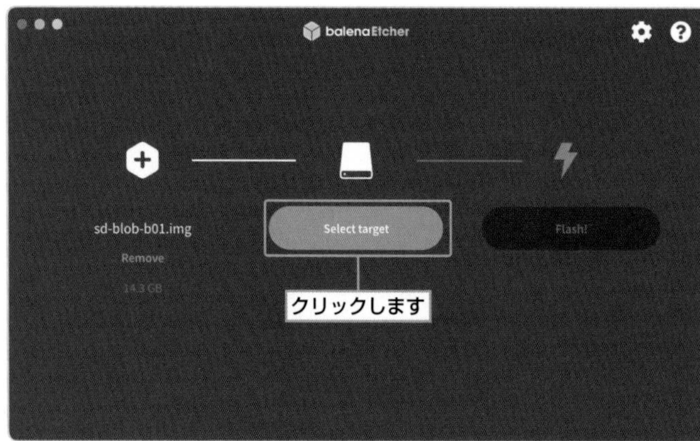

●インストールするmicroSDカードを選択します

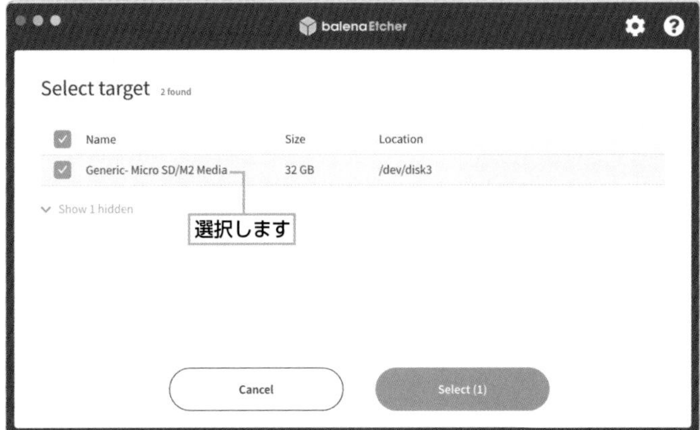

●書き込みを実行します

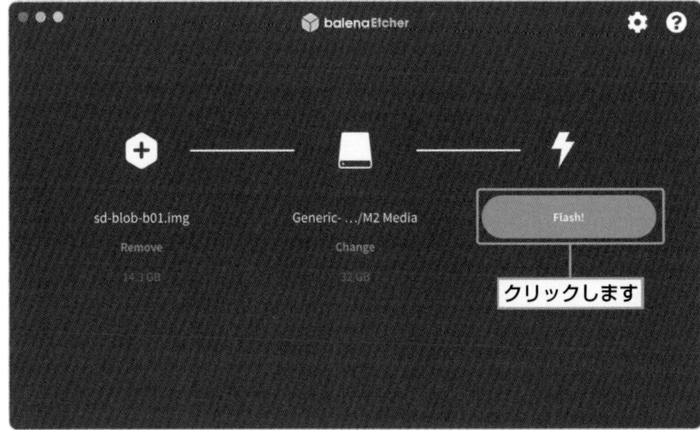

「Flash!」ボタンをクリックすると書き込みを開始します。書き込みが始まると、進行状況が表示されます。多少時間がかかります。

●書き込み中

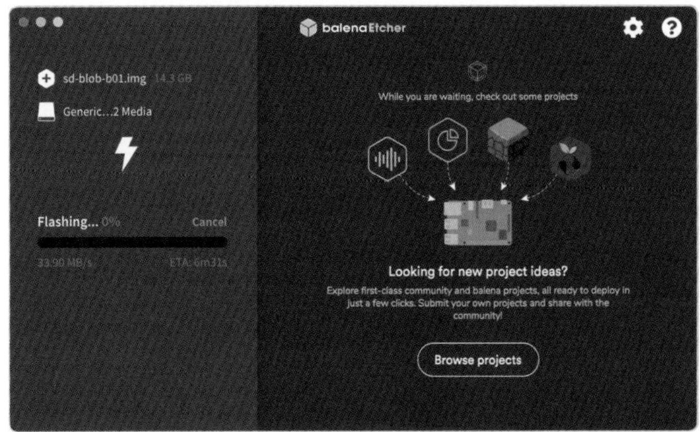

「Flash Complete!」と表示されたら書き込み完了です。

●書き込み終了

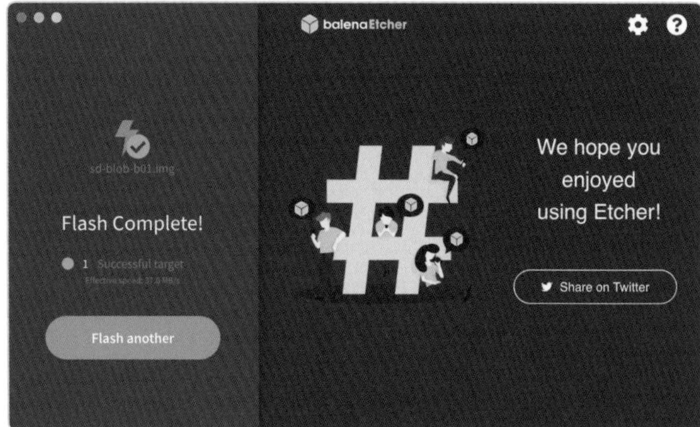

機器を接続してJetson Nanoを起動

OSイメージを書き込んだmicroSDカードをJetson NanoのmicroSDカードスロットに挿入します。

●microSDカードをJetson Nanoにセット

Jetson Nanoに周辺機器を接続します。接続する機器は次のとおりです（必要な周辺機器に関してはp.19を参照）。

- **USBキーボード、USBマウス**
- **HDMIケーブルおよびモニター**
- **LANケーブル（ネットワーク接続先）**
- **電源（microUSB端子からの給電、あるいはJ25電源ジャックからの給電）**

周辺機器が接続された状態で電源を投入します。しばらくすると、規約の同意を求められます。内容を確認して「I accept the terms of these licenses」にチェックを入れて「Continue」ボタンをクリックします。

● 規約同意

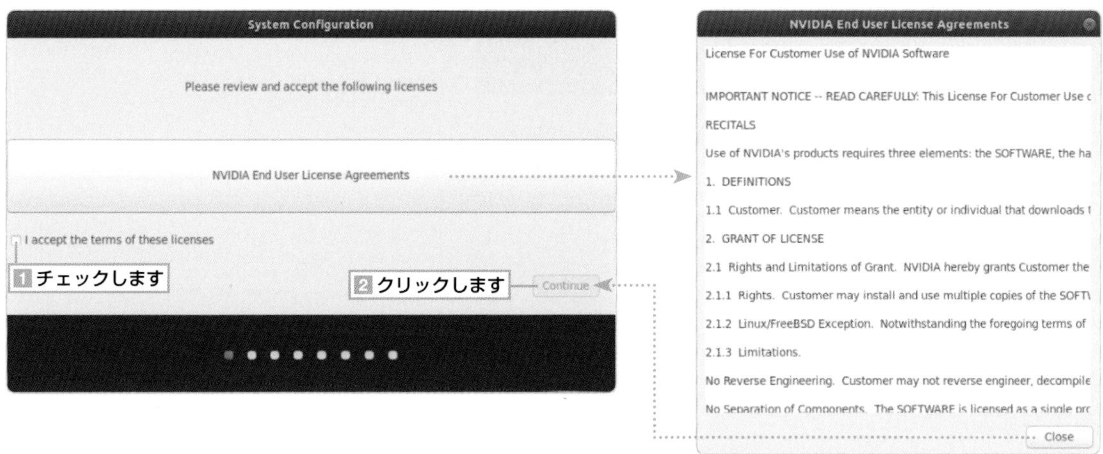

言語の選択を行います。使用する環境に合わせて言語を選択します。

なお、「日本語」を選択してうまく環境が構築できなかったという報告があります。その場合は「English」(英語)を選択してください。ここではEnglishを選択して進めます。言語を選択したら「Continue」ボタンをクリックします。

● 言語選択

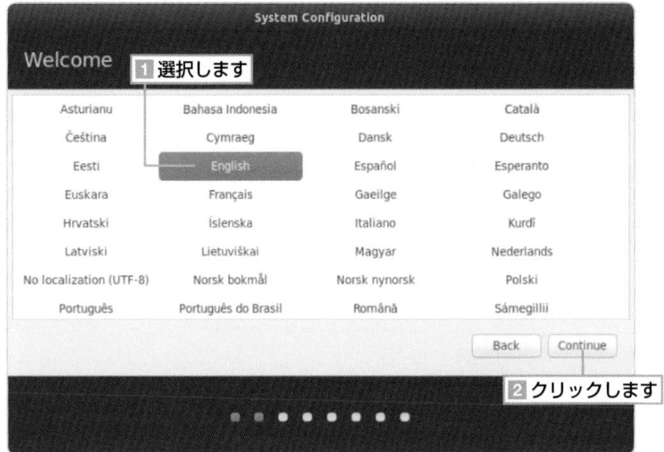

キーボードを選択します。日本語キーボードを使用している場合は、左カラムで「Japanese」、右カラムで「Japanese」を選択して、「Continue」ボタンをクリックします。

●キーボードの選択

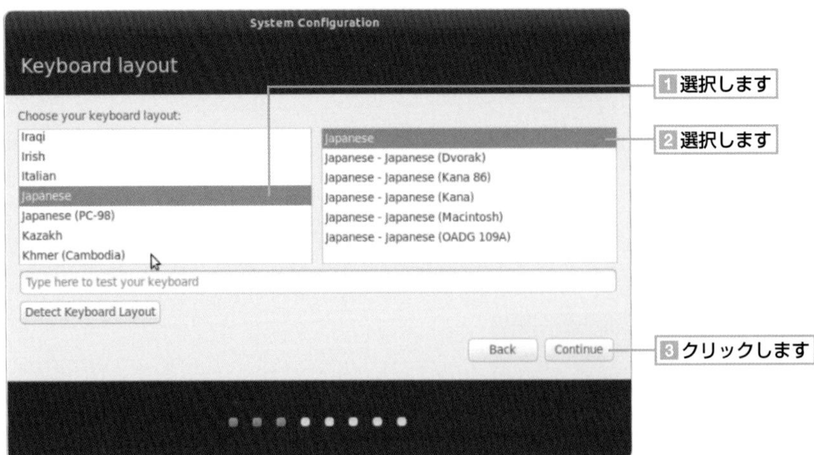

Jetson Nanoを使用する場所の設定です。日本で使用する場合は地図上で日本を選択し、エリアが「Tokyo」になっていることを確認して「Continue」ボタンをクリックします。

●使用場所の選択

Jetson Nanoにログインする際のユーザー名やパスワードを設定します。「Pick a username」に設定するユーザー名と、「Choose a password」(および「Confirm your password」)に設定するパスワードは、Jetson Nanoにログインする際に必要な情報です。忘れないようにしてください。

図では「Weak password」(パスワードが弱い)と表示されていますが、アルファベット、数字、記号の組み合わせのパスワードにすればこの表示はなくなります。

●ログイン情報の設定

アプリケーションのパーティションのサイズを設定します。そのままContinueボタンをクリックします。

●APPパーティションサイズの設定

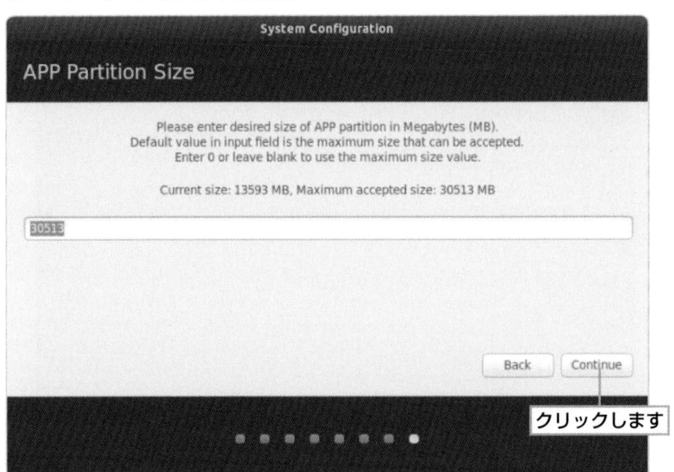

NOTE Create SWAP File

この後、Jetson Nano 2GBのインストール時には、搭載メモリが少ないためスワップファイルの作成を行う「Create SWAP File」というステップがあります。特別な事情がなければ「Create SWAP File(Recommended)」(スワップファイルを作成する)を選択しましょう。
また「Delete un-used bootloader partitions」(未使用のブートローダーパーティションを削除する)というステップが表示されたら、それもそのまま実行して先に進んでください。

Nvpmodelモード（パワーモード）の選択画面です。MAXNと5Wの2つありますが、初期設定のままで問題ありません（パワーモードについてはp.111で解説）。ここはそのままcontinueボタンをクリックします。

●Nvpmodelモードの選択

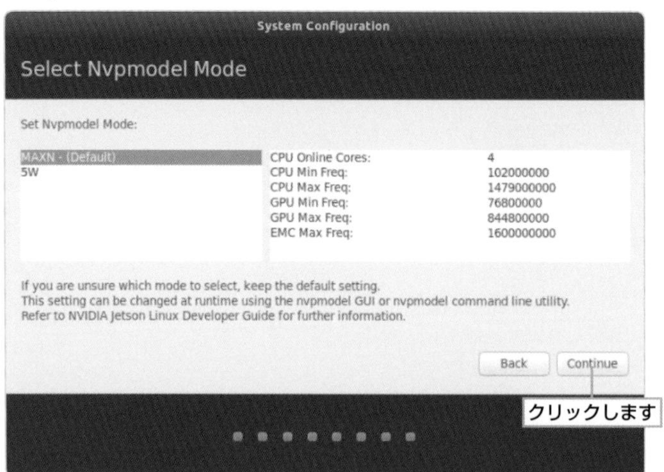

しばらくすると自動的に再起動し、ログイン画面が表示されます。
登録したユーザー名が表示されます。ユーザー名をクリックします。

●ログイン画面でユーザーを選択する

パスワードを入力するフォームが現れるので、自分のパスワードを入力してログインします。

●パスワードの入力

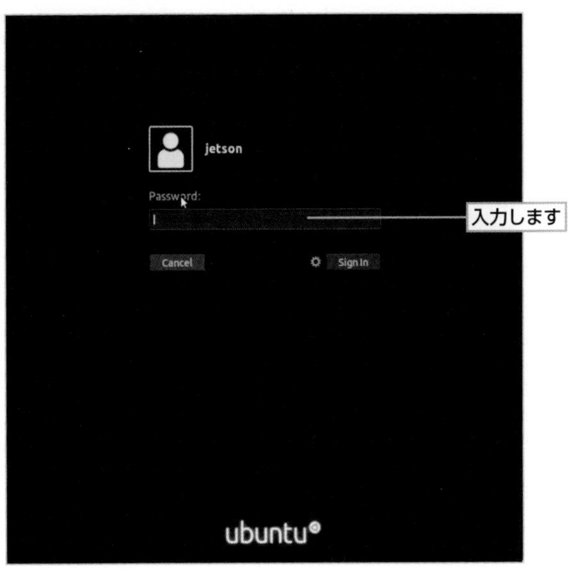

これでインストールとセットアップが完了しました。

次ページの図は、Jetson Nanoのセットアップが完了してログインした直後の画面です。Jetson Nano 4GB（A02・B01）では初期設定ウィンドウが表示されています。ウィンドウ画面左上の⊗アイコンをマウスでクリックして、表示されているウィンドウを閉じましょう。

●Jetson Nano 4GBのデスクトップ

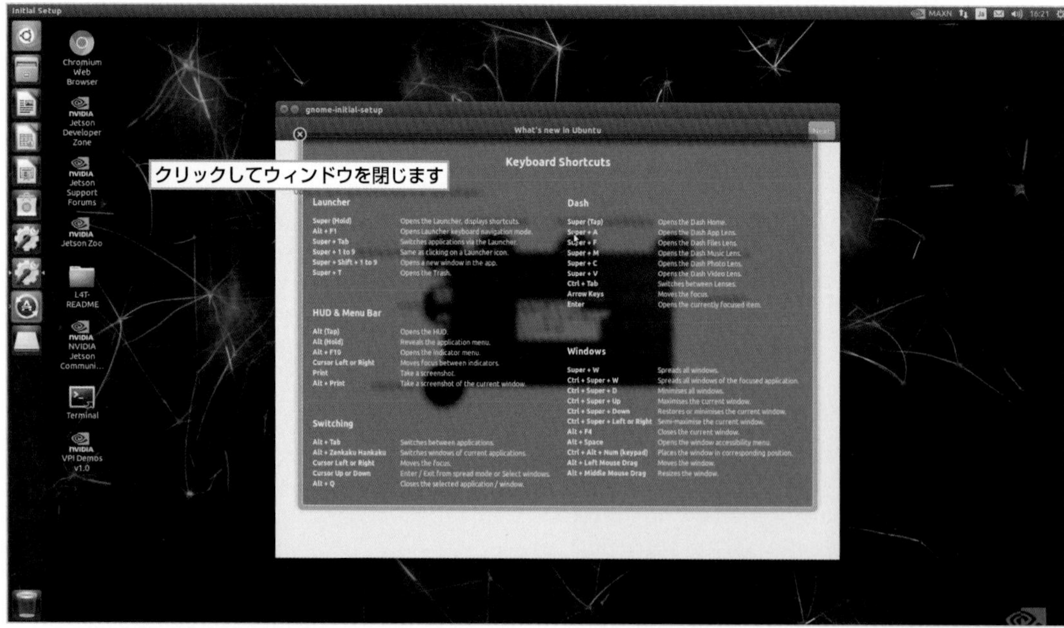

●Jetson Nano 2GBのデスクトップ

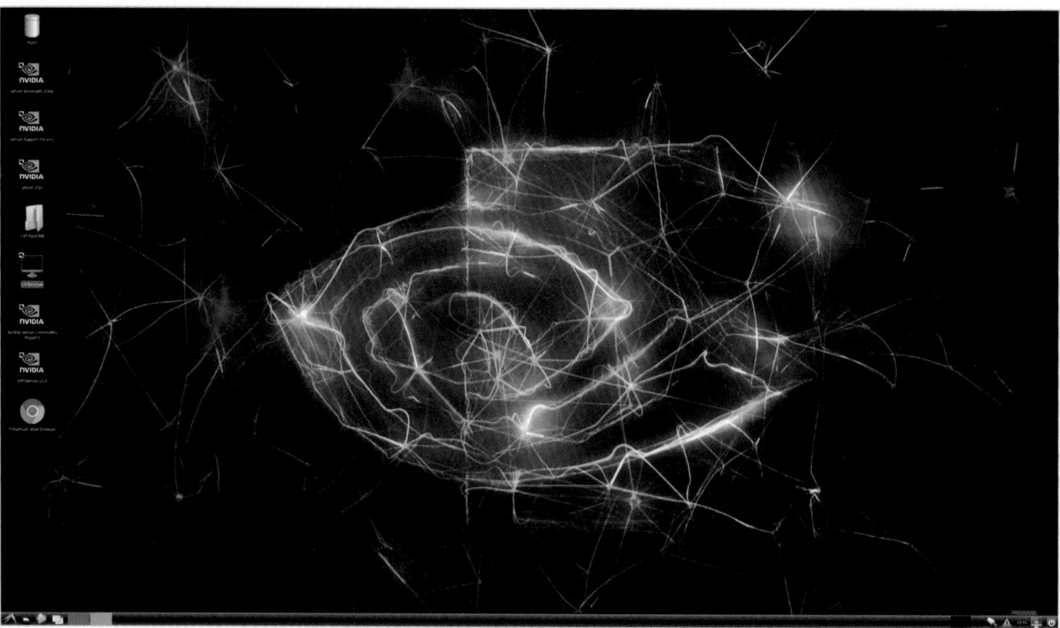

Chapter 2-3

デスクトップの機能と解説

セットアップが完了したら、デスクトップ画面が表示されます。ここでは、Jetson Nanoのデスクトップの機能の解説を行います。Jetson Nano 4GBと2GBでは初期設定で用意されているデスクトップ環境が異なります。

2種類のグラフィカルなデスクトップ環境

Jetson Nanoには**GUI**（グラフィカルユーザーインターフェース）**デスクトップ環境**が用意されています。Jetson Nano 4GBと2GBでは初期設定で用意されたデスクトップ環境が異なります。

Jetson Nano 4GBのデスクトップ環境

Jetson Nano 4GBは**Unity**ベースのデスクトップ環境です。デスクトップ環境にログインすると、次のような画面が表示されます。

●Jetson Nano 4GBのデスクトップ環境

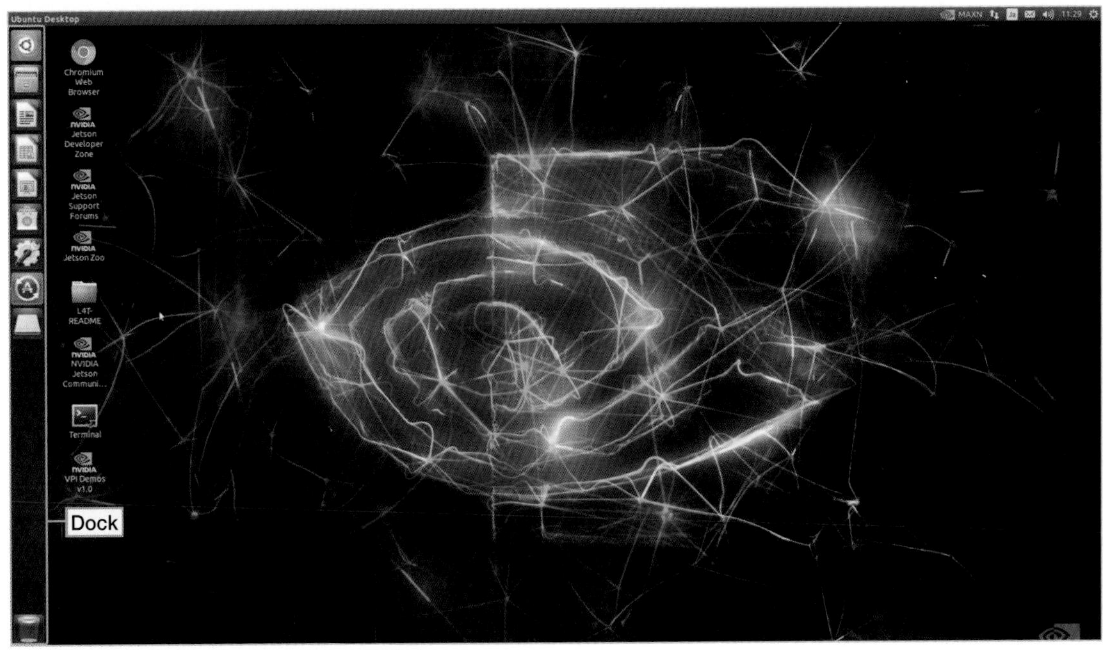

画面左にある**Dock**はアプリケーションランチャーです。アイコンをクリックすることでアプリを起動できます。初期状態では「**Search your computer（コンピューターを検索）**」「**Files（ファイル）**」「**LibreOffice**」「**Software（ソフトウェア）**」「**System Settings（システム設定）**」「**Trash（ゴミ箱）**」（括弧内は日本語設定でのメニュー）などが登録されていますが、自分で追加したり削除したりすることも可能です。

Dockに追加する場合は、この後で解説する方法でアプリ一覧を表示し、アプリのアイコンをDockにドラッグします。Dockから削除する場合は、アイコンの上で右クリックしてメニューを表示し、「**Unlock from Launcher（Launcherへの登録を解除）**」を選択します。

Jetson Nano 2GBのデスクトップ環境

Jetson Nano 2GBは軽量な**LXDE**ベースのデスクトップ環境です。デスクトップ環境にログインすると、次のような画面が表示されます。

●Jetson Nano 2GBのデスクトップ

デスクトップ上にはゴミ箱やアプリケーションのショートカットアイコンが並んでいます。また、左下のアイコンをクリックすると、登録されたアプリケーションなどのメニュー（**アプリケーションメニュー**）が表示されます。ここから様々なアプリの起動やログアウトなどが実行できます。

アプリケーションの起動

Jetson Nano 4GBのアプリケーション起動

Dockに登録されているもの以外のアプリケーションを起動するには、アプリケーション検索機能（**Dashアプリ検索**）を利用します。デスクトップ画面左上のアイコンをクリックします。

●アプリ検索機能の起動

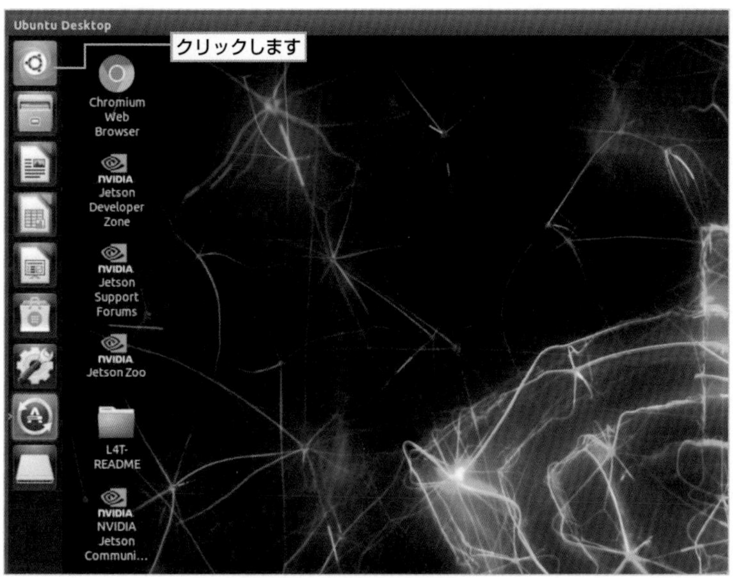

「Search your computer」（コンピューターを検索）という入力フォームが現れます。フォームにアプリケーションの名前を入力して検索します。Jetson Nanoにインストールされていればアプリアイコンが表示され、マウスのクリックで起動することができます。

例としてトランプゲームの「**ソリティア**」を起動してみます。検索フォームに「solitaire」と入力してクリックします。

●ソリティアを検索

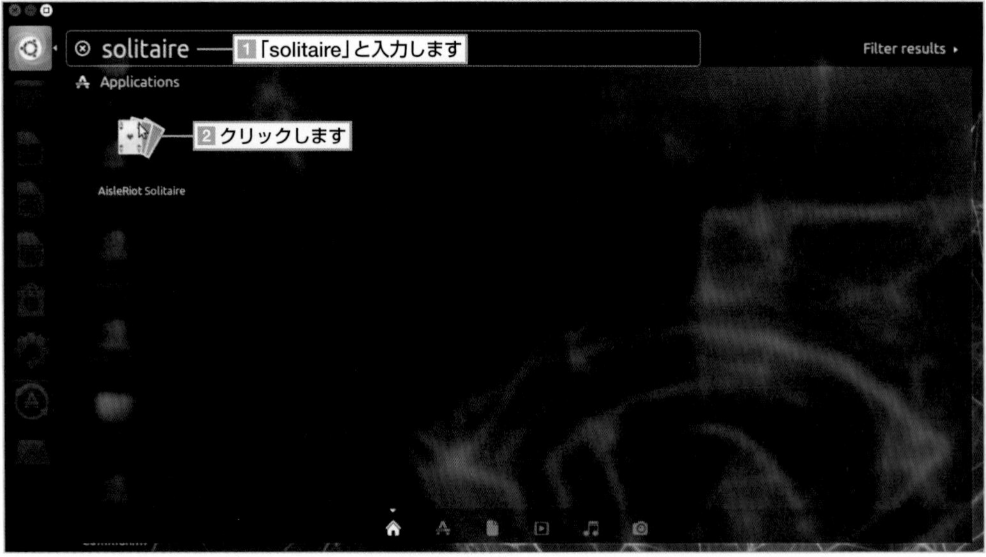

ソリティアが起動しました。うっかり遊びすぎないようにお気を付けください。

●ソリティア実行画面

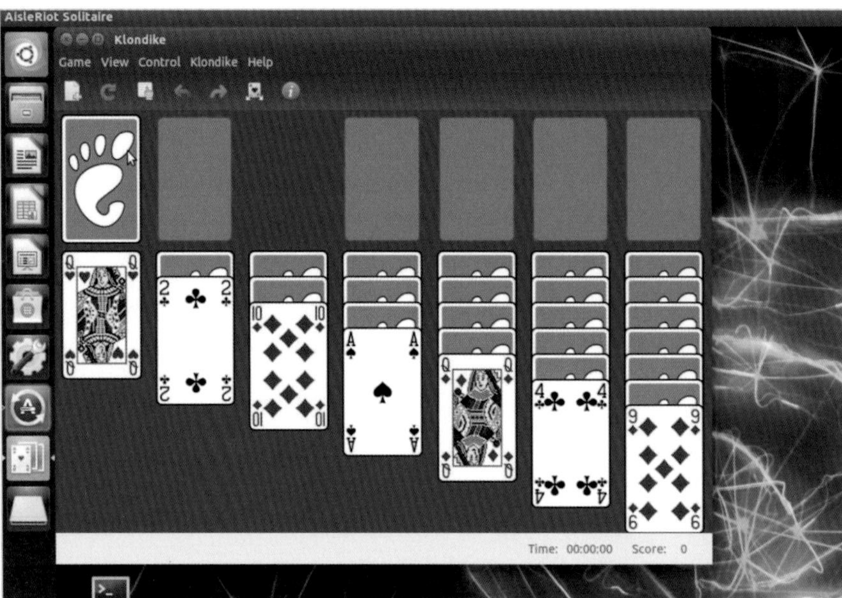

Jetson Nano 2GBのアプリケーション起動

Jetson Nano 2GBの場合、左下のアイコンをクリックして表示されるメニューからアプリケーションを起動できます。例えば先のソリティアの場合は、アイコン➡「Games」➡「AisleRiot Solitaire」を選択すると起動します。

●メニューからアプリケーションが起動できる

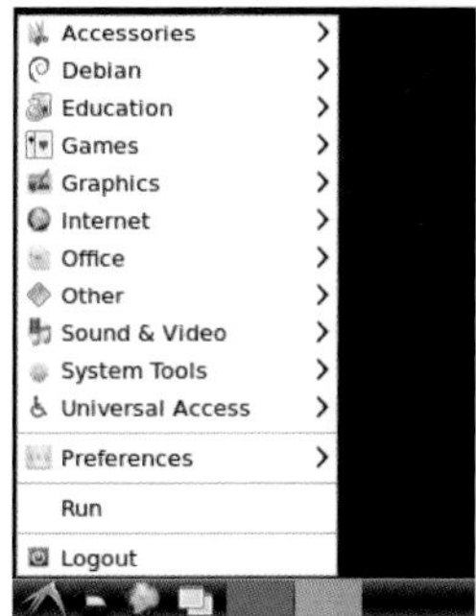

ファイル操作アプリ

Jetson Nano 4GBのファイル操作

アイコンをクリックします。「**Files**（**ファイル**）」というファイル操作・実行アプリです。Windowsのエクスプローラーや、MacのFinderに該当するソフトです。フォルダの中を確認したり、ファイルからアプリケーションを実行したりできます。

NOTE フォルダとディレクトリ

WindowsやMacなどで使われる「フォルダ」と、Linux上の「ディレクトリ」は同じものです。どちらで呼んでも問題ありません。本書では主に「ディレクトリ」と表記しています。

●Files（ファイル）の起動

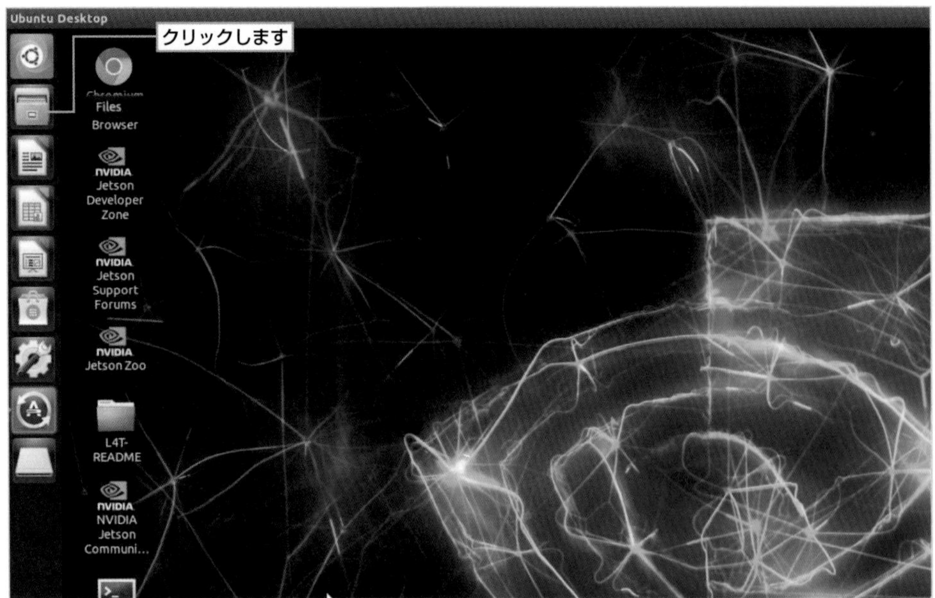

Filesが起動しました。ユーザーのホームディレクトリが表示されます。「Desktop（デスクトップ）」「Documents（ドキュメント）」「Downloads（ダウンロード）」フォルダ（ディレクトリ）など、WindowsやMacなどと同様のディレクトリが並んでいるのがわかります。

●Filesでホームディレクトリを表示

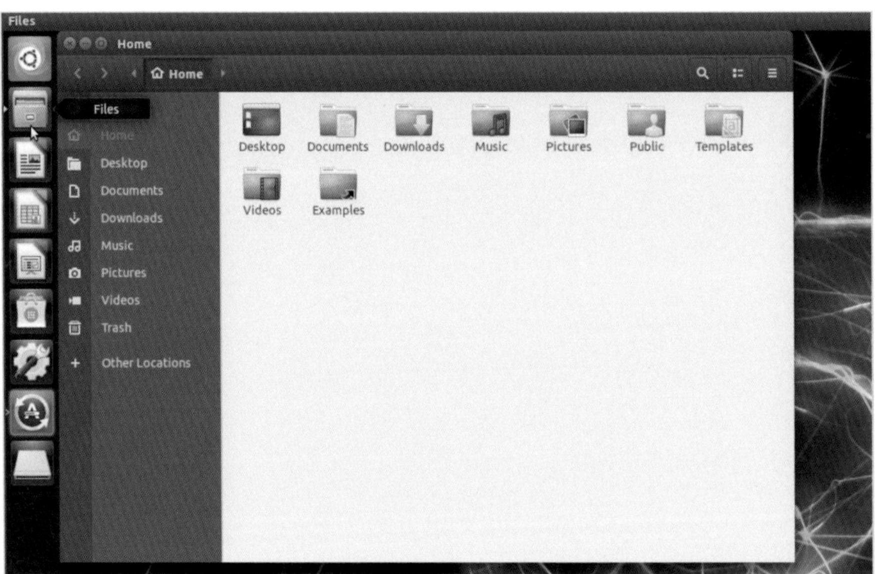

Jetson Nano 2GBのファイル操作

画面左下のアイコンをクリックすると「PCManFM File Manager」が起動します。

●PCManFM File Managerの起動

PCManFM File Managerが起動しました。ユーザーのホームディレクトリが表示されます。「Desktop（デスクトップ）」「Documents（ドキュメント）」「Downloads（ダウンロード）」フォルダ（ディレクトリ）など、WindowsやMacなどと同様のディレクトリが並んでいるのがわかります。

●PCManFM File Managerでホームディレクトリを表示

ブラウザの起動

Jetson Nano 4GB・2GBいずれも、デスクトップ上のアイコンをダブルクリックすると、Chromium Web Browserが起動します。Chromium（クロミウム）はオープンソースのウェブブラウザです。ネットワーク接続環境があれば、WindowsやMacと同様にWebサイトの閲覧や検索が可能です。

●Chromium Web Browserの起動（画面はJetson Nano 4GB）

●Chromium Web Browser

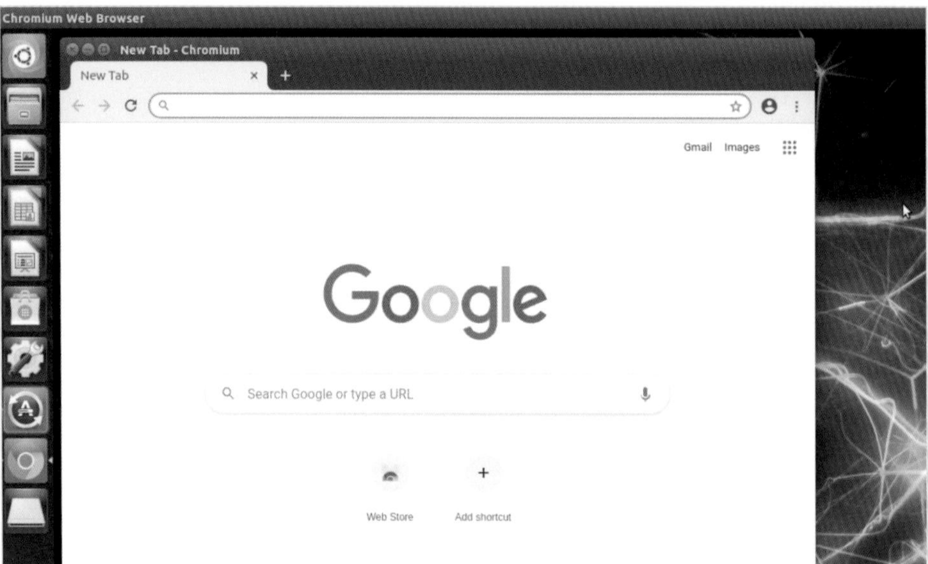

オフィスアプリ

Jetson NanoにはLibreOffice（リブレオフィス）というオフィスアプリがインストールされています。ワープロソフトの「Writer（ライター）」、表計算ソフトの「Calc（カルク）」、プレゼンテーションソフトの「Impress（インプレス）」が使えます。

● LibreOfficeの起動アイコン（Jetson Nano 4GB）

● LibreOfficeの起動（Jetson Nano 2GB）

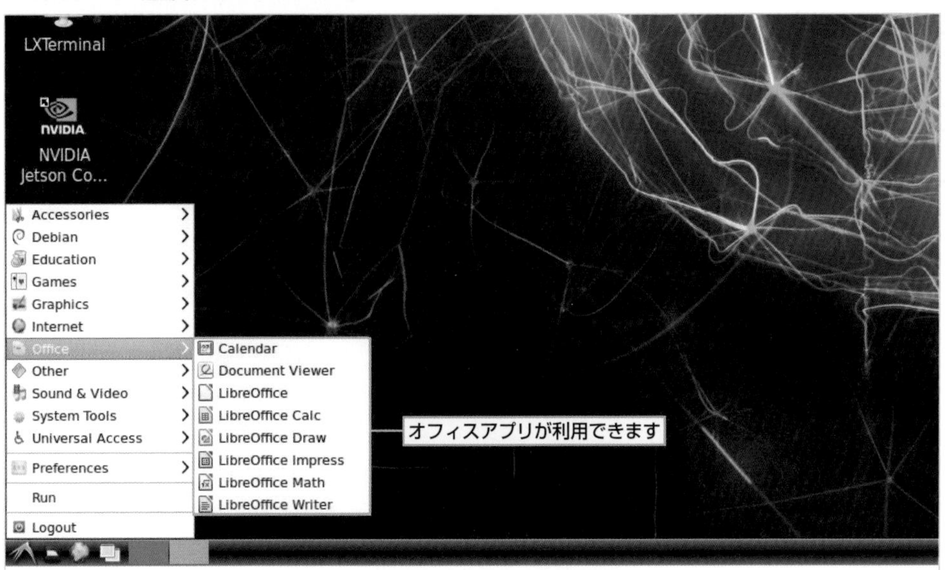

ソフトウェアのインストールやアンインストール

デスクトップ環境でソフトのインストールやアンインストールなどを行うには「ソフトウェアセンター」を利用します。ソフトウェアセンターは新規ソフトのインストールや、インストール済みソフトのアンインストールなどをGUIで行えるツールです。

Jetson Nano 4GBの場合はDockの アイコンをクリックすると、ソフトウェアセンターが起動します。

●ソフトウェアセンターの起動（Jetson Nano 4GB）

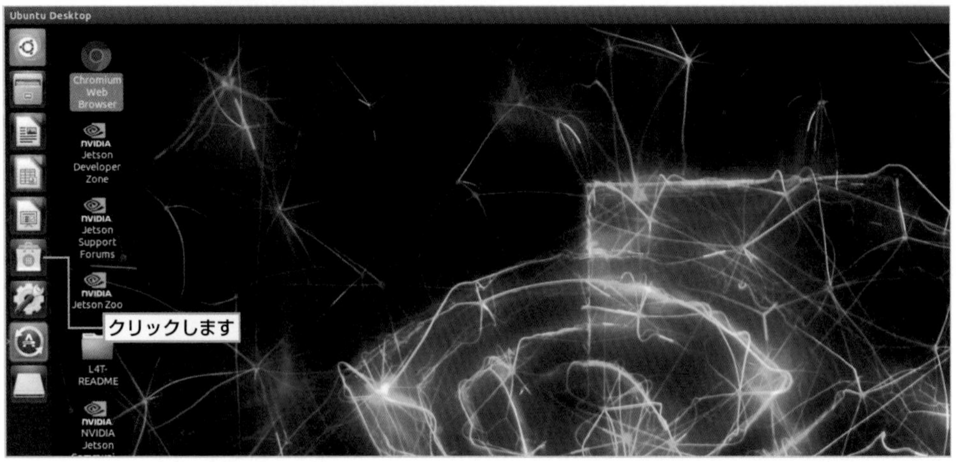

Jetson Nano 2GBの場合は アイコン➡「Preferences」➡「Software」を選択するとソフトウェアセンターが起動します。

●ソフトウェアセンターの起動（Jetson Nano 2GB）

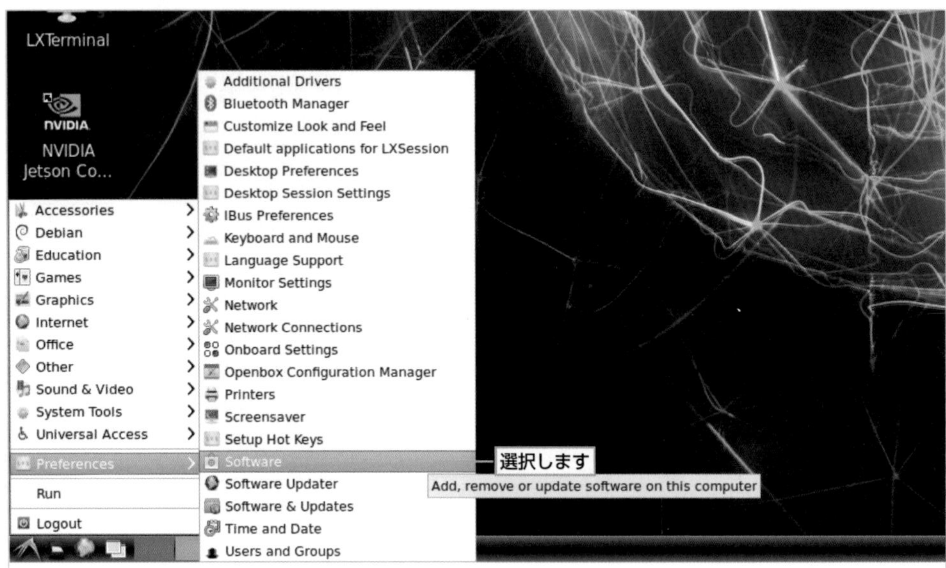

例として、「Node-RED」（ノードレッド）といわれるアプリケーションを検索してインストールしてみます。アイコンをクリックして検索窓を表示し、「Node-RED」と入力します。

●ソフトウェアセンターでアプリをインストールする（画面はJetson Nano 4GB）

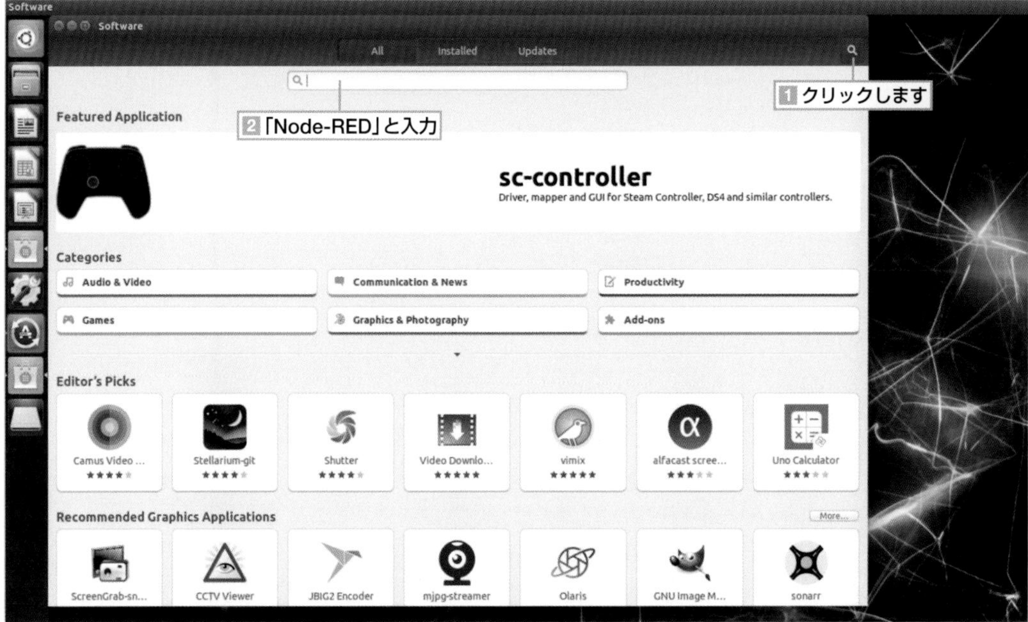

●「Node-RED」を選択（画面はJetson Nano 4GB）

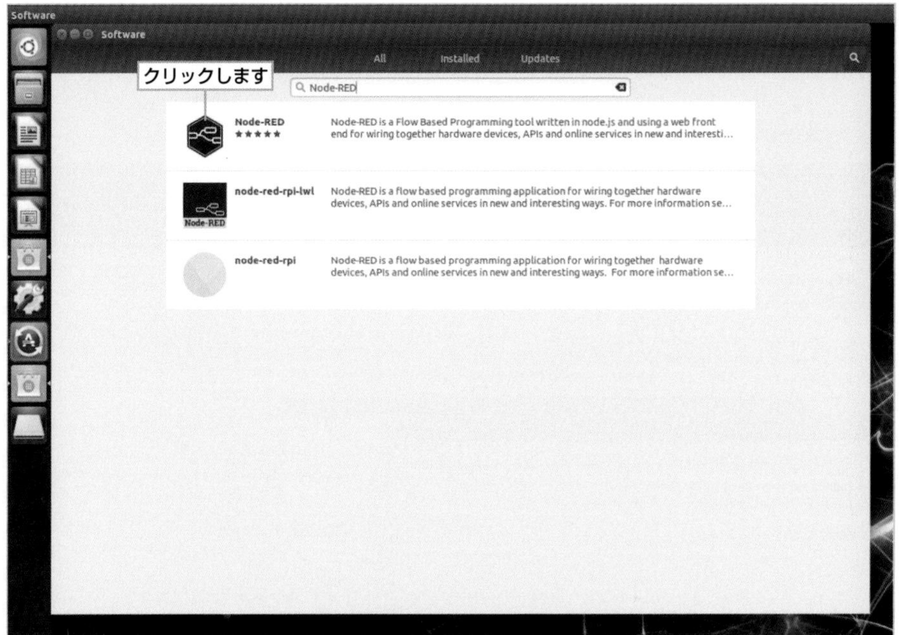

「Node-RED」アプリをクリックすると、Node-REDアプリの説明が表示されます。「Install」ボタンをクリックします。

●アプリの詳細説明からインストールする（画面はJetson Nano 4GB）

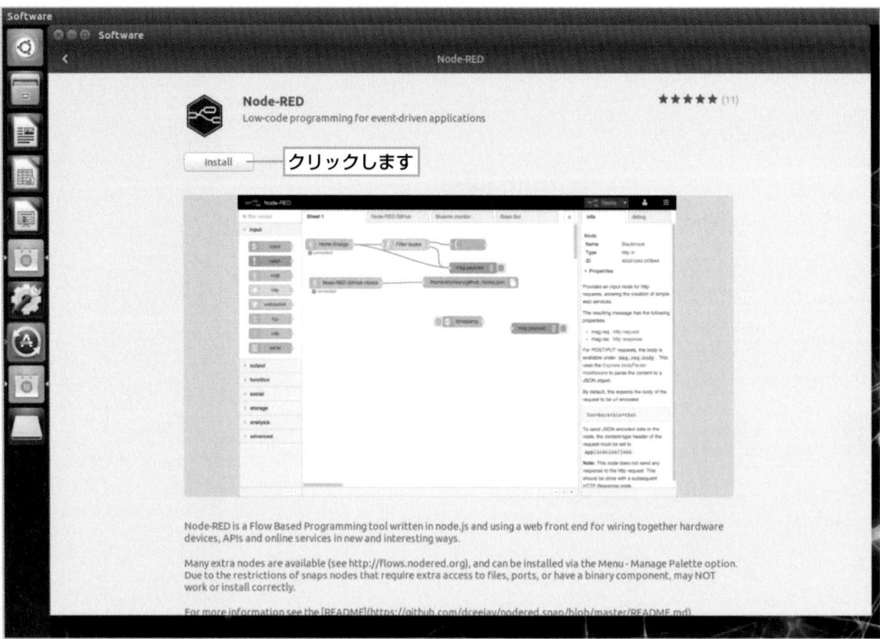

アプリのインストールには管理者権限が必要です。インストール時に登録したユーザーには、あらかじめ管理者権限に昇格する権限が与えられています。ログイン中のユーザーのパスワードの入力を求められるので入力し「Authenticate」ボタンをクリックします。

●ユーザーのパスワードを入力（画面はJetson Nano 4GB）

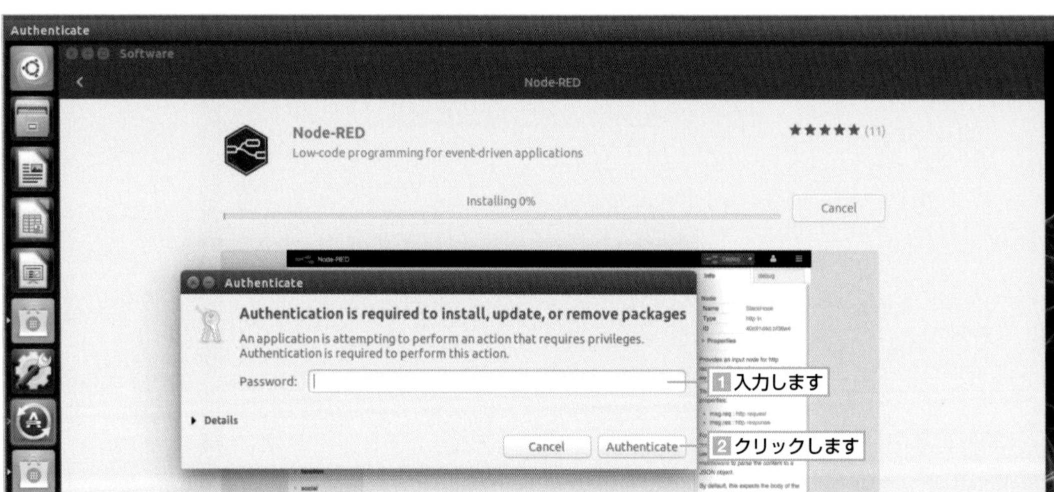

インストールには少し時間がかかります。インストールが終了するとソフトウェアセンターの画面が次のように変化します。「Launch」ボタンをクリックします。

●アプリの詳細画面から起動（画面はJetson Nano 4GB）

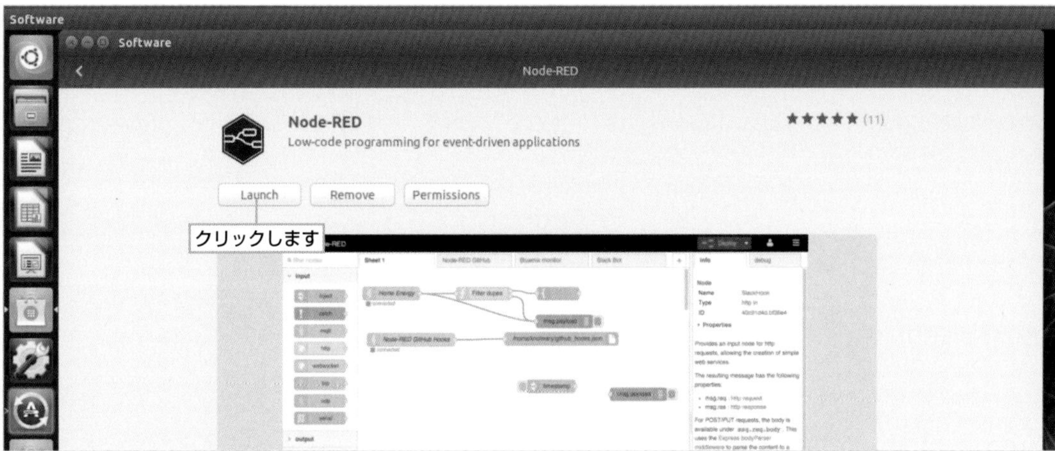

Node-REDが起動しブラウザが立ち上がります。

●Node-REDの画面（画面はJetson Nano 4GB）

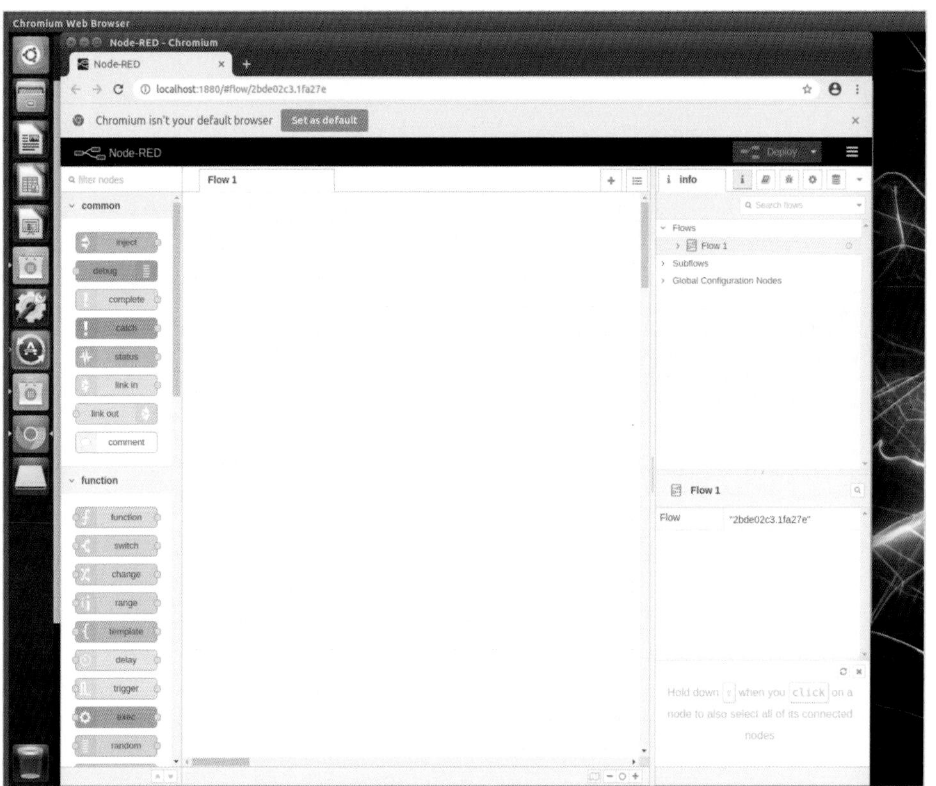

Node-REDについては、監視カメラの映像をJetson Nanoを使って解析し、その結果を外部に送り天井についているLED照明を制御したりといった使い方があります。

詳細についてはNode-REDの書籍やウェブ上にある情報を調べてみることをお勧めします（面白いですよ！）。

NOTE コマンドでのアプリのインストール

Part3以降で解説しますが、アプリのインストールはコマンドでも実行できます。本書では基本的にGUIツールでのパッケージインストールは行わず、システムへのインストールは「apt」コマンド等を用いた方法を解説します。

シャットダウン

Jetson Nanoのシャットダウンや再起動の方法を解説します。

Jetson Nano 4GBのシャットダウン

デスクトップ画面右上の⚙アイコンをクリックして表示されるメニューから「Shut Down」（シャットダウン）を選択します。

●シャットダウンメニューの選択（Jetson Nano 4GB）

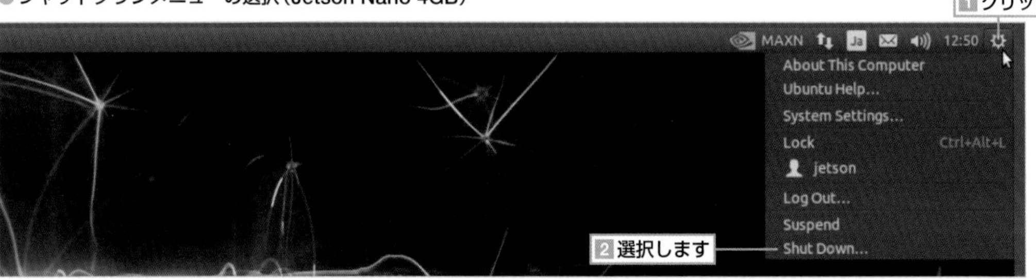

シャットダウンメニューが表示されます。「Shut Down」を選択するとシステムをシャットダウンします。⟳をクリックすると再起動します。

●シャットダウンメニュー（Jetson Nano 4GB）

Jetson Nano 2GBのシャットダウン

Jetson Nano 2GBの場合は、アイコン➡「Logout」を選択するか、画面右下のアイコンをクリックします。

●シャットダウンメニューの選択（Jetson Nano 2GB）

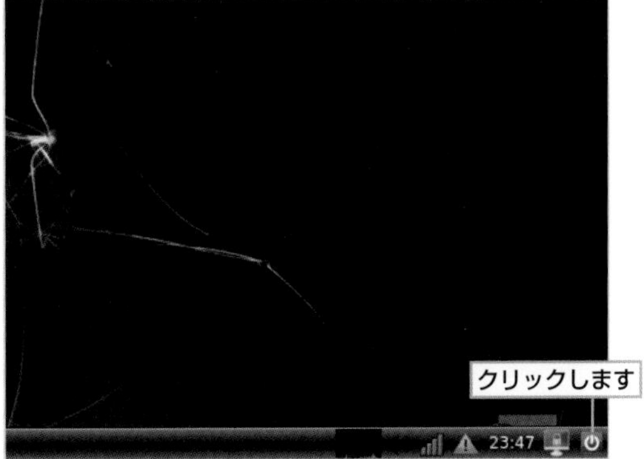

シャットダウンメニューが表示されます。「Shutdown」ボタンをクリックするとシステムをシャットダウンします。「Reboot」ボタンをクリックすると再起動します。

●シャットダウンメニュー（Jetson Nano 2GB）

NOTE コマンドでのシャットダウンや再起動

システムのシャットダウンや再起動は、端末アプリ上でshutdownコマンドrebootコマンドを用いてコマンドでも実行できます。シャットダウンや再起動には管理者権限が必要です。

NOTE 言語設定の変更

Jetson Nanoのインストール時の言語設定では、日本語を選択すると不具合が起きる恐れがあったため、本書の解説では英語を選択しました。しかし、セットアップ完了後に、言語環境を日本語に設定することができます。設定は「Language Support」(言語サポート)で行います。

Jetson Nano 4GBの場合はデスクトップ左下の(System Settings)アイコンをクリックします。表示されたSystem Settingsウィンドウの「Language Support」(言語サポート)をダブルクリックします。Jetson Nano2GBの場合は、アプリケーションメニュー(アイコン)➡「Preferences」➡「Language Support」を選択します。

言語サポートツールの初回起動時に、「The language support is not installed completely」(言語サポートのインストールが不完全)と表示されます。「Install」ボタンをクリックするとパスワード入力を求められるので、ログイン中のユーザーのパスワードを入力します。

●不足している言語パッケージをインストールする(図は以降すべてJetson Nano 2GB)

「Language Support」が起動します。「Language for menus and windows:」欄に表示されている言語が、メニューやウィンドウに設定できる言語です。本書のとおりインストールした場合、「English」が設定されています。この欄の一番下に「日本語」があります。これをドラッグ&ドロップで一番上に配置します。

●言語サポートで日本語を標準に設定する

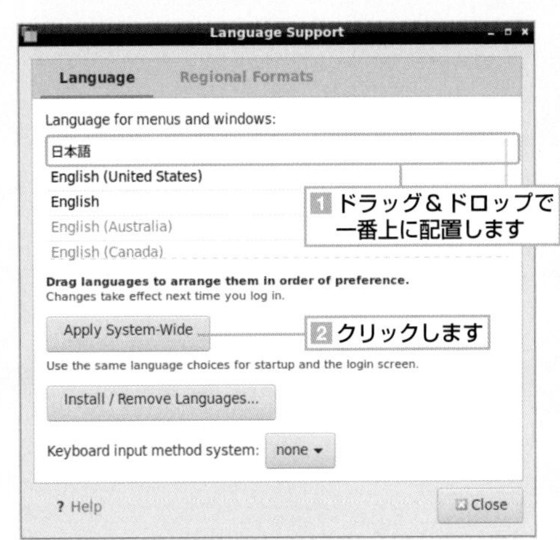

一番上に配置できたら、「Apply System-Wide」(システム全体に適用)ボタンをクリックします。システムの設定変更には管理者権限が必要なため、パスワード入力を求められるので、ログイン中のユーザーのパスワードを入力します。

次ページへ

言語設定の変更が完了したら、システムを再起動します。ログイン画面の表示が日本語に変わり、ログイン後のデスクトップのメニュー等が日本語に変わっています。
初回ログイン時に「標準フォルダーの名前を現在の言語に合わせて変更しますか？」というウィンドウが表示されます。これはユーザーのホームディレクトリ内の「Desktop」「Download」などの標準ディレクトリを「デスクトップ」「ダウンロード」のように日本語表記に変更するものです。

●標準フォルダーの名称を日本語に更新する

更新する場合は「名前を更新する」ボタンを、変更しない場合は「古い名前のままにする」ボタンをクリックします。これで言語設定の変更が完了しました。
なお、言語設定の変更はコマンドでも可能です。インストール直後の状態で、システムの言語設定を英語（English）から日本語に変更する場合は、まずコマンドで不足している日本語パッケージをインストールします。端末アプリを起動して、次のようにaptコマンドを実行します。aptコマンドの実行には管理者権限が必要です。

```
$ sudo apt install language-pack-ja ⏎
```

パスワード入力を求められたら、ログイン中のユーザーのパスワードを入力します。途中確認メッセージが表示されたら「y」（Yes）を入力します。
次に、ロケール（システムの言語設定）を日本語（ja_JP.UTF8）に設定します。update-locateコマンドを実行します。

```
$ sudo update-locale LANG=ja_JP.UTF8 ⏎
```

これでロケールが変更されました。システムを再起動すると設定が反映されます。なお、再度英語環境に戻したい場合は、LANG=の後にen_US.UTF8と指定して実行します。

本格運用するための設定や基礎知識

この章ではJetson Nanoを本格的に運用するために必要なLinuxの基礎知識、設定・操作方法について解説します。また、目的に応じてJetson Nanoを安定稼働させる方法やJetson Nanoの性能を調整する方法について解説します。

Jetson Nanoを使う上で必要な設定や基礎知識の概要

このパートでは、Jetson Nanoを使う上で必要な設定や操作方法に関する基礎知識を解説します。どのような設定や知識が必要なのか、本節で概要を説明します。

必要な基礎知識の概要

Jetson Nanoにインストールされる「**JetPack**」は、Linuxディストリビューションの「**Ubuntu**」をベースに作られています。Linuxベースであるため、WindowsやMacなどとは多くの点で操作方法が異なります。

WindowsやMacではマウスとキーボードを使って「**GUI**」（グラフィカルユーザーインターフェース）で操作するのが基本ですが、Jetson Nanoでは「**CLI**」（コマンドラインインターフェース）上で**コマンドライン**を入力する場面が多くなります。そうした基本操作はChapter 3-2「基本操作」で解説します。

Chapter 3-2では、ベースとなっているLinuxを使いこなす上で重要な「**シェル**」の働きについて解説します。シェルはユーザーが入力するコマンドを読み取り、それを解釈してOSのコアであるカーネルに伝える重要な機能を担っています。シェルの仕組みを知り、コマンドライン操作を使いこなすようにしましょう。

JetPackのベースになっているLinuxは、複数のユーザーが同時に使用することを前提に作られた**マルチユーザーOS**です。各ユーザーの**ホームディレクトリ**と呼ばれる、ユーザー個々に割り当てられたディレクトリ内でしか、自由にファイルやディレクトリを作成することができません。さらに、実行できるコマンドやアプリが制限されるなど、**ユーザー権限**が厳格に定められています。システムに影響を与える大事な操作には、**管理者権限**（**パーミッション**）を使用します。ユーザー権限とパーミッションについてChapter 3-2を読んで理解するようにしましょう。

必要な設定方法の概要

JetPackでは、システムやアプリの設定は、テキストファイル形式の設定ファイルに記述されています。システムやアプリの設定の変更は、この設定ファイルを編集して行います。

設定ファイルの編集には**エディター**と呼ばれるアプリやコマンドを使用します。GUI（デスクトップ環境）上では、初期状態でインストールされている**gedit**というテキストエディターを使用します。geditの操作方法はChapter 3-3「GUI標準テキストエディター「gedit」を使う」で解説します。

Jetson Nanoへ他のパソコンなどからリモートアクセスしたり、GUIを使わずにログインしたりすると、CLIで作業することになります。CLI上で設定ファイルを編集する場合は、JetPackに初期状態でインストールされているCLIベースのテキストエディタ「**vi**」を使用します。viは、動作が軽いシンプルなテキストエディターですが、操作に慣れが必要です。Chapter 3-4「CLI標準エディター「vi」を使う」を読んで操作方法に慣れておきましょう。

viの独特な操作に慣れない場合は、Chapter 3-5「「nano」エディターを使う」で解説するテキストエディター「**nano**」を使うようにしてください。nanoなら、一般的なテキストエディターと同じように、比較的簡単に設定ファイルを編集することができます。

必要な安定稼働の概要

AIプログラムのような、メモリーを大量に消費する処理では、Jetson Nanoのメモリーが不足してプログラムが異常終了したり、Jetson Nanoの動作が不安定になる恐れがあります。

安定稼働させるには、Chapter 3-6「スワップを設定する」を参考に、**仮想メモリー**でより多くのメモリー空間を使用できるようにします。

Jetson Nanoの安定化に電源管理は欠かせません。Micro USBで給電している場合、負荷が高くなると動作が不安定になり、不意に電源が落ちることがあります。Chapter 3-7「電源を安定化する」を読み、安定した電源で高負荷にも耐えられるようにしましょう。

あわせて、電源スイッチとリセットスイッチを取り付けると、パソコンと同じように、電源の入り切りをコントロールできるようになります。購入するスイッチのタイプや接続方法をChapter 3-8「電源ボタン／リセットボタン／パワーLEDの設置」で解説します。

Jetson Nanoは、高負荷時には動作温度が50℃を超えます。高負荷で長時間使うような場合、ヒートシンクに冷却ファンを取り付けることで、動作を安定させることができます。また制御信号線付きの冷却ファンを取り付けると、ファンの回転速度を動作温度に応じて自動的に制御できます。Chapter 3-9「冷却ファンの設置と制御」を参考にして、冷却ファンを設置し制御するようにしましょう。

必要なパフォーマンス設定の概要

Jetson Nanoには電源管理ICが搭載されており、消費電力を最適化しながらパフォーマンスを調整するなど、高度な電源管理システムを実現しています。消費電力を最大化してパフォーマンスを上げたり、パフォーマンスを下げて消費電力や発熱を抑えたりする方法をChapter 3-10「パワーモードの切り替え」、Chapter 3-11「カスタムパワーモードの作成」、Chapter 3-12「パフォーマンスの最大化」で解説します。パフォーマンスを調整する方法を習得してください。

必要なモニタリングの概要

Jetson Nanoの稼働状態を知る上で、CPUやGPUなどのプロセッサー使用率、メモリー使用量を把握しておく必要があります。パフォーマンスの確認のためにもChapter 3-13「プロセッサー（CPU／GPU）の使用率」を参考にしてJetson Nanoの状態を把握するようにしましょう。

長時間稼働させる場合、温度管理が重要になります。Jetson Nanoには、各部に温度センサーが内蔵されています。Chapter 3-14「温度モニター」を読んで、温度を読み取る方法や、温度をグラフ化する方法を習得しましょう。

より便利に使う方法の概要

Chapter 3-15「ヘッドレス化」では、GUIからCLIに切り替え、ディスプレイ、キーボード、マウスなどの入出力機器を接続せずJetson Nanoを**ヘッドレス化**する方法を解説します。CLIに切り替えたあと、コマンドラインでWi-Fiネットワークに接続する方法もそこで解説します。ヘッドレス状態にしたJetson Nanoに、離れた場所からリモートでログインする方法はChapter 3-16「リモートデスクトップ接続」で解説します。

Jetson Nano 4GBの電源供給を、ACアダプターからの供給に切り替えると、Micro USBポートが空きます。空いたMicro USBポートとパソコンを繋げることで、直接通信できるようになります。Wi-Fiネットワークや有線LANに接続できない場合でも、Micro USBポート経由でJetson Nanoにログインして操作することが可能になります。Chapter 3-17「Micro USB経由でJetson Nanoに接続する」で詳しく解説します。

基本操作

Jetson NanoのOSはLinuxディストリビューションのUbuntuがベースです。そのため、Jetson Nanoを使うにあたって、UbuntuやLinuxの操作方法を習得しておく必要があります。ここではコマンド操作やユーザー権限、パーミッションの基本について解説します。

3

アプリ検索から端末アプリを起動する

Chapter 2-3でも解説しましたが、Jetson Nano 4GBでデスクトップ左側のDockに登録されていないアプリを起動する場合は、アプリケーション検索機能（**Dashアプリ検索**）を利用します。

Dockの一番上の**コンピューターを検索**アイコンをクリックするか、キーボードの「Super」キー（いわゆる「Windows」キー）を押すと、次のような画面が表示されます。検索欄に検索キーワードを入力すると、アプリを検索して実行できます。

●Dashアプリ検索を開きキーワードでアプリを検索する（Jetson Nano 4GB）

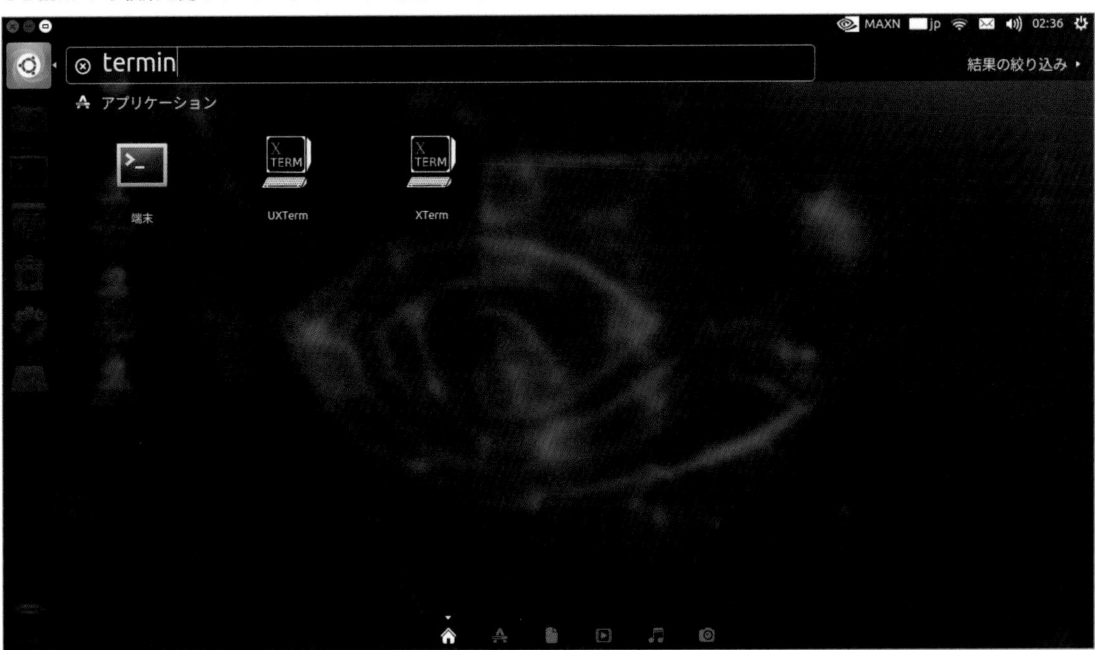

Jetson Nano 2GBでは、ほとんどのアプリが**アプリケーションメニュー**に登録されています。アプリケーションメニューは、画面左下のアイコンをクリックすることで表示できます。

●アプリケーションメニューでアプリを選択する（Jetson Nano 2GB）

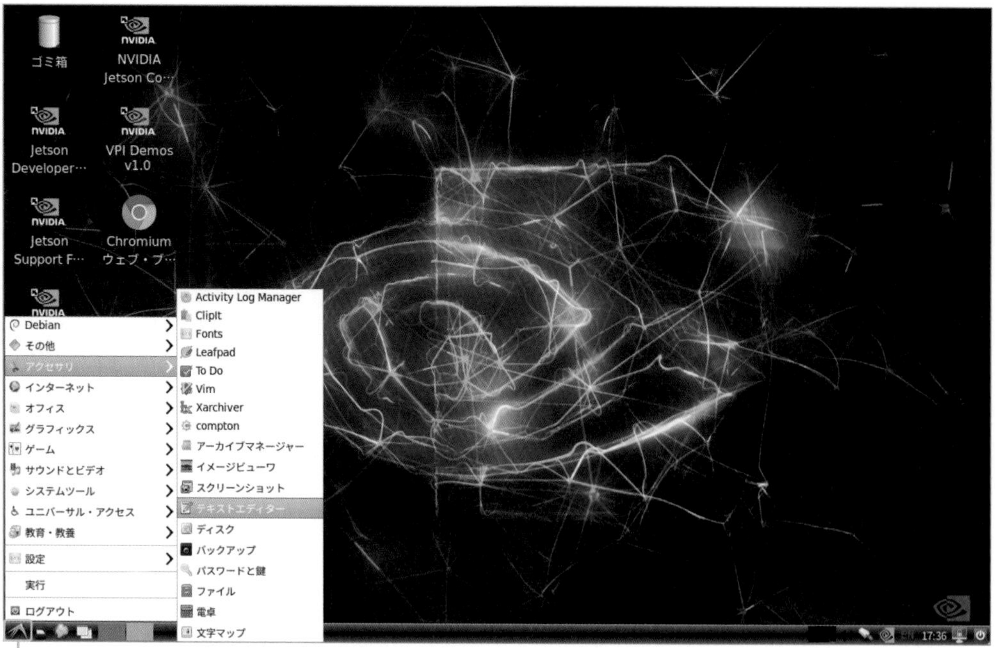

クリックしてアプリケーションメニューを開く

コマンドを実行するには、GUIデスクトップ環境上では「**端末**」（ターミナル）アプリを起動して、端末上でコマンドを入力して行います。端末アプリの起動は、Jetson Nano 4GBではDashアプリ検索で「**terminal**」と入力すると、検索して起動できます。ショートカットキーの Ctrl ＋ Alt ＋ T キー同時押しでも端末を起動できます。またデスクトップの「Terminal」アイコンをタブルクリックして起動することもできます。

Jetson Nano 2GBでは、アプリケーションメニュー（アイコン）➡「システムツール」➡「**LXTerminal**」と選択することで端末アプリを起動できます。またデスクトップ画面にある「LXTerminal」をダブルクリックして起動することもできます。

コマンドの入力と実行

Jetson NanoのOSはLinuxベースですので、操作には**コマンド**が欠かせません。コマンドは各機能を実行するための文字列で、アプリを起動したり、システムを管理したり、ファイルを操作したりと、様々な操作が可能です。

端末を起動すると「user@jetson:~$」のような**プロンプト**が表示されます。「@」の前部分の文字列がユーザー名、後部分の文字列がホスト名です。プロンプトが表示されると、コマンド実行の準備が整ったことを示します。

プロンプトに続けてコマンドを入力し、最後に Enter キーを入力してコマンドを実行します。コマンドの実行例として「ls」コマンドを実行してみましょう。「ls＋Enter」と入力すると、現在作業中のディレクトリ（カレントディレクトリ）内にあるファイル一覧が表示されます。

```
$ ls
```

●端末を開き「ls」コマンドを実行

```
user@jetnano:~$ ls
Desktop  examples.desktop  ダウンロード  ドキュメント  ピクチャ     公開
Work     sample.sh         テンプレート  ビデオ        ミュージック
user@jetnano:~$
```

シェルを使いこなす

Linuxの核となっているのが「**カーネル**」です。カーネルはCPU、メモリー、HDDなどのシステムリソースを管理しています。

「**シェル**」はコマンドとカーネルの橋渡しとしての役割を担っており、ユーザーが入力したコマンドを読み取り、それを解釈してカーネルに伝えます。シェルが次のように機能することで、ユーザーがJetson Nanoを操作できるようにしています。

●シェルの機能

1. **コマンドプロンプトを表示する**
2. **コマンドの入力を受け付ける**
3. **コマンドを解釈する**
4. **プログラムを探して起動する**
5. **結果を表示する**

シェルには、コマンド入力を補助するような**ユーザー支援機能**があり、コマンドライン操作を使いやすいものにしています。例えば、入力中の文字列上で←キーや→キーでカーソルを移動したり、Tabキーでコマンド名を補完したりできます。

JetPackをはじめ、Linuxでよく利用されているシェルは「**bash**」です。bashには次の表のようなキーバインドでカーソルを移動したり、コマンドライン上の文字列を編集したりする機能があります。

●Bashのユーザー支援機能

キーバインド	説明
Ctrl+B または ←	1文字戻る
Ctrl+F または →	1文字進む
Ctrl+H または DEL	カーソル前方（左）の1文字削除
Ctrl+D	カーソル後方（右）の1文字削除
ESC+B	1ワード戻る
ESC+F	1ワード進む
ESC+DEL または ESC+Ctrl+H	カーソル前方（左）の1ワード削除
ESC+D	カーソル 後方（右）の1ワード削除
Ctrl+Y	最後に削除されたものをペースト
Ctrl+A	行頭に移動
Ctrl+E	行末に移動
Ctrl+K	カーソル位置から行の最後まで削除
Ctrl+P または ↑	前の履歴を表示
Ctrl+N または ↓	次の履歴を表示
Ctrl+S	履歴を検索
Ctrl+R	履歴を遡って検索
ESC+<	履歴の先頭を表示
ESC+>	履歴の最後を表示

補完機能

コマンド入力には、テキストの**補完機能**が役立ちます。例えばTに続けてTabキーを2回入力すると、「t」で始まるコマンドを一覧で表示します。

```
user@jetnano:~$ t Tab Tab
t1ascii          testj1939          touch
t1asm            text2ngram         tput
t1binary         tgatoppm           tr
t1disasm         then               transicc
t1mac            thinkjettopbm      transmission-gtk
t1unmac          thunderbird        transset
tabs             tic                trap
（後略）
```

補完機能を使うことで、うろ覚えのコマンドを呼び出すことができたり、コマンドの打ち間違いを防げたりできます。コマンド名のほかにも、ファイル名、ディレクトリ名、ホスト名、ユーザー名なども補完可能です。Bashの補完機能は、次の表のようなキーバインドを使用します。

●Bashの主な補完機能

キーバインド	説明
Tab	コマンド名、ファイル名、ディレクトリ名の補完
ESC または Z Tab Tab	補完候補の一覧表示
Ctrl + X !	コマンド名の補完候補を一覧表示
Ctrl + X /	ファイル名／ディストリ名の補完候補を一覧表示
Ctrl + X ~	ユーザー名の補完候補を一覧表示
Ctrl + X @	ホスト名の補完候補を一覧表示

コマンドの打ち間違いをねらったジョークソフトがあります。ファイル一覧を出力する「ls」コマンドは、つい「sl」と打ち間違えることがあります。そうした状況をジョークにしたのが**sl**コマンドです。次のようにコマンドを入力することでインストールできます。

```
user@jetnano:~$ sudo apt install sl ↵
```

「sl」コマンドを実行するとどうなるか確かめてみましょう。lsコマンドに使用する「-a」「-l」「-F」などのオプションも、slコマンドで同じように使用できます。

●lsコマンドの打ち間違いをねらったジョークソフト「sl」

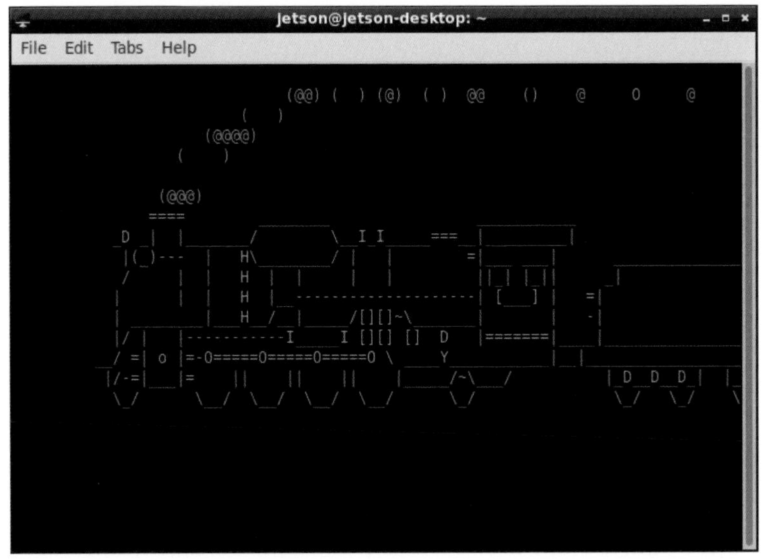

履歴機能

過去に実行したコマンドを再度実行するときは**履歴機能**が役立ちます。例えば、直前に実行したコマンドをもう1度実行したいときには、!+!+Enterキーと入力すると実行できます。

```
user@jetnano:~$ date
2021年  2月 25日 木曜日 17:10:03 JST
user@jetnano:~$ !!
date
2021年  2月 25日 木曜日 17:10:41 JST
```

ほかにもカーソルキーの↑（またはCtrl+P）キーで前回実行したコマンドを表示できます。↑（またはCtrl+P）キーを複数回入力すると、過去に実行したコマンドをさかのぼって表示します。↓（またはCtrl+N）キーキーを入力すると1つ後のコマンドを表示します。

コマンド履歴を一覧で表示するには、「history」コマンドを実行します。

```
user@jetnano:~$ history
（中略）
  153  sudo apt install sl
  154  sl
  155  date
  156  history
```

最近実行した10個だけ表示するには、引数に10を指定して「history 10」と実行します。履歴の左側に表示されている数字を使って「![番号]」と実行すれば、番号で指定したコマンドを再実行できます。上の例で「!155」を実行すると、「date」コマンドが再実行されます。

```
user@jetnano:~$ !155
date
2021年  2月 25日 木曜日 17:14:34 JST
```

ユーザー権限とパーミッション

Linuxは**マルチユーザーOS**です。複数のユーザーが同時に使用することを前提に作られています。原則的に、**ホームディレクトリ**と呼ばれるユーザー個々に割り当てられたディレクトリ内でのみ、自由にファイルやディレクトリを作成することができます。

実行できるコマンドやアプリにも制約が設定されています。システム全体に影響を与えたり、設定を変更するようなことは、一般ユーザーの権限では実行できません。試しに、コマンドラインで再起動を行う「reboot」を一般ユーザーの権限で実行してみましょう。すると、次のように「許可がありません」という内容のエラーメッセージが表示されます。

```
$ reboot ⏎
Failed to set wall message, ignoring: Interactive authentication required.
Failed to reboot system via logind: Interactive authentication required.
Failed to open /dev/initctl: 許可がありません
Failed to talk to init daemon.
```


管理者権限を実行できる「sudo」コマンド

システムに影響を与える大事な操作には「**管理者権限**」が必要です。管理者権限でコマンドを実行するには、「**sudo**」コマンドを付けて実行します。

```
$ sudo [コマンド] ⏎
```

sudoコマンドを実行する際は、初回実行時に実行するユーザーのパスワードを入力する必要があります。sudoコマンドを実行できるのは限られたユーザーのみですが、JetPackインストール時に作成したユーザーはsudoコマンドを実行できるようになっています。

JetPack内のファイルとディレクトリには**パーミッション**が設定されています。「**owner**（**所有者**）」「**group**（**所有グループ**）」「**other**（**その他**）」単位で、「**readable**（**読み**）」「**writable**（**書き**）」「**executable**（**実行**）」を設定できます。

●パーミッションの設定区分（それぞれに対して権限を設定できる）

権限	意味
owner	ファイルやディレクトリを所有するユーザー
group	ユーザーグループ
other	その他のユーザー

●権限の種類

権限	ファイルの場合	ディレクトリの場合
readable（r）	ファイルの参照が可能	ディレクトリ内をリスト表示可能
writable（w）	ファイルの上書きや削除が可能	ディレクトリ内に新規ファイルを作成可能
executable（x）	ファイルの実行可能	ディレクトリへの移動が可能

試しにファイルやディレクトリを表示するlsコマンドに、詳細情報を表示するオプションである「-l」を付け、「ls -l」を実行してファイルやディレクトリのパーミッションを確認してみましょう。

```
$ ls -l
合計 200
drwxr-xr-x 2 user user   4096  2月 25 14:32 Desktop
drwxrwxr-x 4 user user   4096  2月 25 14:32 Work
-rw-r--r-- 1 user user   8980  2月 25 14:45 examples.desktop
-rwxrwxr-x 1 user user    141  2月 25 14:53 sample.sh
drwxr-xr-x 2 user user   4096  2月 25 14:32 ダウンロード
drwxr-xr-x 2 user user   4096  2月 25 14:32 テンプレート
（後略）
```

「drwxr-xr-x」（Desktopディレクトリ）や「-rwxrwxr-x」（sample.shファイル）のように表示されているのが、パーミッション情報です。一番左の項目が「-」となっているのがファイル、「d」となっているのがディレクトリです。続く「rwx」の部分は、「**r**eadable」、「**w**ritable」、「e**x**ecutable」といった権限が与えられているかどうかを、「owner」「group」「other」ごとに表しています。

●ファイルやディレクトリに設定されているパーミッション

なお「rwx」のパーミッションを、「0~7」の数値で表すことがあります。次の表のように、それぞれの権限に数値が設定されており、それを足したものを表記として用いているためです。

●パーミッションを数値で表記

権限	記号	数値
readable	r	4
writable	w	2
executable	x	1
権限なし	-	0

「rwx」（読み、書き、実行）すべての権限があれば「4+2+1」で「**7**」を用い、「rw-」（読み、書き）なら「4+2」で「**6**」、「r-x」（読み、実行）なら「4+1」で「**5**」といった表記になります。

●権限の数値化

```
$ ls -l
合計 200
drwxr-xr-x 2 user user   4096  2月 25 14:32 Desktop
drwxrwxr-x 4 user user   4096  2月 25 14:32 Work
-rw-r--r-- 1 user user   8980  2月 25 14:45 examples.desktop
-rwxrwxr-x 1 user user    141  2月 25 14:53 sample.sh
```

4+2=6　4　4

644

例として、自分が作成したスクリプト（プログラム）ファイルの権限を設定してみましょう。スクリプトなので、実行（x）は誰でもできるようにします。所有者（owner）には読み書き実行（rwx）すべての権限を設定し、ユーザーグループやその他ユーザーには、ファイルを改変されないように読みと実行（rx）を設定したいとします。

権限の設定は「**chmod**」コマンドで行います。コマンドに続けて権限を数値で指定し、その後にパーミッションを設定するファイルを指定します。

```
$ chmod 755 [ファイル名]
```

実際にファイル操作して、ファイルのパーミッションを確認してみましょう。一般ユーザーにはwritable権限のない「/etc/hosts」ファイルを削除するように、一般ユーザーでファイルを削除する「**rm**」コマンドを実行すると、次のように「...を削除できません: 許可がありません」といったエラーメッセージが表示されます。

```
$ rm /etc/hosts
rm: 書き込み保護されたファイル 通常ファイル '/etc/hosts' を削除しますか? y  ←「y」を入力
rm: '/etc/hosts' を削除できません: 許可がありません
```

GUI標準テキストエディター「gedit」を使う

Jetson Nanoを使用する上で、設定ファイルを編集したり、プログラムを記述したりするのに、テキストエディターが欠かせません。GUI(グラフィカルユーザーインターフェース)上では、初期状態でインストールされているgeditをテキストエディターとして使用します。

geditの基本操作

geditは動作が軽いシンプルなテキストエディターです。軽量ながら、文字列の検索や置換、サイドパネルやタブの表示など、テキストエディターとしての機能を十分備えており、活用次第で高機能なエディターに匹敵します。

Jetson Nano 4GBでgeditを起動するには、「Super」キーを押して**Dashアプリ検索**画面を開き、「gedit」をキーワードにアプリを検索して実行するか、Ctrl＋Alt＋Tキーを同時に押して端末を起動し、「gedit」と入力して、Enterキーで実行します。

```
$ gedit ⏎
```

●「Super」キーを押してDashアプリ検索を起動し、geditをキーワードにアプリを検索し実行

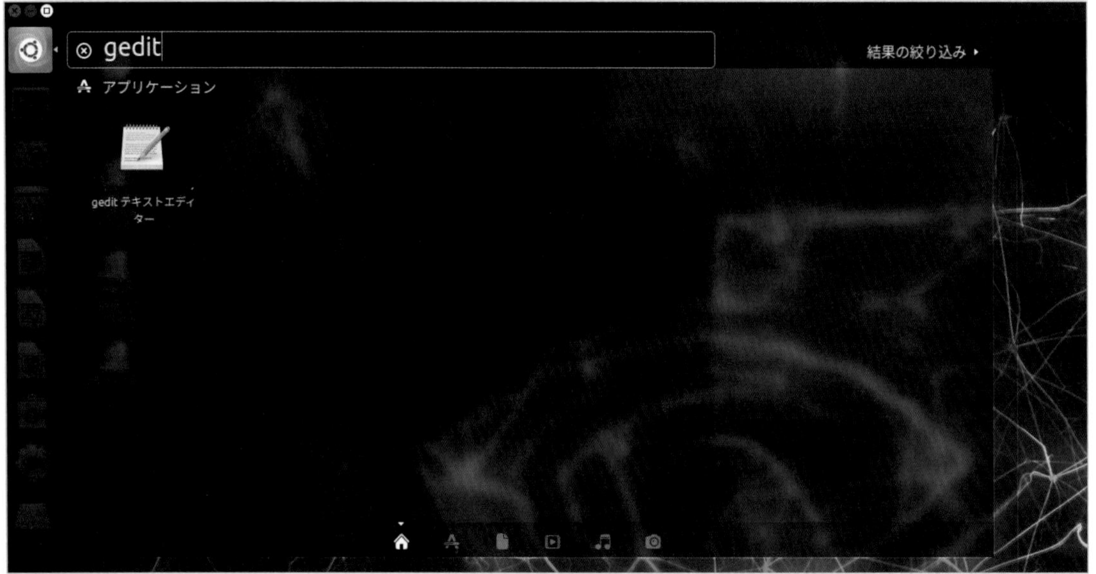

Jetson Nano 2GBでは、アプリケーションメニュー（アイコン）➡「アクセサリ」➡「テキストエディター」と選択することでgeditを起動できます。

geditを起動すると、「無題のドキュメント 1」とテキストファイルが新規作成され、空白の編集画面が表示されます。キーボードで文字をタイプするとそのまま入力されます。「半角/全角」キーを押して日本語入力を有効にすれば、日本語の入力も可能です。

画面上部のメニューバーにある「ファイル（F)」「編集（E)」「表示（V)」「検索（S)」「ツール（T)」「ドキュメント（D)」「ヘルプ（H)」などのメニューをクリックすることで、テキストエディターとしての各種機能を実行することができます。

●画面上部のメニューバーにある「ファイル(F)」「編集(E)」「表示(V)」「検索(S)」「ツール(T)」「ドキュメント(D)」「ヘルプ(H)」などのメニューをクリックすることで、テキストエディターとしての各種機能を実行する（画面はJetson Nano 4GB）

テキストファイルを開く

geditでテキストファイルを開くには、ウィンドウ左上の「開く（O)」メニューをクリックします。検索ボックスでファイルを検索できるほか、「他のドキュメント（D）...」をクリックして、ファイル選択ダイアログを開くことも可能です。

●ファイルを開くにはウィンドウ左上の「開く」メニューをクリックする

●ファイル選択ダイアログを開くこともできる

また、コマンドでgeditを起動する際に、ファイル名を指定して開くこともできます。カレントディレクトリ内のテキストファイルならgeditコマンドに続けてそのままファイル名を指定し、カレントディレクトリ以外のファイルを指定する際はファイルパスを付けて実行してください。

```
$ gedit [ファイル名] ⏎
```

```
$ gedit /<パス>/[ファイル名] ⏎
```

NOTE パス(PATH)

「パス」はファイルやフォルダの場所を表す文字列です。Linuxでは、ディレクトリ階層の元階層を「/」(ルート、ルートディレクトリ)と表記し、それ以下の階層を「/」で区切って表記します。例えば、ルートディレクリ内の「home」フォルダ内にある「user」フォルダ内にある「Desktop」フォルダは、「/home/user/Desktop」と表記します。
また、ディレクトリ表記で使用する特殊な記号があります。「./」と表記すると、現在作業中のディレクトリを表します。「../」と表記すると、作業中のディレクトリの1つ上の階層のディレクトリを表します。「~/」と表記すると、現在ログイン中のユーザーのホームディレクトリを表します。
このパスを、ルートディレクトリから表記したものを「絶対パス」(あるいはフルパス)、作業中のディレクトリからの相対位置で表記したものを「相対パス」といいます。「/home/user/Desktop」は絶対パスです。/homeディレクトリで作業中にDesktopディレクトリを相対パスで表記すると、「user/Desktop」となります。

タブエディター

geditは**タブエディター**としても機能します。複数のドキュメントを、タブを切り替えながら編集できます。また、画面上部の「表示(V)」メニューから「サイドパネル」を選択すると、編集画面の左にサイドパネルが表示され、開いているファイルを一覧表示します。さらにウィンドウ上部の「ドキュメントの一覧」をクリックして、ファイルブラウザー表示に切り替えることができます。

●「タブ」「サイドパネル」「ハイライトモード」を有効にしたgedit

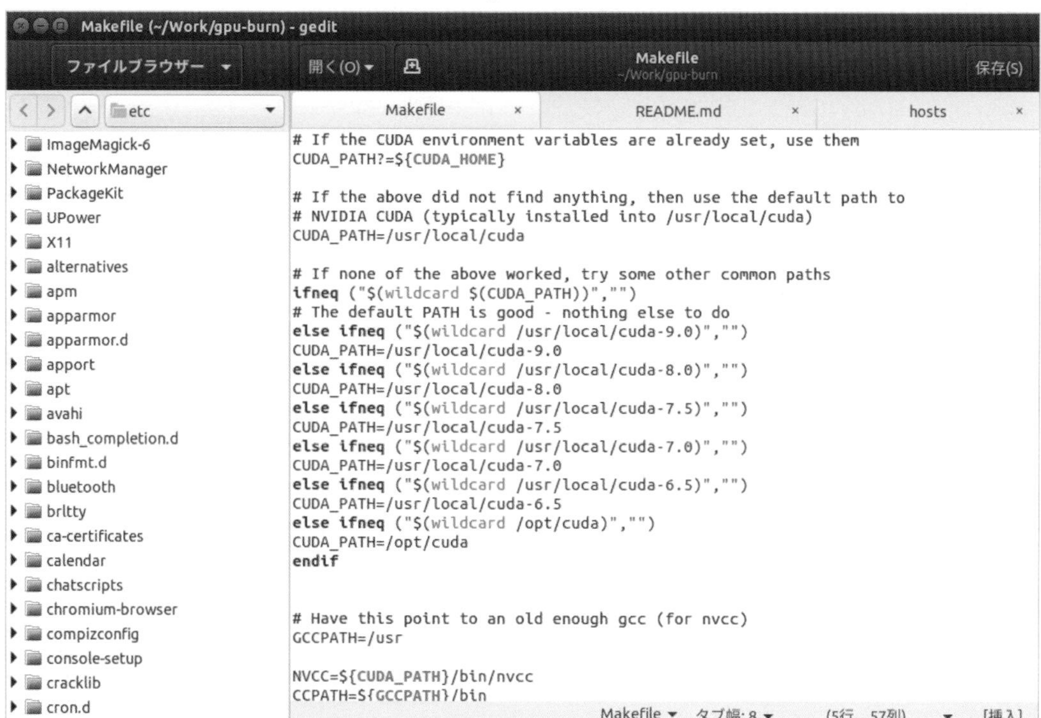

geditはファイルの種類を自動的に判別し、構文やキーワードをわかりやすく強調して表示する**ハイライトモード**に対応しています。ファイルの拡張子をもとにファイルの種類を自動的に判別しますが、画面上部の「表示」メニューから「ハイライトモード」を選択すると、手動で表示方法を切り替えることができます。

ファイルの保存

ファイル編集が完了して保存する場合は、ウィンドウ上部の「保存（S)」メニューをクリックします。初回保存時はファイル名を入力したり、保存場所を指定したりするダイアログが表示されます。

なお、ファイルの**自動保存**やバックアップ作成も設定次第で可能です。画面上部の「編集（E)」メニューから「設定（P)」を選び、設定ダイアログが開いたら、「エディター」タブに切り替え、下の図のように、「保存する前にバックアップを生成する」と「ファイルを自動的に保存する間隔」をチェックします。ここで、自動保存する間隔も指定できます。

●自動保存やバックアップ生成の設定

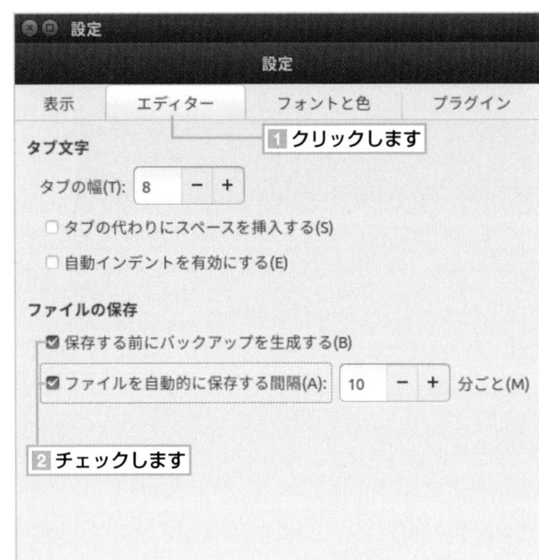

管理者権限でgeditを利用する

一般ユーザーの権限で開くことができないファイル、上書き保存できないシステムファイルなどを扱うには、管理者権限が必要です。読み取り権限だけ付与されているファイルの場合は閲覧は可能ですが、「読み込み専用」とタイトルに表示され、上書きすることはできません。

●ファイル閲覧のみ可能ファイルは「読み込み専用」とタイトルに表示されて上書きできない

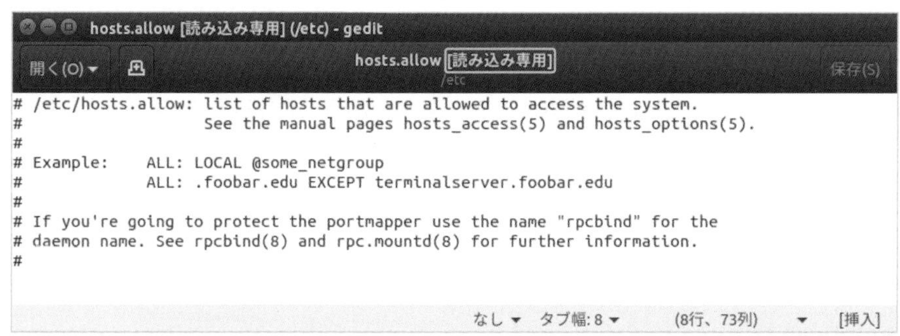

一般ユーザーの権限で開いたり保存したりできないファイルは**管理者権限**で開きます。管理者権限でgeditを利用するには、コマンドを実行する際に「**sudo**」を付けます。

```
$ sudo gedit [ファイル名] ⏎
```

```
$ sudo gedit /<パス>/[ファイル名] ⏎
```

geditの活用

geditは、設定次第で高機能なテキストエディターに匹敵する使い勝手を実現できます。geditの設定は、画面上部の「編集（E)」メニューから「設定（P)」を選択して行います。設定ダイアログが開いたら、「表示」タブに切り替えて、試しに次の項目を有効にしてみましょう。

- **行番号を表示する（D)**
- **カーソルのある行を強調表示する（L)**
- **対応するカッコを強調表示する（B)**

設定が完了すると、次ページの図のように行頭に行番号が表示され、カーソルのある行を強調表示するようになります。また「<」「{」「(」「[」といったカッコを開いてコードを入力したあと、カッコを閉じるよう「>」「}」「)」「}」を入力すると、対応するカッコが強調表示されます。

●表示設定を変更したgeditの編集画面

プラグインによる機能拡張

geditには、機能拡張用の「プラグイン」があります。初期状態でインストールされているプラグインに加え、追加プラグインが別途用意されています。次のコマンドで追加プラグインをインストールできます。

```
$ sudo apt install gedit-plugins
```

プラグインは、インストールしただけでは使用できません。設定ダイアログを開いて有効化する必要があります。画面上部の「編集（E)」メニューから「設定（P)」を選び、設定ダイアログが開いたら「プラグイン」タブに切り替えます。各プラグインのチェックボックスをチェックすることで有効化できます。試しに次のプラグインを有効化してみましょう。

- Code Comment
- コードスニペット
- 空白の表示
- 組み込み端末

●設定ダイアログが開いてプラグインを有効化

プラグインを有効化したら、設定ダイアログを閉じます。編集画面に戻り「表示（V）」メニューから「ボトムパネル」を選択すると、編集画面下部に**組み込み端末**が表示されるようになり、コマンドを入力できます。また空白、改行、タブなどの文字を見やすい記号に置き換えて表示します。

Ctrl＋Mキーを入力すると、「Code Comment」プラグインの機能で、カーソルのある行の頭に「#」などのコメント文字が挿入されます。右クリックメニューに「Code Comment」と「コメント・アウトの解除（N）」が追加され、マウスを使ってカーソルのある行をコメントアウトしたり、コメントアウトを解除したりできます。

「コードスニペット」プラグインにより、ファイルの種類に応じてプログラミングコードの定型文である、**スニペット**を挿入できるようになります。例えば、シェルスクリプトファイルを編集している際に「for」と入力してTabキーを押すと、自動的にforループ文が挿入されます。

●プラグインを有効化し高機能化したgeditの編集画面

そのほか、「スペルチェック」で単語のスペルチェックを行ったり、「Find in Files」で複数のファイルをフォルダーを指定して正規表現を使って検索したりできるようになります。

CLI標準エディター「vi」を使う

Jetson Nanoを使用する上で、設定ファイルを編集したり、プログラムを記述したりするのに、テキストエディターは欠かせません。Chapter 3-3ではGUI環境用テキストエディター「gedit」について解説しました。しかし、リモートアクセスしたり、GUIを使わずにログインしたりするとgeditは使用できません。CLI上でテキストファイルを編集する場合は、初期状態でインストールされている「vi」をテキストエディターとして使用します。

viの起動

「**vi**」は動作が軽いシンプルなテキストエディターです。JetPackをはじめ多くのLinuxディストリビューションに標準でインストールされており、すぐに利用できます。viはキーボードのホームポジションに手を置いたまま操作できるように作られており、すべての操作をキーボードで行うのが特徴です。そのため、操作方法に多少の慣れが必要です。使い慣れれば、設定ファイルの編集などに欠かせないツールになります。

viでテキストファイルを開いて編集するには、「$」プロンプトに続けて「vi ファイル名」と入力しEnterキーで実行します。カレントディレクトリ以外のファイルを開くには、ファイルパスを付けて実行します。

```
$ vi [ファイル名] ⏎
```

```
$ vi /<パス>/ファイル名 ⏎
```

●システム管理に欠かせないテキストエディター「vi」

```
user@jetnano: ~
#!/bin/sh

WAIT_TIME="3"  #リロード間隔
HEAD="20"      #表示件数

while true
  do
  clear
  netstat -i
  sleep $WAIT_TIME
done

~
~
~
~
~
~
~
~
~
~
~
~
"sample.sh" 12L, 141C                              12,0-1        全て
```

デスクトップ環境（GUI）を使用している場合でも、geditを起動するよりviを起動したほうが素早くファイル編集できます。デスクトップ環境でviを使用するには、Ctrl＋Alt＋Tキーを同時に押して端末アプリを起動し、「vi ファイル名」と入力して、Enterキーで実行してください。

なお、viコマンドの実体は**vim**です。vimはviを発展した高機能なテキストエディターです。viを起動したつもりでも、実際はエイリアスされたvimが起動します。viのリンクをたどると、「vim.basic」のシンボリックリンクになっているのがわかります。


```
$ ls -l /usr/bin/vi
lrwxrwxrwx 1 root root 20  5月 18  2018 /usr/bin/vi -> /etc/alternatives/vi
$ ls -l /etc/alternatives/vi
lrwxrwxrwx 1 root root 18  5月 18  2018 /etc/alternatives/vi -> /usr/bin/vim.basic
```

vim.basicのシンボリックリンク

vimはviに比べて使い勝手がよく、プログラミングのような本格的な編集作業にも通用します。viは機能が限られますが、設定ファイルの編集作業程度であればviで十分です。

管理者権限でviを利用する

一般ユーザー権限で閲覧できないファイルや、上書き保存できないシステムファイルでは、**管理者権限**が必要です。管理者権限でviを利用するには「**sudo**」を付けてコマンドを実行します。

```
$ sudo vi [ファイル名]
```

```
$ sudo vi /<パス>/[ファイル名]
```

viの使い方

viでは**コマンドモード**と**編集モード**を使い分けて操作します。コマンドモードでは文字を入力しても画面に反映されません。文字の入力は編集モードで行います。

● viのコマンドモードと編集モードの違い

モードの種類	左下の表示	内容
コマンドモード	なし	各種コマンドを利用できる
編集モード	--挿入--、--置換--	入力できる

viはコマンドモードで起動します。コマンドモードでは、次ページの表のようなコマンドを使用できます。

●コマンドモードで使用できる主なコマンド

操作	コマンド
上書き保存	:w
終了	:q
保存して終了	:wq
保存せず終了（強制終了）	:q!
行番号を表示	:set number

iキーを入すると編集モードに移行します。逆に、コマンドモードへ移行する場合はEscキーを入力します。

編集モードへ移行すると、左下に「-- 挿入 --」（英語表記では「-- INSERT --」)」と表示され、次の表のようなキーを使ってテキストファイルを編集できるようになります。

●編集モードで使用できる主なキーバインド

操作	キー
カーソルを左へ移動	h（または←）
カーソルを下へ移動	j（または↓）
カーソルを上へ移動	k（または↑）
カーソルを右へ移動	l（または→）
行頭に移動	0
カーソルのある場所の1文字を削除	x
カーソルのある場所の前の1文字を削除	Shift＋x
1行カット	d d
指定行数を削除	数字 d d
1行ヤンク※（コピー）	y y
数字の行数だけヤンク※（コピー）	数字 y y
ペースト	p

※viではコピーを**ヤンク**と表現します

編集が完了して、変更内容を保存するには、Escキーを入力しコマンドモードに戻り、続けて:→w→Enterキーを順番にタイプします。

現在作業中のモードがわからなくなったら、Escキーを1回、または2回タイプしてコマンドモードに戻るようにしてください。

さらに詳しい操作方法を知りたい場合は、コマンドモードで「:help ○○」と入力してオンラインマニュアルを参照します。○○には知りたい内容のキーワードを入力します。例えば「edit」や「command」といったキーワードです。単に「:help」と入力すると、参照できるヘルプのインデックスが一覧表示されます。ヘルプ画面を閉じるには、:→q→Enterキーを順番に入力します。

●コマンドモードで「:help」と入力しオンラインマニュアルを表示する

```
user@jetnano: ~
help.txt        For Vim version 8.0.  Last change: 2017 Oct 28

                       VIM - main help file
                                                                         k
      Move around:  Use the cursor keys, or "h" to go left,            h   l
                    "j" to go down, "k" to go up, "l" to go right.       j
Close this window:  Use ":q<Enter>".
   Get out of Vim:  Use ":qa!<Enter>" (careful, all changes are lost!).

Jump to a subject:  Position the cursor on a tag (e.g. bars) and hit CTRL-].
   With the mouse:  ":set mouse=a" to enable the mouse (in xterm or GUI).
                    Double-click the left mouse button on a tag, e.g. bars.
        Jump back:  Type CTRL-T or CTRL-O.  Repeat to go further back.

Get specific help:  It is possible to go directly to whatever you want help
                    on, by giving an argument to the :help command.
                    Prepend something to specify the context:  help-context

                          WHAT                  PREPEND    EXAMPLE
                      Normal mode command                  :help x
help.txt [ヘルプ][読専]                                    1,1            先頭
  do
sample.sh                                                  12,0-1         54%
"help.txt" [読込専用] 228L, 8578C
```

viを使ってみる

viの操作を理解するため、試しに「**/etc/hosts**」ファイルを開いて設定を追加してみましょう。/etc/hostsファイルの編集には管理者権限が必要なため、「sudo」を付けて次のように実行します。

```
$ sudo vi /etc/hosts
```

●viで/etc/hostsファイルを編集

```
user@jetnano: ~
127.0.0.1       localhost foo
127.0.1.1       jetnano

# The following lines are desirable for IPv6 capable hosts
::1     ip6-localhost ip6-loopback
fe00::0 ip6-localnet
ff00::0 ip6-mcastprefix
ff02::1 ip6-allnodes
ff02::2 ip6-allrouters
~
~
~
~
~
~
~
~
~
~
~
~
~
"/etc/hosts" 9L, 226C                                      1,23-29       全て
```

「127.0...」で始まる冒頭の2行は自ホストを表しています。1行目はどんなLinuxディストリビューションでも共通して使われる「**localhost**」に関する記述、2行目は自ホスト名に関する設定です。

カーソルを1行目の末尾まで移動し、Aキーをタイプし**編集モード**に移行します。編集モードに移行すると、左下に「-- 挿入 --」と表示されるようになります。

●編集モードに移行すると左下に「-- 挿入 --」と表示される

空白文字に続けて「foo」と入力して次のような一行にします。空白文字には1文字以上のSpaceかTabを使用します。

```
127.0.0.1        localhost foo
127.0.1.1        (略)
```

空白文字に続けて「foo」と入力

編集が終わったらファイルを上書き保存してviエディタを終了しましょう。Escキーで**コマンドモード**に移行したあと、:⇒w⇒q⇒Enterキーを順番に入力します。

●ファイルを上書き保存するにはEscキーでコマンドモードに移行し、:⇒w⇒q⇒Enterキーを順番に入力する

追加した内容はすぐに反映されます。pingコマンドでホスト名が有効かどうか確認します。

```
$ ping foo
PING localhost (127.0.0.1) 56(84) bytes of data.
64 bytes from localhost (127.0.0.1): icmp_seq=1 ttl=64 time=0.037 ms
64 bytes from localhost (127.0.0.1): icmp_seq=2 ttl=64 time=0.404 ms
64 bytes from localhost (127.0.0.1): icmp_seq=3 ttl=64 time=0.359 ms
...
[Ctrl][C]キーで終了
```

「nano」エディターを使う

Chapter 3-4ではCLI環境用エディターとしてviを解説しましたが、viは編集モードとコマンドモードを使い分けたり、特殊なキーアサインを使用したりと、初心者には扱いづらいエディターです。テキストエディター「nano」は、一般的なテキストエディターと同じように簡単にテキストファイルを編集することができます。

nanoのインストールと起動

「**nano**」はvi同様、動作が軽いシンプルなテキストエディターです。JetPackには初期状態ではインストールされませんが、Ubuntuをはじめ多くのLinuxディストリビューションに標準でインストールされています。ここでは、JetPackにnanoをインストールして、簡単な使い方を解説します。

nanoをインストールするには、端末アプリ上（Ctrl＋Alt＋Tキーで起動）で、管理者権限が必要なのでsudoを付けてapt installコマンドを実行します。

```
$ sudo apt install nano ⏎
```

nanoでテキストファイルを開いて編集するには、プロンプトに続けて「nano ファイル名」と入力しEnterキーで実行します。カレントディレクトリに無いファイルを開くには、ファイルパスを付けて実行します。指定されたファイルが存在しない場合は、新規にファイルが作成されます。

```
$ nano [ファイル名] ⏎
$ nano /<パス>/[ファイル名] ⏎
```

nanoは**シンタックスハイライト**（構文強調）に対応しており、PythonやJavaなどの主要なプログラミング言語のソースファイルを表示した際に、構文やキーワードをわかりやすく強調して表示します。

●シンタックスハイライトにも対応したnano

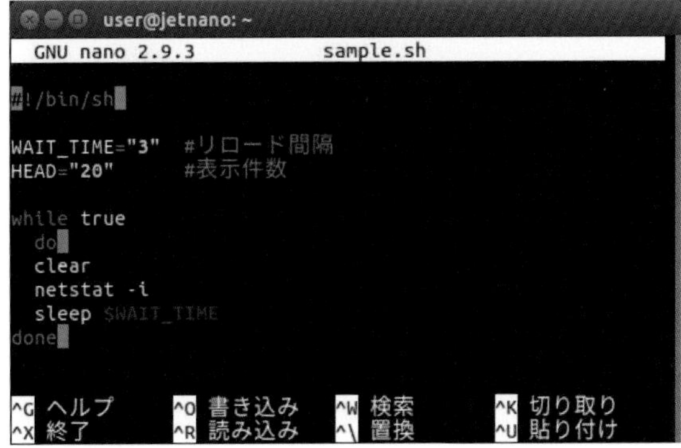

nanoの使い方

nanoは、一般的なテキストエディターと同様に、カーソルキー（↑↓←→）でカーソルを移動して文字を挿入したり、BackSpaceキーで文字を削除したりできます。ファイルの保存や終了といったファイル操作には、Ctrlキーを組み合わせたショートカットキーを使用します。nanoで使用する主なショートカットキーは次のとおりです。

●nanoで使用する主なショートカットキー

用途	ショートカットキー	備考
nanoの終了	Ctrl＋X	内容を変更した際は、Y（保存）／N（破棄）／C（キャンセル）をタイプ
行番号の確認	Ctrl＋C	行／列／文字数を表示
行の削除	Ctrl＋K	カーソルのある行を行毎削除
行の貼り付け	Ctrl＋U	直線に削除した行を貼り付け
文字列の検索	Ctrl＋W※	再検索はAlt＋W
ページ送り（進む）	Ctrl＋V	
ページ送り（戻る）	Ctrl＋Y	

※検索のショートカットキーは一般的にFキーやSキーが使われますが、nanoは「Where」からWキーを使用します

nanoを起動すると、次の図のようにヘルプが画面に表示され、ショートカットキーを確認できます。ほかのショートカットキーはCtrl＋Gキーを入力することで表示できます。

●Ctrl＋Gキーを入力することでショートカットキー 一覧表示

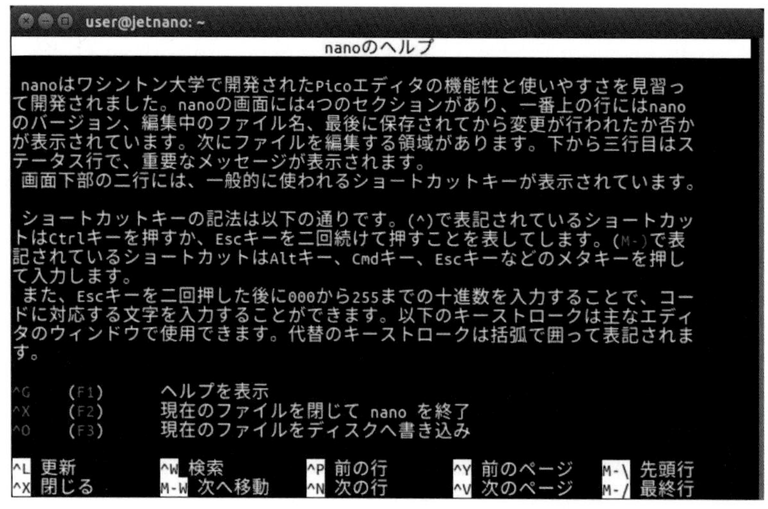

nanoのカスタマイズ設定

nanoの操作や表示をカスタマイズして使いやすくしてみましょう。ユーザーのホームディレクトリに、nano設定ファイル「.nanorc」を作成します。設定ファイルの雛形は、「/etc/nanorc」ファイルをホームディレクトリに「.nanorc」としてコピーします。

```
$ cp /etc/nanorc ~/.nanorc ⏎
```

.nanorcファイルをnanoを使って開きます。

```
$ nano ~/.nanorc ⏎
```

画面下のステータスバーの上に「行」「列「文字数」が常時表示されるように設定します。設定ファイル内の「# set constantshow」と記述されている行を探して、行頭の「#」を削除します。nanoで文字列検索を行うには、Ctrl＋Wキーをタイプします。編集画面下に表示される「検索:」に続けてキーワード文字列を入力します。Enterキーをタイプすれば検索が行われます。

.nanorc

```
# set constantshow
```

```
set constantshow
```

同じように「set ○○」行を有効化することで、nanoをさらにカスタマイズできます。例えば、nano上でマウスでカーソル位置を動かせるようにするには、「set mouse」を有効にします。必要に応じて次のような設定を追記します。

●行番号やバックアップ有効化などの設定

設定	内容
set nohelp	画面下のヘルプを表示しないようにする
set linenumbers	行番号を表示する
set backup	バックアップを有効化する

修正が終わったら上書き保存します。Ctrl＋Xキーを押し、「変更されたバッファを保存しますか？（"No"と答えると変更は破棄されます。）」とメッセージが表示されたら、Yキーを押します。
「書き込むファイル: /home/○○/.nanorc」（○○はユーザー名）と上書きするファイル名の確認が行われるため、間違いなければEnterキーを押します。

●nanoでファイルを上書き保存し終了する方法

```
変更されたバッファを保存しますか?("No" と答えると変更は破棄されます。)
 Y はい
 N いいえ          ^C 取消
```

1 Ctrl + X キーをタイプし、「変更されたバッファを保存しますか？("No" と答えると変更は破棄されます。)」とメッセージが表示されたら Y キーを入力

```
書き込むファイル: .nanorc
^G ヘルプ          M-D DOS フォーマット M-A 末尾に追加     M-B バックアップファ
^C 取消            M-M Mac フォーマット M-P 先頭に追加     ^T ファイラ
```

2 「書き込むファイル: /home/○○/.nanorc」と上書きするファイルの確認が行われるため、確認が済んだら Enter キーをタイプ

ファイルを閉じるには、もう1度 Ctrl + X キーをタイプします。ファイルが変更されていなければ、即座にファイルが閉じられnanoが終了します。

再度nanoを起動すると、設定が反映されているのを確認できます。

●カスタマイズしたnanoの編集画面（画面下のヘルプを非表示、「行」「列」「文字数」を常時表示、行番号を表示）

```
user@jetnano: ~
 GNU nano 2.9.3                    .nanorc

 1 ## Sample initialization file for GNU nano.
 2 ##
 3 ## Please note that you must have configured nano with --enable-nanorc
 4 ## for this file to be read!  Also note that this file should not be in
 5 ## DOS or Mac format, and that characters specially interpreted by the
 6 ## shell should not be escaped here.
 7 ##
 8 ## To make sure an option is disabled, use "unset <option>".
 9 ##
10 ## For the options that take parameters, the default value is given.
11 ## Other options are unset by default.
12 ##
13 ## Quotes inside string parameters don't have to be escaped with
14 ## backslashes.  The last double quote in the string will be treated as
15 ## its end.  For example, for the "brackets" option, ""')>]}" will match
16 ## ", ', ), >, ], and }.
17
18 ## When soft line wrapping is enabled, make it wrap lines at blanks
19 ## (tabs and spaces) instead of always at the edge of the screen.
20 # set atblanks
21
22 ## Use auto-indentation.
```

スワップを設定する

Jetson Nano A02/B01には4Gバイト、Jetson Nano 2GBには2Gバイトのメインメモリーが搭載されており、一般的なほかのシングルボードコンピュータと比べて多くのメモリー空間を使用できます。しかし、AIプログラムのようなメモリーを大量に消費する処理では、メモリーが不足しプログラムが異常終了したり、Jetson Nanoの動作が不安定になる恐れがあります。Jetson Nanoは物理メモリーを増設できないため、仮想メモリーによるメモリー空間の拡張で、安定して動作するようにします。

Jetson Nanoでの仮想メモリーの利用

Jetson Nanoで**仮想メモリー**を利用するには、本体ストレージのmicroSDカード上に**スワップ**と呼ばれる領域を作成しマウントする必要があります。スワップ領域に対して仮想アドレスを割り当てることで、仮想メモリー空間を物理メモリー空間より大きく取ることができるようになります。

ただし、スワップ領域の設定には注意が必要です。microSD上のスワップ領域に実際にアクセスするとき、物理メモリー上にその内容を読み込むために、物理メモリー上の現在使われていない領域との入れ替え（スワップ）が発生します。そのため、メインメモリーの物理容量に対して大き過ぎる仮想メモリーを確保すると、スワップ処理が頻繁に発生することになります。物理メモリーに比べて、microSDの読み込みや書き出しにかかる速度は極めて低速です。そのため、スワップが発生すると処理速度が低下する要因になるので注意してください。

JetPackのスワップ設定

古いバージョンのJetPackでは、初期状態ではスワップは設定されていませんでしたが、本書で解説する4.2.1以降のJetPackをインストールすると、初期状態で2Gバイトのスワップが設定されます。またJetson Nano 2GBでは初期状態で1Gバイトのスワップが設定されます。さらにJetson Nano 2GBの場合、インストール時に追加4Gバイトのスワップファイル作成を推奨します（p.39を参照）。

JetPackのスワップには、物理メモリー上に圧縮された状態のスワップ領域を構築する**ZRAM**が使用されています。microSD上に構築される通常のスワップと比べて物理メモリーを消費し、さらに圧縮展開にCPUリソースを消費しますが、メモリー不足に対する保険としては大変有効的です。

現在稼働中のシステムでスワップが有効かどうかは、**free**コマンドを使って確認することができます。端末アプリを開き（Ctrl＋Alt＋Tキーを同時入力）、「free -m」とコマンドを実行します。次の例では1982Mのスワップ領域が設定されていて、0Mバイトを使用しているのがわかります。

●freeコマンドでスワップが有効化どうか確認する方法（図はJetson Nano 4GB）

設定されているスワップがZRAMによるものかどうかを調べるには、**swapon**コマンドを使ってスワップのステータスを表示します。

●swaponコマンドでスワップのステータスを表示しZRAMによるものかどうか見分ける方法

```
user@jetnano: ~
user@jetnano:~$ swapon -s
ファイル名                              タイプ          サイズ  使用済み        優先順位
/dev/zram0                              partition       506412  4876    5
/dev/zram1                              partition       506412  4864    5
/dev/zram2                              partition       506412  4880    5
/dev/zram3                              partition       506412  4880    5
```

ZRAMによるスワップ

上の例では4つのZRAM領域が設定されているのがわかります。JetPackの初期設定ではCPUコアごとにZRAMによるスワップ領域が設定されます。そのため、4コアCPUを搭載しているJetson Nanoは上のように4つのスワップ領域が表示されます。

スワップの追加

Jetson Nano 4GBでは初期状態で2Gバイトのスワップが設定されますが、不足することがあります。ここではJetson Nano 4GBにスワップを追加する方法を解説します。また、Jetson Nano 2GBでインストール時にスワップファイル作成を選択しなかった場合でも、同様の手順でスワップの追加が可能です。

スワップ領域を作成する方法は次の2通りです。ディスク上に専用パーティションを作成し、パーティション全体をスワップとして使用する方法と、ファイルとしてスワップを作成する方法です。パーティションの作成には、既存パーティションを分割するなど手順が複雑です。スワップファイルなら簡単に作成できます。

そこで「/var/swapfile」ファイルを作成して、それをスワップ領域として利用する方法を解説します。スワップのサイズは、SDカードの空き容量次第ですが、実メモリーと同じサイズの4Gバイトを設定するのが妥当です。

端末アプリ上で（Ctrl＋Alt＋Tキーを同時入力して起動）「**dd**」コマンドを実行してスワップファイルを作成します。コマンドの実行には管理者権限が必要です。次の例では、スワップファイルとして4Gバイトの/var/swapfileファイルを作成しています。スワップファイルのサイズを変更する場合は**count**で指定する値を修正します。例えば4Gバイトのスワップファイルを作成するには、「count=4」とします。

```
$ sudo dd if=/dev/zero of=/var/swapfile bs=1G count=4
```

/var/swapfileをスワップファイルとして利用するには初期化が必要です。「**mkswap**」コマンドで初期化します。さらに、rootユーザーしかアクセスできないようにファイル権限を変更します。ファイル権限を変更しないと、スワップファイルをマウントする際に警告が表示されるため、必ず変更するようにしてください。


```
$ sudo mkswap /var/swapfile
$ sudo chmod 600 /var/swapfile
```

Jetson Nano起動時に、自動的にスワップをマウントするようにします。**/etc/fstab**ファイルをviエディターで開き、図を参考に末尾に1行追加します。

```
$ sudo vi /etc/fstab
```

/etc/fstab

```
# Copyright (c) 2019, NVIDIA CORPORATION.  All rights reserved.
#
# NVIDIA CORPORATION and its licensors retain all intellectual property
# and proprietary rights in and to this software, related documentation
# and any modifications thereto.  Any use, reproduction, disclosure or
# distribution of this software and related documentation without an express
# license agreement from NVIDIA CORPORATION is strictly prohibited.
#
# /etc/fstab: static file system information.
#
# These are the filesystems that are always mounted on boot, you can
# override any of these by copying the appropriate line from this file into
# /etc/fstab and tweaking it as you see fit.  See fstab(5).
#
# <file system> <mount point>        <type>        <options>        <dump> <pass>
/dev/root        /                    ext4          defaults          0 1
/var/swapfile    none                 swap          swap              0 0
```

追加します

すぐにスワップファイルを有効化するには、次のように「**swapon**」コマンドを実行します。

```
$ sudo swapon /var/swapfile
```

freeコマンドでスワップが拡張されたのを確認するには、次の手順を実行します。初期設定の2Gバイトのスワップと合わせて、約6Gバイト（6074Mバイト）のスワップが使用可能になっているのが確認できます。Jetson Nano 2GBでインストール時のスワップ作成をせずに同様に4Gバイトのスワップを追加した場合、初期設定の1Gバイトのスワップと合わせて、約5Gバイト（5081Mバイト）のスワップが使用可能になります。

●freeコマンドでスワップが拡張されたのを確認

```
user@jetnano: ~
user@jetnano:~$ free -m
              total        used        free      shared  buff/cache   available
Mem:           3956        1126        1495          35        1334        2608
Swap:          6074          22        6051
```

2Gバイトのスワップと合わせて、約6Gバイト(6074Mバイト)のスワップが使用可能に

swaponコマンドを使ってスワップのステータスを表示することで、設定されているスワップの内、今回追加したスワップ領域とZRAMによるスワップ領域の内訳を見ることができます。

●swaponコマンドでスワップのステータスを表示し今回設定した領域とZRAMによる領域の内訳を見る方法

```
user@jetnano: ~
user@jetnano:~$ swapon -s
ファイル名                              タイプ          サイズ  使用済み        優先順位
/var/swapfile                           file            4194300 0       -1
/dev/zram0                              partition       506412  0       5
/dev/zram1                              partition       506412  0       5
/dev/zram2                              partition       506412  0       5
/dev/zram3                              partition       506412  0       5
```

優先度は-1

追加されたスワップ

追加した4Gバイトのスワップ領域の**優先度**が**-1**になっているのがわかります。ZRAMによるスワップの優先度より低く設定しているため、ZRAMを使い切らない限り、追加した4Gバイトのスワップ領域は使用されません。

電源を安定化する

Jetson NanoにUSBケーブルを使って給電している場合、負荷が高くなると動作が不安定になり、不意に電源が落ちることがあります。4AのACアダプターでJ25電源ジャックから給電するなどの方法で、安定稼働させて高負荷にも耐えられるようになります。

Jetson Nanoの電力管理

Jetson Nanoは、供給される電力が多いほどパフォーマンスが良くなります。Jetson Nanoには電源管理ICが搭載されており、消費電力を最適化しながらパフォーマンスを調整するなど、高度な電源管理システムを備えています。消費電力を最大化してパフォーマンスを上げたり、パフォーマンスを下げて消費電力や発熱を抑えたりする制御が可能です。Jetson Nanoの電力管理についてはChapter 3-10もあわせて参考にしてください。

Jetson Nanoの起動に必要な電源

Jetson Nanoを起動するには、最低限2A-5V（電流2アンペア、電圧5ボルト）を安定して供給できる電源が必要です。Jetson Nano 4GBはMicro USBコネクタを介して、Jetson Nano 2GBUSB－Cコネクターを介して電力を受電できるため、スマホやタブレットに付属しているUSBチャージャーやRaspberry Pi用の電源ケーブル（ただしRaspberry Pi 4 Model BはUSB Type-C）を流用できます。

Jetson Nanoの最低消費電力は、周辺機器が接続されていない状態で**0.5W**（2A-5V給電路）ですが、それだけの電力では起動することはできません。Jetson Nanoは、起動時に十分な電源が接続されているかチェックし、2A-5Vが給電されていないと判断すると起動プロセスを中止します。スマホに付属しているUSBチャージャーは1A-5Vしか電源を供給しないものが多く、そのようなものを流用すると最初は電源が入るものの、起動プロセスが開始する前に電源が停止します。また、スマホ用のUSBチャージャーの中には、電圧を昇圧することで給電量を増やすタイプもありますが、Jetson Nanoは5V以上の電圧には対応していません。

Jetson Nanoの起動に必要な電圧は5Vです。一部のMicro USB電源は、ケーブル全体の電圧損失を考慮して、5Vをわずかに超える出力を給電するように設計されていますが、その程度であればJetson Nanoでは問題なく動作します。ただし最低でも、Jetson Nano 4GBは4.75V、Jetson Nano 2GBは4.25Vないと動作させることができません。

その他の電源オプション

Jetson Nano 4GBで、消費電力が2A-5V（10W）を超える場合、Micro USBコネクタによる給電では不足します。CPUやGPUの処理にかかる電力のほか、USBポートに接続されたカメラやWi-Fiアダプターといったデバイスにも電源の供給が必要になるためです。

Jetson Nano 4GBでは以下3通りの方法で、2Aを超える電源を受電することができます。

① ACアダプターをJ25電源ジャックに接続して4A-5Vを給電する方法

定められた規格のACアダプターを購入し、Jetson NanoのJ25電源ジャックに接続することで4A-5Vを給電できます。

② J41拡張ヘッダーを介して6A-5V（ピンごとに3A-5V）を給電する方法

J41拡張ヘッダーには3.3Vピンが1つと5Vピンが2つあり、ピンを介して電子部品へ電源供給できます。そして、2つの5Vピンにそれぞれ3A-5Vの電源を繋げることで、Jetson Nanoに電力を供給することも可能です。ピンレイアウトについてはp.252を参考にしてください。

③ J38ヘッダーにPoE拡張ボードを接続しPoEで2.5A-5Vを給電する方法

PoE（Power over Ethernet）で、Ethernet経由でJetson Nanoに電源を供給できますが、PoEで使用される48Vを5Vに降圧させる必要があります。J38ヘッダーにPoE拡張ボードを接続して降圧します。

● 2Aを超える電源を受電する方法

Jetson Nano A02
(旧4GB)
❶ J25 電源ジャック
ACアダプターを電源ジャックに接続して4A-5Vの電源を供給
❸ J38 PoE
(Power over Ethernet)
PoEで2.5A-5Vを給電
❷ J41 拡張ヘッダー
J41拡張ヘッダーを介して6A-5V(ピンごとに3A-5V)を給電

Jetson Nano B01
(新4GB)
❸ J38 PoE
(Power over Ethernet)
PoEで2.5A-5Vを給電
❷ J41拡張ヘッダー
J41拡張ヘッダーを介して6A-5V（ピンごとに3A-5V）を給電
❶ J25 電源ジャック
ACアダプターを電源ジャックに接続して4A-5Vの電源を供給

Jetson Nano 2GBでは、USB-Cポートで3A－5Vの電源を受電することができますが、次の方法で、5A-5Vの受電が可能です。

J6拡張ヘッダーを介して5A-5V（ピンごとに2.5A-5V）を給電する方法

J6拡張ヘッダーには、1つの3.3Vピンと、2つの5Vピンがあり、ピンを介して電源を取ることができますが、2つの5Vピンにそれぞれ2.5A-5Vの電源を繋げることで、Jetson Nanoに電力を供給することも可能です。ピンレイアウトについてはp.252を参考にしてください。

●Jetson Nano 2GB

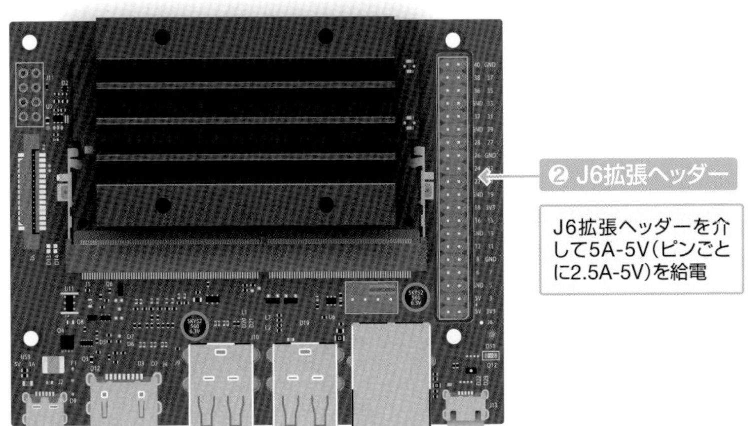
❷ J6拡張ヘッダー
J6拡張ヘッダーを介して5A-5V（ピンごとに2.5A-5V）を給電

ACアダプターの導入（4GBモデルのみ）

Jetson Nano 4GBで消費電力が2A-5Vを超える場合、ACアダプターをJ25電源ジャックに接続して4A-5Vを受電しましょう。NVIDIA社が検証済みとしてサポートしているACアダプターは、Jetson Download Center（https://developer.nvidia.com/embedded/downloads）の「Jetson Nano Supported Component List」で確認できます。

●Jetson Download Center（https://developer.nvidia.com/embedded/downloads）の「Jetson Nano Supported Component List」で確認

NVIDIA DEVELOPER HOME BLOG NEWS FORUMS DOCS DOWNLOADS TRAINING

Jetson Nano Supported Co 1 / 1

› Jetson TX2 PCN 206440 DRAMeMMC	20200409	2020/04/09
› TensorFlow for JetPack	JP 4.3	2020/04/07
› L4T r21x Toolchain Compilation Correction Notice	21.8	2020/04/01
⌄ Jetson Nano Supported Component List	20200226	2020/03/05
The Supported Component List provides a list of third party components that NVIDIA has qualified to work with NVIDIA Jetson Nano. More Information ›	DOWNLOADS Jetson Nano Supported Component List	
› Jetson Nano Fuse Specification Application Note	1.0	2020/03/05
› Jetson Platform Fuse Burning and Secure Boot Documentation and Tools	32.3.1	2020/03/05

ACアダプターとして5Vを供給できるDCバレルジャック電源を用意します。NVIDIA社がサポートしていないものでも、形状に注意すれば市販のACアダプターを使用できます。電圧、電流、ジャックの形状が適正なACアダプターを選ぶようにしましょう。適正なアダプターを使用しないと思わぬ事故に繋がります。アダプタージャックの形状や極性は次のものになります。

●Jetson NanoのJ25電源ジャックに適合する形状

- **外径 5.5mm**
- **内径 2.1mm**
- **長さ 9.5mm**
- **センタープラス**

センターがプラスのものとセンターマイナスのものがあるため、必ず**センタープラス**のACアダプターを使用するようにしてください。アダプターについているマークで確認できます。次の図のように、真ん中の黒い丸が「+」に繋がっていればセンタープラス、「−」に繋がっていればセンターマイナスです。

●センタープラスのマーク

形状が合っていても、供給される電圧が異なると、Jetson Nanoを起動できないばかりか、一瞬で破壊することになります。例えば、Jetson Nanoの上位機種であるJetson TX2のACアダプターは同じ形状をしていますが、電圧は19Vです。

4A-5Vを供給できるアダプターは、多少高価です。安価なものだとMicro USBコネクタによる2.5A-5Vと変わりません。高価でも、供給可能な電流ができるだけ大きいものを選択してください。

なお、日本国内で100Vを使用する電気製品には必ず**PSEマーク**が付いている必要があります。海外通販サイトで購入したり、個人で譲り受けたものなどを使用する際は、必ず確認するようにしてください。

●アダプターの表記

ジャンパーピンのセット（4GBモデルのみ）

ACアダプターを使用して電源の供給を受けるには、Jetson Nanoの「J48」ヘッダーにジャンパーピンを取り付けて、Micro USBコネクタによる受電を停止する必要があります。新4GBモデルであるJetson Nano B01にはジャンパーピンが付属していますが、旧4GBモデルであるJetson Nano A02には付属していません。別途購入するジャンパーピンには**2.54mm**ピッチのものを使用してください。

Jetson Nano A02（旧4GB）

●2.54mmピッチのジャンパーピン

●J48ヘッダーにジャンパーを取り付ける

J48 ヘッダー

これでJ25電源ジャックにACアダプターを接続することでJetson Nanoを起動できるようになります。

●Jetson Nano B01（新4GB）

付属のジャンパーピンで短絡させることで、J25電源ジャックにACアダプターを接続してJetson Nanoを起動できるようになる

電源ボタン／リセットボタン／パワー LEDの設置

Jetson Nanoは電源が供給されると、自動的に電源が入りますが、パソコンのように電源スイッチとリセットスイッチを取り付けて、電源をコントロールすることができます。

Jetson Nanoの電源をオン／オフする方法

Jetson NanoはMicro USB、USB-C、ACアダプターで電源を受電すると、自動的に電源が投入されますが、次の方法によりユーザーが電源を制御することもできます。

- **スイッチ付きのACアダプター／Micro USB電源ケーブルを使用する**
- **Jetson Nano 4GBは「J40」ヘッダー、Jetson Nano 2GBは「J12」ヘッダー（以降、ボタンヘッダー）に電源スイッチを接続する**

スイッチ付きのACアダプター／ Micro USB電源ケーブルは、通常タイプに比べて少し高価ですが、多くの種類が市販されており入手が容易です。電源を制御する手段として簡単に実現できます。

Jetson Nanoは、4GBモデルは「J40」ヘッダー、2GBモデルは「J12」ヘッダー（以降、ボタンヘッダー）に電源スイッチを接続することで、ユーザーが電源を制御できるようになります。電源スイッチには、パソコン用に市販されているものが使用できます。ヘッダーにコネクターを取り付ける作業が必要ですが数百円で実現します。

スイッチ付きのACアダプター／ USB電源ケーブルで電源を切ると、強制的に電源が切断されます。シャットダウンプロセスを行わずに停止することになるため、起動中のパソコンの電源を抜いたときと同じように、多少なりともシステムにダメージを与えます。Jetson Nano 4GBは「J40」ヘッダー、Jetson Nano 2GBは「J12」ヘッダー（以降、ボタンヘッダー）に電源ボタンを接続すると、電源ボタンでシャットダウンプロセスを開始できるようになります。

電源ボタンを押すと、デスクトップ上に次の図のような画面が表示されて、「ロック」「再起動」「シャットダウン」を選択できるようになります。シャットダウンを選択することで、シャットダウンプロセスが開始され、安全に電源を停止できます。また8秒以上長押しすることで、強制的にJetson Nanoの電源を落とすこともできます。

●電源ボタン押下時に表示されるシャットダウンダイアログ（画面はJetson Nano 4GB）

AUTO ON機能の停止、電源ボタン／リセットボタン／パワーLEDの設置

Jetson Nanoはボタンヘッダーに電源ボタンやリセットボタンを接続することができます。またJetson Nano B01（新4GB）とJetson Nano 2GBは、パワーLEDの接続にも対応しています。Jetson Nanoのボタンヘッダーは次ページの図のようなピンレイアウトになっています。ヘッダーの向きに注意してください。

●Jetson Nano A02（旧4GB）はJ40ヘッダーに電源ボタンやリセットボタンを接続

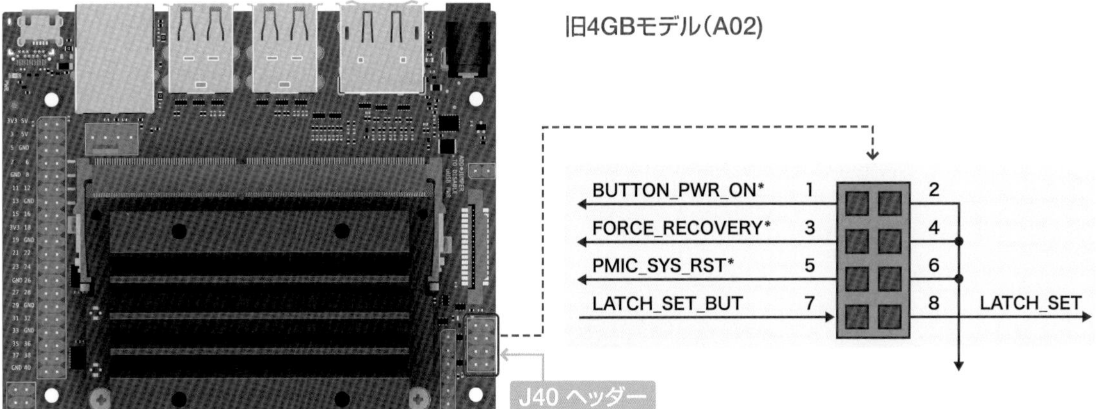

●Jetson Nano B01（新4GB）、Jetson Nano 2GB

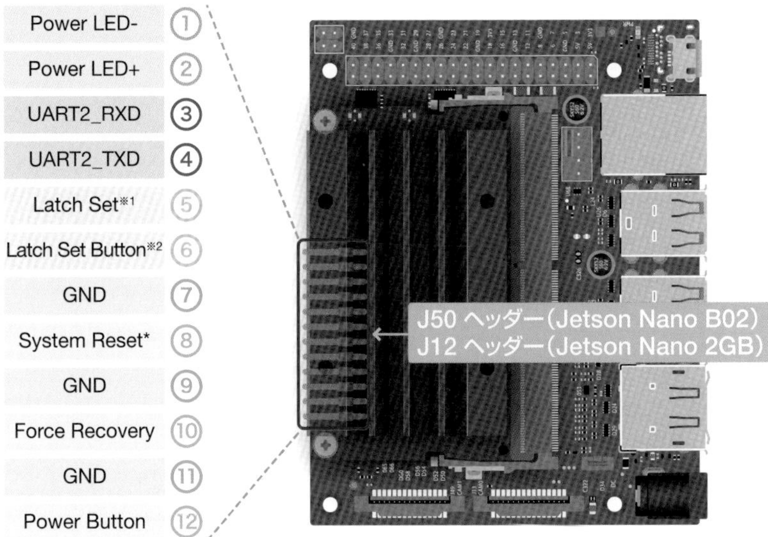

※1　実際の基板上では「DISABLE」と表示
※2　実際の基板上では「AUTO ON」と表示

最初にAUTO ON機能を無効化し、ACアダプターあるいはUSB電源ケーブルを接続しても自動的に電源が入らないようにします。それにはボタンヘッダーの「Latch Set」➡「Latch Set Button」ピンをジャンパーピンでショートします。ジャンパーピンには**2.54mm**ピッチのものを使用してください。

AUTO ON機能が無効化された状態で、「Powert Button」ピンと隣接する「GND」ピンをショートさせると電源が入るようになります。ここに2極の電源ボタンを繋げます。パソコン用に市販されているものを使用できます。「GND」ピンが「−」ですが、電源ボタンに極性はないため、どの向きにコネクターを挿しても動作します。

●パソコン（ATX）用電源ボタン／リセットボタン

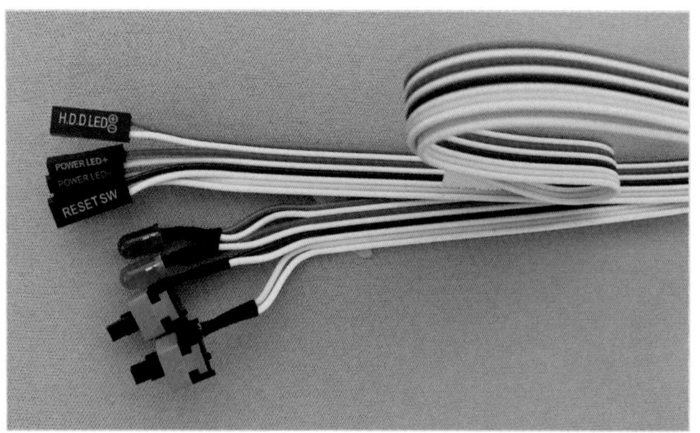

「System Reset」ピンと隣接する「GND」ピンをショートさせるとJetson Nanoがリセットされ、強制的にJetson Nanoが再起動します。ここに2極のリセットボタンを繋げます。パソコン用電源ボタンとセットになっているものを使用できます。「GND」ピンが「−」ですが、リセットボタンにも極性はないため、どの向きにコネクターを挿しても動作します。

電源ボタンによっては、LEDランプが付いているものがあります。LEDランプを接続しなくても、ボタンとしては機能しますが、もしLEDランプを連動させる場合、「Power LED+」ピンと「Power LED-」ピン（旧4GBモデルは、J41拡張ヘッダーの3.3VピンとGNDピン）を利用します。LEDには極性があるため+、−を間違えないようにしてください。拡張ヘッダーのピン構成についてはp.252を参考にしてください。

冷却ファンの設置と制御

Jetson Nanoは、高負荷時には動作温度が50℃を超えます。高負荷で長時間使うような場合、ヒートシンクに冷却ファンを取り付けることで動作を安定させることができます。

Jetson Nanoに冷却ファンを取り付ける方法

Jetson Nanoには一般に市販されている冷却ファンを取り付けることができます。主に次のようなタイプの冷却ファンを取り付けることができます。

- **5V 4ピンの40mm角冷却ファン**
- **5V 2ピンの40mm角冷却ファン**
- **USB接続型の40mm角冷却ファン**

●5V 2ピンの冷却ファン

●USB接続型冷却ファン

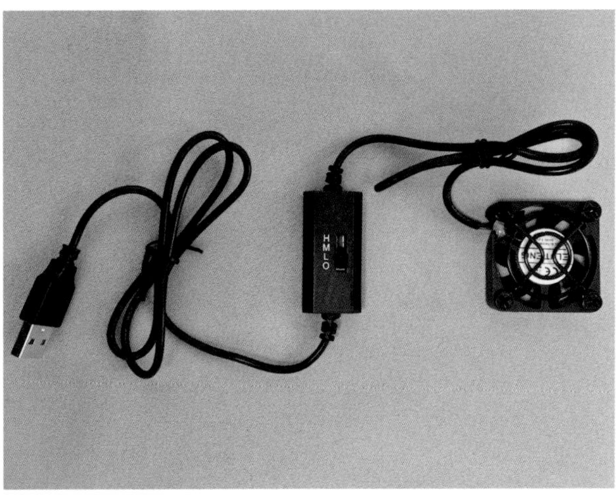

Jetson Nanoのヒートシンクに取り付けることができる冷却ファンは40mm角の大きさになります。ヒート

シンクにはあらかじめ取り付け用のネジ穴が加工されており、次のいずれかのネジで冷却ファンを取り付けることができます。

- **3mmのタッピングネジ**
- **M2.5またはM2.6のネジ**

タッピングネジを使用すると、ヒートシンクを削ることになり、削りクズが出ます。取り付け後にクズを残さないよう吸い上げ、基盤をショートさせないようにしてください。ネジの長さは、冷却ファンの高さ（厚み）に5mm程度足したものになります。

Jetson Nanoには、冷却ファンの増設用に「ファン」ヘッダーが用意されており、冷却ファンの電源を取ることができます。また制御信号線付きの4ピンタイプのファンを取り付けることで、冷却ファンの回転速度をコントロールできます。

ファンヘッダーから取れる電源は**5V**です。5V駆動の冷却ファンは産業向けのものが多く、一般に購入できる種類は多くありません。購入しやすいパソコン向けの冷却ファンは12V駆動ですので、流用できません。強引に繋げたとしても、回転速度が規定値に届かないものがほとんどです。

USB接続型の冷却ファンは5V駆動ですので、Jetson Nanoにも使用できます。改造してJetson Nanoのファンヘッダーに取り付けられます。

ファンヘッダーは次のようなピンレイアウトです。コネクターを自作して冷却ファンを接続する場合の参考にしてください。

●冷却ファン用ファンヘッダーのピン構成

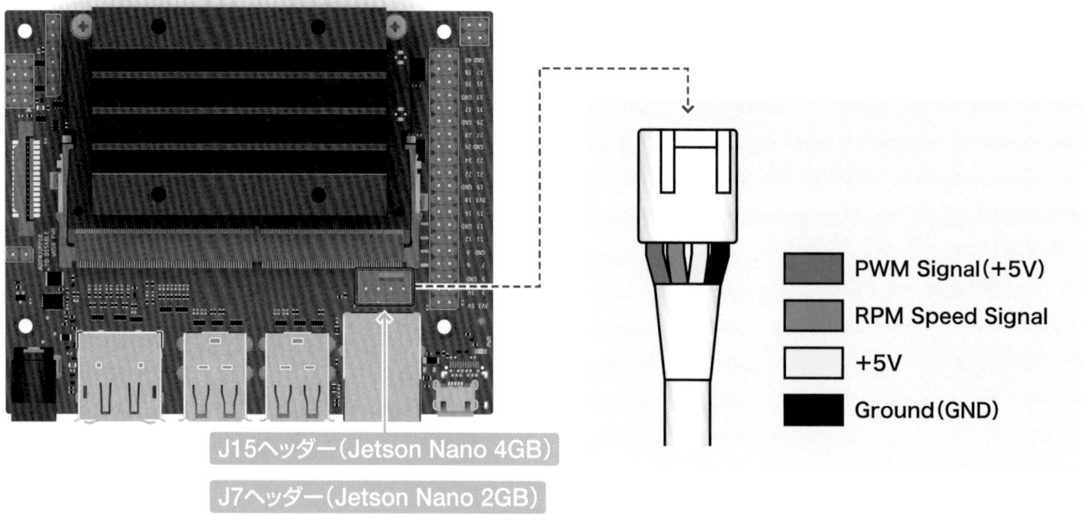

制御信号線付き（4ピン）冷却ファンの取り付け

NVIDIA社が検証済みとしてサポートしているJetson Nano対応の冷却ファンは、次のURLで確認できます。

●Jetson Nano 4GBの場合

Jetson Download Center（https://developer.nvidia.com/embedded/downloads）の「Jetson Nano Supported Component List」を確認します。

●Jetson Nano 2GBの場合

Jetson Nano 2GB Developer Kit User Guide（https://developer.nvidia.com/embedded/learn/jetson-nano-2gb-devkit-user-guide）の「Supported Component List」を確認します。

本書では、制御信号線付き（4ピン）冷却ファンとして、Noctua社の**NF-A4x20 5V PWM**を取り付ける方法を解説します。

●Noctua社のNF-A4x20 5V PWMのパッケージ

●Noctua社のNF-A4x20 5V PWM

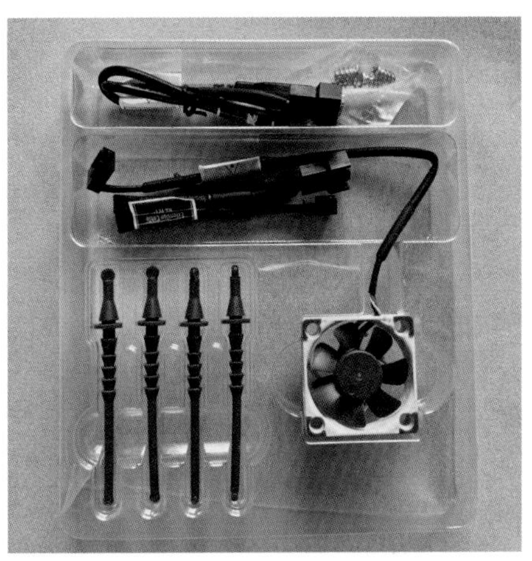

同製品は、国内でもAmazonなどのショッピングサイトで購入できます。2021年3月現在3,000円程度と、冷却ファンとしては高額ですが、5V駆動かつファンの回転速度をコントロールできるタイプとしては、ほぼ唯一の製品です。なお、Noctua社からは同じサイズで似た型番の12V駆動タイプや、3ピンタイプも発売されているため、間違ってそれらを購入しないようにしてください。

冷却ファンのコネクターをJetson Nanoのファンヘッダーに取り付けます。コネクターとヘッダーの切り欠きが合うように挿せば、向きを間違うことなく接続できます。

冷却ファンをヒートシンクに取り付けるには、3mmのタッピングネジか、M2.5またはM2.6のネジを使用します。長さは16mm程度のものを使用します。タッピングネジを使用する場合は、取り付け後にクズを残さないようにしてください。

取り付けは以上です。なお、この状態でJetson Nanoに電源を入れても、制御信号線付きだと冷却ファンは回転しません。このあと解説する方法で回転速度を指定する必要があります。ちなみに2または3ピンタイプの冷却ファンなら、Jetson Nanoの電源投入とともに、最大速度でファンが回転します。

冷却ファンを制御する

Jetson Nanoではファンの回転速度を「0～255」の数値で表します「0」が**停止**、「255」が**最大速度**です。現在の回転速度を確認するには、端末アプリ上で、次のように**cat**コマンドを実行します。

```
$ cat /sys/devices/pwm-fan/target_pwm
0 ―― 現在の回転速度
```

catコマンドで確認した現在の回転速度は「0」です。制御信号線付きの冷却ファンの場合、回転速度を指定しないとファンが回転しません。回転速度を指定するには、「/sys/devices/pwm-fan/target_pwm」ファイルに「0～255」の数値を書き込みます。例えば最大速度にするには「255」を書き込みます。target_pwmファイルの書き込みには管理者権限が必要です。次のようにsudoコマンドを付けて実行します。

```
$ sudo sh -c 'echo 255 > /sys/devices/pwm-fan/target_pwm'
```

jetson_clocksコマンドでも確認できます。jetson_clocksコマンドの実行には管理者権限が必要です。

```
$ sudo jetson_clocks --show
SOC family:tegra210  Machine:NVIDIA Jetson Nano Developer Kit
Online CPUs: 0-3
CPU Cluster Switching: Disabled
cpu0: Online=1 Governor=schedutil MinFreq=1479000 MaxFreq=1479000 CurrentFreq=1479
000 IdleStates: WFI=0 c7=0
cpu1: Online=1 Governor=schedutil MinFreq=1479000 MaxFreq=1479000 CurrentFreq=1479
000 IdleStates: WFI=0 c7=0
cpu2: Online=1 Governor=schedutil MinFreq=1479000 MaxFreq=1479000 CurrentFreq=1479
000 IdleStates: WFI=0 c7=0
cpu3: Online=1 Governor=schedutil MinFreq=1479000 MaxFreq=1479000 CurrentFreq=1479
000 IdleStates: WFI=0 c7=0
GPU MinFreq=921600000 MaxFreq=921600000 CurrentFreq=921600000
EMC MinFreq=204000000 MaxFreq=1600000000 CurrentFreq=1600000000 FreqOverride=1
Fan: speed=255 ―― 現在の回転速度
NV Power Mode: MAXN
```

jetson_clocksコマンドで、Jetson Nanoのパフォーマンスを最大化した際にもファンが最大速度に設定されます。

```
$ sudo jetson_clocks ⏎
```

冷却ファンの自動制御

3

Jetson Nanoの各部には温度センサーが付いており、p.131で解説している方法でモニタリングできます。ここでは、CPUの温度に合わせて制御信号線付きの冷却ファンの回転数を制御できるようにします。GitHubで公開されている**jetson-fan-ctl**（https://github.com/Pyrestone/jetson-fan-ctl）を使用します。

次の手順でGitHubからソースコードをダウンロードしインストールします。**apt**コマンドでpython3-devパッケージをインストールします（管理者権限が必要）。次に**git**コマンドでGitHubからソースコードをダウンロードします。gitコマンドを実行したディレクトリにディレクトリごとダウンロードされるので、実行する場所に注意してください。ダウンロードが終わったらcdコマンドでダウンロード先のディレクトリ（jetson-fan-ctl）へ移動します。ディレクトリ内に「install.sh」というインストール用シェルスクリプトファイルがあるので、管理者権限で実行します。

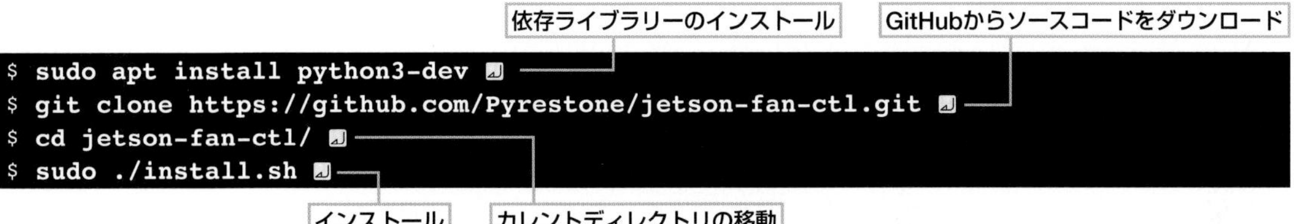
依存ライブラリーのインストール
GitHubからソースコードをダウンロード
$ sudo apt install python3-dev
$ git clone https://github.com/Pyrestone/jetson-fan-ctl.git
$ cd jetson-fan-ctl/
$ sudo ./install.sh
インストール
カレントディレクトリの移動

インストール完了と同時に、ファン自動制御サービスが働きます。さらに、Jetson Nano起動時に自動的にファン自動制御サービスが開始するようになります。初期設定では、2秒ごとに温度モニタリングが行われ、次の条件で作動します。

- **20℃でファン停止**
- **50℃でファン最大**
- **20〜50℃は温度に比例して回転速度を上げる**

動作条件を変更するには、設定ファイル「/etc/automagic-fan/config.json」を管理者権限で編集します。

/etc/automagic-fan/config.json

```
{
"FAN_OFF_TEMP":20,        ファンを停止する温度（℃）
"FAN_MAX_TEMP":50,        ファン速度を最大化する温度（℃）
"UPDATE_INTERVAL":2,      ファン速度を調整する間隔（秒）
"MAX_PERF":1              0より大きな値を設定することでパフォーマンスを最大化
}
```

「FAN_OFF_TEMP」でファンを停止する温度を設定し、「FAN_MAX_TEMP」でファン速度を最大化する温度を設定し、「UPDATE_INTERVAL」でファン速度を調整する間隔を設定します。なお、「MAX_PERF」には0または1以上の値を設定します。1以上の値を設定することで、ファン自動制御サービス開始時に、「jetson_clocks」コマンドが実行され、Jetson Nanoのパフォーマンスが最大化されます。

設定ファイルを修正したら、ファン自動制御サービスを再起動します。管理者権限が必要なので、serviceコマンドにsudoを付けて、次のように実行します。

```
$ sudo service automagic-fan restart ↵
```

サービスのログや状態を確認するには、引数に「status」を指定して次のように実行します。

```
$ sudo service automagic-fan status ↵
● automagic-fan.service - Automagic fan control
   Loaded: loaded (/lib/systemd/system/automagic-fan.service; enabled; vendor pres
et: enabled)
   Active: inactive (dead) since Mon 2021-03-08 04:55:18 JST; 58min ago
  Process: 4196 ExecStart=/usr/bin/python3 -u /usr/local/bin/automagic-fan/fanctl.
py (code=kill
 Main PID: 4196 (code=killed, signal=TERM)

 8月 19 01:43:25 jetnano systemd[1]: Started Automagic fan control.
 8月 19 01:43:27 jetnano python3[4196]: Maximizing clock speeds with jetson_clocks
 8月 19 01:43:27 jetnano python3[4196]: Setup complete.
 8月 19 01:43:27 jetnano python3[4196]: Running normally.
（Qキーで終了）
```

ファン速度を常に最大で運用する場合は、ファン自動制御サービスを一時的に停止するか、サービスが起動しないように無効化します。

●サービス停止

```
$ sudo service automagic-fan stop ↵
```

●サービス無効化

```
$ sudo service automagic-fan disable ↵
```

●サービス有効化

```
$ sudo service automagic-fan enable ↵
```

パワーモードの切り替え

Jetson Nanoには電源管理ICが搭載されており、消費電力を最適化しながらパフォーマンスを調整するなど、高度な電源管理システムを実装しています。初期状態で5WとMAXNという2つのパワーモードが設定されており、簡単に切り替えて利用することができます。

2つのパワーモード「5W」「MAXN」

Jetson Nanoには高度な電源管理システムが備わっています。Jetson NanoのCPUはCPUコアを4基内蔵していますが、電源管理システムによってCPUコアごとにオン／オフを切り替えることができます。またCPUやメモリーの最大動作周波数を変更したり、CPU TPC（Texture/Processor Cluster）の有効・無効の切り替えなど、主に次のような電源管理を行います。

- **CPUコアの有効・無効**
- **CPUの動作周波数**
- **GPU TPC の有効・無効**
- **GPUの動作周波数**
- **メモリー（EMC）の動作周波数**

これらは1つ1つ設定しなくても、初期状態から用意されているパワーモードを使用することで、各部位の動作をまとめて切り替えることができます。

JetPackには、2つのパワーモードが用意されています。1つは低消費電力の**5W**、もう1つが最大パフォーマンスを発揮する**MAXN**です。各パワーモードは次の表のように設定されています。

●**各パワーモードの設定**

モード名	MAXN	5W
消費電力	10W	5W
モードID	0	1
オンラインCPUコア数	4	2
CPU最大周波数（MHz）	1479	918
GPU TPC	1	1
GPU最大周波数（MHz）	921.6	640
メモリ最大周波数（MHz）	1600	1600

nvpmodel GUI

2つのパワーモードを切り替えて使うにはGUIフロントエンドを利用するのが簡単です。4.2.1以降のJetPackでデスクトップ環境を起動すると、メニューバーにパワーモードを切り替えるアプレットがあります。

●画面の右上のパワーモードを切り替えるアプレット

NVIDIAアイコンの横に現在のパワーモードが表示されています。上の図では、現在のパワーモードは**MAXN**です。

パワーモードの切り替え

パワーモードを切り替えるには、NVIDIAアイコンをクリックしてドロップダウンメニューを表示し、「Power Mode」を選択してサブメニューを表示します。有効にしたいパワーモード（**0:MAXN**または**1:5W**）を選択します。

●パワーモードを切り替える

選択したパワーモードは即座に反映されます。本体を再起動する必要はありません。本体電源を切って再起動

しても、最後に設定したパワーモードが維持されたままになります。

メニューからtegrastatsコマンドを実行

ドロップダウンメニューには「Run tegrastats」も用意されています。選択すると端末アプリが起動して**tegrastats**コマンドの実行結果が表示されます。**tegrastats**についてはp.122を参考にしてください。

● tegrastats

```
端末
 CPU [7%@102,14%@102,6%@102,0%@102] EMC_FREQ 3%@1600 GR3D_FREQ 0%@153 APE 25 PLL
@38.5C CPU@39C PMIC@100C GPU@40C AO@46.5C thermal@39.5C POM_5V_IN 2033/2165 POM_
5V_GPU 78/89 POM_5V_CPU 195/310
RAM 1131/3956MB (lfb 523x4MB) SWAP 0/1978MB (cached 0MB) IRAM 0/252kB(lfb 252kB)
 CPU [10%@102,11%@102,3%@102,3%@102] EMC_FREQ 3%@1600 GR3D_FREQ 0%@153 APE 25 PL
L@39C CPU@39C PMIC@100C GPU@39.5C AO@46C thermal@39.25C POM_5V_IN 2033/2159 POM_
5V_GPU 78/88 POM_5V_CPU 234/307
```

Jetson Nanoの消費電力が増えて電圧が低下すると、「System is now being throttled.」（システムは現在調整中です）というデスクトップ通知が表示されます。電力不足による不意のシャットダウンを回避するよう、電源管理システムによって自動的に各部位のパフォーマンスが調整されます。

nvpmodelコマンド

デスクトップ環境を起動しないようヘッドレス（ヘッドレスについてはp.134を参照）でJetson Nanoを運用していたり、SSHリモートログインで遠隔層操作している場合は、コマンドラインでパワーモードを切り替えられます。**nvpmodel**コマンドを使用します。

nvpmodelコマンドの実行

nvpmodelコマンドは管理者権限で実行します。-mオプションに続いて有効にするパワーモードのモードIDを指定します。MAXNパワーモードのモードIDは「0」、5Wは「1」です。

● パワーモードをMAXNへ変更

```
$ sudo nvpmodel -m 0 ↵
```

● パワーモードを5Wへ変更

```
$ sudo nvpmodel -m 1 ↵
```

パワーモードはすぐに反映されます。本体を再起動しても、設定したパワーモードが維持されます。

現在のパワーモードを確認するには、nvpmodelコマンドに-qオプションを付けて実行します。

```
$ sudo nvpmodel -q
NVPM WARN: fan mode is not set!
NV Power Mode: MAXN
0
```


上の実行例では、現在のパワーモードは**MAXN**です。-q --verboseオプションを付けて実行すると、より詳細に設定内容を表示します。

●「-q --verbose」オプションを付けてより詳細に設定内容を表示

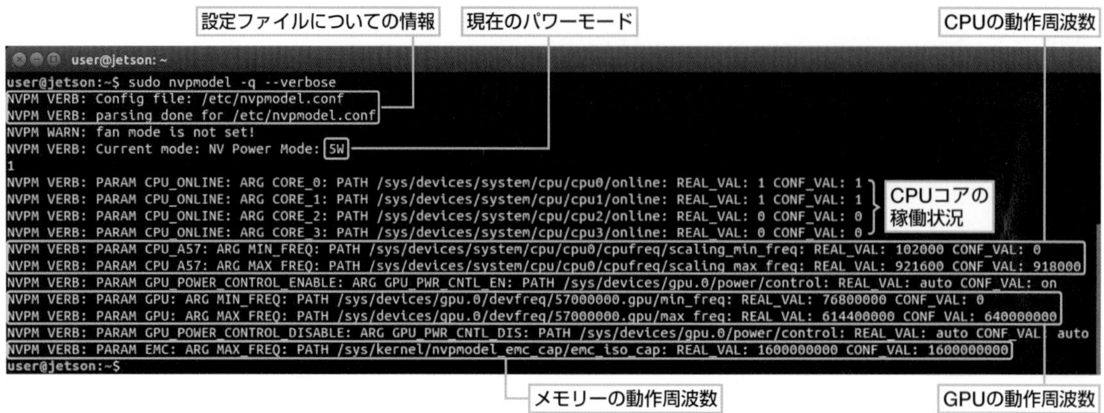

```
user@jetson:~$ sudo nvpmodel -q --verbose
NVPM VERB: Config file: /etc/nvpmodel.conf
NVPM VERB: parsing done for /etc/nvpmodel.conf
NVPM WARN: fan mode is not set!
NVPM VERB: Current mode: NV Power Mode: 5W
1
NVPM VERB: PARAM CPU_ONLINE: ARG CORE_0: PATH /sys/devices/system/cpu/cpu0/online: REAL_VAL: 1 CONF_VAL: 1
NVPM VERB: PARAM CPU_ONLINE: ARG CORE_1: PATH /sys/devices/system/cpu/cpu1/online: REAL_VAL: 1 CONF_VAL: 1
NVPM VERB: PARAM CPU_ONLINE: ARG CORE_2: PATH /sys/devices/system/cpu/cpu2/online: REAL_VAL: 0 CONF_VAL: 0
NVPM VERB: PARAM CPU_ONLINE: ARG CORE_3: PATH /sys/devices/system/cpu/cpu3/online: REAL_VAL: 0 CONF_VAL: 0
NVPM VERB: PARAM CPU_A57: ARG MIN_FREQ: PATH /sys/devices/system/cpu/cpu0/cpufreq/scaling_min_freq: REAL_VAL: 102000 CONF_VAL: 0
NVPM VERB: PARAM CPU_A57: ARG MAX_FREQ: PATH /sys/devices/system/cpu/cpu0/cpufreq/scaling_max_freq: REAL_VAL: 921600 CONF_VAL: 918000
NVPM VERB: PARAM GPU_POWER_CONTROL_ENABLE: ARG GPU_PWR_CNTL_EN: PATH /sys/devices/gpu.0/power/control: REAL_VAL: auto CONF_VAL: on
NVPM VERB: PARAM GPU: ARG MIN_FREQ: PATH /sys/devices/gpu.0/devfreq/57000000.gpu/min_freq: REAL_VAL: 76800000 CONF_VAL: 0
NVPM VERB: PARAM GPU: ARG MAX_FREQ: PATH /sys/devices/gpu.0/devfreq/57000000.gpu/max_freq: REAL_VAL: 614400000 CONF_VAL: 640000000
NVPM VERB: PARAM GPU_POWER_CONTROL_DISABLE: ARG GPU_PWR_CNTL_DIS: PATH /sys/devices/gpu.0/power/control: REAL_VAL: auto CONF_VAL: auto
NVPM VERB: PARAM EMC: ARG MAX_FREQ: PATH /sys/kernel/nvpmodel_emc_cap/emc_iso_cap: REAL_VAL: 1600000000 CONF_VAL: 1600000000
user@jetson:~$
```


ヘルプの実行

nvpmodelコマンドの他のオプションについて知りたい場合は、-hオプションを付けて実行し、オンラインヘルプを表示します。

```
$ nvpmodel -h
```

カスタムパワーモードの作成

Chapter 3-10ではJetPackに用意されている設定済みパワーモードの切り替え方法を解説しました。パワーモードは独自に作成して追加することができます。パフォーマンスを最低限にしてより消費電力を抑えたり、高パフォーマンスのCPUと低パフォーマンスのGPUを組み合わせたりと、実現したい内容に応じて自由にカスタマイズできます。

3

パワーモード設定ファイル(/etc/nvpmodel.conf)の編集

Jetson Nanoの電源管理システムでは、「オンラインCPUコア数」「CPU最大周波数」「GPU最大周波数」「メモリ最大周波数」といった動作の設定変更が可能です。各部位の設定をセットにした**パワーモード**が初期状態で2つ(**5W**と**MAXN**)用意されています。パワーモードの設定は「/etc/nvpmodel.conf」ファイルで定義されています。ファイル末尾に次の図のような記述を見つけることができます。

/etc/nvpmodel.conf

```
###########################
#                         #
# POWER_MODEL DEFINITIONS #
#                         #
###########################

# MAXN is the NONE power model to release all constraints
< POWER_MODEL ID=0 NAME=MAXN >
CPU_ONLINE CORE_0 1
CPU_ONLINE CORE_1 1
CPU_ONLINE CORE_2  1
CPU_ONLINE CORE_3 1
CPU_A57 MIN_FREQ  0
CPU_A57 MAX_FREQ -1
GPU_POWER_CONTROL_ENABLE GPU_PWR_CNTL_EN on
GPU MIN_FREQ  0
GPU MAX_FREQ -1
GPU_POWER_CONTROL_DISABLE GPU_PWR_CNTL_DIS auto
EMC MAX_FREQ 0
```

MAXN(モードID:0)
オンラインCPUコア数:4
CPU動作周波数:0～最大(1479MHz)
GPU動作周波数:0～最大(921.6MHz)
メモリ最大周波数:1600MHz

/etc/nvpmodel.conf

```
< POWER_MODEL ID=1 NAME=5W >
CPU_ONLINE CORE_0 1
CPU_ONLINE CORE_1 1
CPU_ONLINE CORE_2 0
CPU_ONLINE CORE_3 0
CPU_A57 MIN_FREQ  0
CPU_A57 MAX_FREQ 918000
GPU_POWER_CONTROL_ENABLE GPU_PWR_CNTL_EN on
GPU MIN_FREQ 0
GPU MAX_FREQ 640000000
GPU_POWER_CONTROL_DISABLE GPU_PWR_CNTL_DIS auto
EMC MAX_FREQ 1600000000

# mandatory section to configure the default mode
< PM_CONFIG DEFAULT=0 >
```

5W（モードID：1）
オンラインCPUコア数：4
CPU動作周波数：0～918MHz
GPU動作周波数：0～640MHz
メモリ最大周波数：1600MHz

デフォルトモード：0

カスタムパワーモードの追加

「/etc/nvpmodel.conf」ファイルを修正することで、既存のパワーモードをカスタマイズできます。またエントリーを追加することで、オリジナルのパワーモードを設定できるようになります。

それぞれの設定項目は次のような内容になります。

●パワーモードの設定方法

/etc/nvpmodel.conf

```
< POWER_MODEL ID=0 NAME=MAXN >
CPU_ONLINE CORE_0 1
CPU_ONLINE CORE_1 1
CPU_ONLINE CORE_2 1
CPU_ONLINE CORE_3 1
CPU_A57 MIN_FREQ  0
CPU_A57 MAX_FREQ -1
GPU_POWER_CONTROL_ENABLE GPU_PWR_CNTL_EN on
GPU MIN_FREQ  0
GPU MAX_FREQ -1
GPU_POWER_CONTROL_DISABLE GPU_PWR_CNTL_DIS auto
EMC MAX_FREQ 0
```

モードID

モード名

オンラインにするCPUコアを「1」
オフラインにするCPUコアを「0」

CPU動作周波数を0～1479000の範囲で設定。単位はKhz（キロヘルツ）。MIN_FREQに最小値、MAX_FREQに最大値を指定。「-1」はJetson Nanoの最大値の1479Mhzの意

GPU動作周波数を0～921600000の範囲で設定。単位はhz（ヘルツ）。MIN_FREQに最小値、MAX_FREQに最大値を指定。「-1」はJetson Nanoの最大値の921.6Mhzの意

メモリー最大動作周波数を0～1600000000の範囲で設定。単位はhz（ヘルツ）。「0」はJetson Nanoの最大値の1600Mhzの意

新たなエントリーを追加してみましょう。試しに次のような設定でパワーモードを新規に作成します。

●新規に作成するパワーモードの設定内容

パワーモード名	LOW
モードID	2
オンラインCPUコア数	1
CPU最大周波数	102MHz
GPU最大周波数	640MHz
メモリ最大周波数	1600MHz

下のような設定を/etc/nvpmodel.confファイルに追加します。追加は「# mandatory section to configure the default mode」行の上に行います。

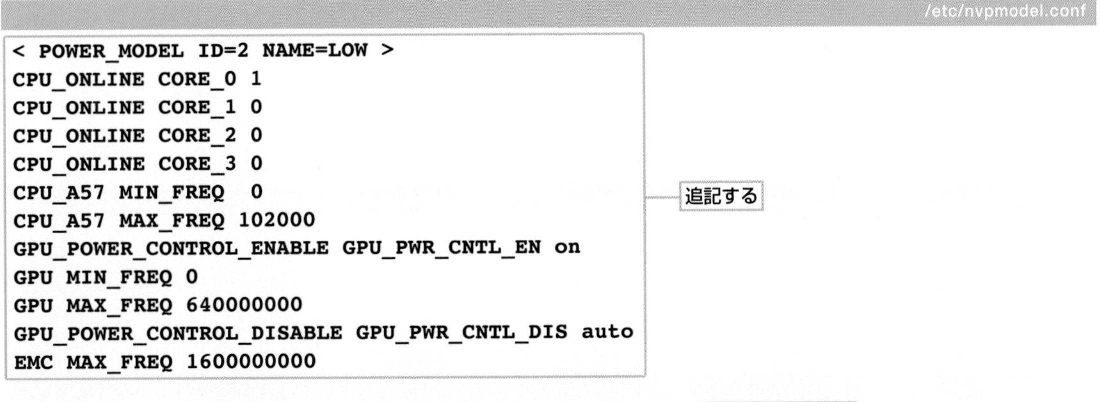

/etc/nvpmodel.conf

```
< POWER_MODEL ID=2 NAME=LOW >
CPU_ONLINE CORE_0 1
CPU_ONLINE CORE_1 0
CPU_ONLINE CORE_2 0
CPU_ONLINE CORE_3 0
CPU_A57 MIN_FREQ  0
CPU_A57 MAX_FREQ 102000
GPU_POWER_CONTROL_ENABLE GPU_PWR_CNTL_EN on
GPU MIN_FREQ 0
GPU MAX_FREQ 640000000
GPU_POWER_CONTROL_DISABLE GPU_PWR_CNTL_DIS auto
EMC MAX_FREQ 1600000000

# mandatory section to configure the default mode
```


パワーモードを追加する際は、モードIDが他と重複しないよう、必ず一意の番号を割り当てるようにしてください。CPU周波数の単位はKhz（キロヘルツ）を、GPUおよびEMMC周波数の単位はHz（ヘルツ）を用いるため、記述に注意してください。

/etc/nvpmodel.confファイルの編集が完了したら、実際にパワーモードを切り替えてみましょう。GUIフロントエンドアプリを利用する場合、設定を再読込するようアプリを再起動する必要があります。いったんデスクトップ環境をログアウトして、再ログインしてください。次ページの図のように、**Power Mode**のサブメニューに、今回作成したパワーモードの**LOW**が追加され、選択できるようになります。

●画面の右上のパワーモードを切り替えるアプレットにも新たなパワーモードが追加

端末アプリを起動して「nvpmodel」コマンドを入力し実行することで、パワーモードを切り替えることもできます。モードIDとして、設定した**2**を付けて実行します。

```
$ sudo nvpmodel -m 2
```

パワーモードが適用されているかどうか、nvpmodelコマンドのオプションに、「-q」を付けて実行し確認します。

各部位が設定した通りになっているか確認してみましょう。jetson_clocksコマンドに--showオプションを付けて次のように実行すると、各部位の動作状況を、より詳しく確認できます。jetson_clocksコマンドについては、Chapter 3-12でより詳しく解説します。

```
$ sudo jetson_clocks --show
```

パフォーマンスの最大化

Jetson Nanoは、優れた電源管理システムにより、パフォーマンスを調整することで消費電力を最適化できます。例えばCPU、GPU、メモリーの動作周波数を、負荷に応じて動的に変化させることができます。負荷が高くなればより高い周波数で動作し、負荷が低くなれば低い周波数に落として消費電力を抑えます。また、動的に変化させずに、パフォーマンスを最大にした状態を維持する設定も可能です。

jetson_clocksコマンドで各部位の動作状態を確認する

CPU、GPU、メモリーといった各部位が、現在どのように稼働しているかを詳細に確認するには、**jetson_clocks**コマンドに--showオプションを付けて、管理者権限で実行します。

```
$ sudo jetson_clocks --show
```

表示される内容は次のようになります。CPU、GPU、メモリー（EMC）の各部位ごとに、最低動作周波数（MinFreq）、最大動作周波数（MaxFreq）、現在値（CurrentFreq）を確認できます。

●CPU、GPU、メモリー（EMC）の各部位ごとに、最低動作周波数（MinFreq）、最大動作周波数（MaxFreq）、現在値（CurrentFreq）を確認

オンラインCPUコア

CPUの稼働状況。動作周波数はMinFreq～MaxFreqで設定されており、現在値はCurrentFreqで確認

```
SOC family:tegra210  Machine:NVIDIA Jetson Nano Developer Kit
Online CPUs: 0-3
CPU Cluster Switching: Disabled
cpu0: Online=1 Governor=schedutil MinFreq=102000 MaxFreq=1479000 CurrentFreq=825600
 IdleStates: WFI=1 c7=1
cpu1: Online=1 Governor=schedutil MinFreq=102000 MaxFreq=1479000 CurrentFreq=921600
 IdleStates: WFI=1 c7=1
cpu2: Online=1 Governor=schedutil MinFreq=102000 MaxFreq=1479000 CurrentFreq=921600
IdleStates: WFI=1 c7=1
cpu3: Online=1 Governor=schedutil MinFreq=102000 MaxFreq=1479000 CurrentFreq=825600
 IdleStates: WFI=1 c7=1
GPU MinFreq=76800000 MaxFreq=921600000 CurrentFreq=76800000
EMC MinFreq=204000000 MaxFreq=1600000000 CurrentFreq=1600000000 FreqOverride=0
Fan: speed=0
NV Power Mode: MAXN
```

現在のパワーモード名

GPUとEMC(メモリー)の稼働状況。動作周波数はMinFreq～MaxFreqで設定されており、現在値はCurrentFreqで確認

jetson_clocksコマンドでパフォーマンスを最大化

周波数を動的に変化させずに、パフォーマンスを最大化する設定も可能です。重い処理をさせる場合に有効です。jetson_clocksコマンドをオプションを付けずに実行します。

```
$ sudo jetson_clocks
```

パフォーマンスが最大化されているかどうか確認しましょう。jetson_clocks --showを実行して確認します。

```
$ sudo jetson_clocks --show
```

●パフォーマンスが最大化されているかどうか確認

すべてのCPUコアがオンライン

動作周波数が、最低（MinFreq）／最大（MaxFreq）／現在（CurrentFreq）ともに同じ値が表示され、最大周波数で固定化されているのがわかる

```
SOC family:tegra210  Machine:NVIDIA Jetson Nano Developer Kit
Online CPUs: 0-3
CPU Cluster Switching: Disabled
cpu0: Online=1 Governor=schedutil MinFreq=1479000 MaxFreq=1479000 CurrentFreq=1479
000 IdleStates: WFI=0 c7=0
cpu1: Online=1 Governor=schedutil MinFreq=1479000 MaxFreq=1479000 CurrentFreq=1479
000 IdleStates: WFI=0 c7=0
cpu2: Online=1 Governor=schedutil MinFreq=1479000 MaxFreq=1479000 CurrentFreq=1479
000 IdleStates: WFI=0 c7=0
cpu3: Online=1 Governor=schedutil MinFreq=1479000 MaxFreq=1479000 CurrentFreq=1479
000 IdleStates: WFI=0 c7=0
GPU MinFreq=921600000 MaxFreq=921600000 CurrentFreq=921600000
EMC MinFreq=204000000 MaxFreq=1600000000 CurrentFreq=1600000000 FreqOverride=1
Fan: speed=255
NV Power Mode: MAXN
```

CPUコアのパワーマネージメントの状態を表しており、WFIはクロックゲーティング（Clock gating）、c7はパワーゲーティング（Power gating）の状態を表す

動作周波数が最低、最大、現在ともに同じ値が表示され、最大周波数で固定化されているのがわかります。なおCPUコアの動作状況を表している行の末尾にある「WFI=0 c7=0」はCPUコアのパワーマネージメントの状態を表しています。**WFI**は**クロックゲーティング**（**Clock gating**、動作していない演算回路へのクロックを遮断)、**c7**は**パワーゲーティング**（**Power gating**、クロックゲーティングしている演算回路の電流を遮断）の状態を表しています。上では、それぞれ「0」と表示され有効化されているのがわかります。

パフォーマンスの最大化を解除する

パフォーマンスの最大化を解除するには、いったんパワーモードを現在設定されているモードとは別のモードに切り替え、その後もとのパワーモードに戻します。例えば、現在のパワーモードが「MAXN」の場合、一度パワーモードを「5W」に切り替え、その後ふたたび「MAXN」に戻します。

$ sudo nvpmodel -m 1
$ sudo nvpmodel -m 0
パワーモード
パワーモードを5Wに切り替える

GUIフロントエンドを使って切り替えても、同じようにパフォーマンス最大化を解除できます。

プロセッサー（CPU ／ GPU）の使用率

tegrastatsやjtopコマンドを用いると、Jetson Nano上のプロセッサー（CPU ／ GPU）の使用率やメモリの使用量などが確認できます。

tegrastatsコマンド

「**tegrastats**」コマンドを実行すると、プロセッサー（CPU ／ GPU）の使用率やメモリの使用量など、現在のステータスを確認することができます。

実行と出力例

tegrastatsコマンドを実行すると、1秒ごとにログが出力され続けます。終了したい場合は、Ctrl＋Cキーでコマンドを停止します。

```
$ tegrastats
RAM 1155/3957MB (lfb 509x4MB) CPU [11%@102,0%@102,1%@102,0%@102] EMC_FREQ 0% GR3D_
FREQ 0% PLL@18C CPU@22C PMIC@100C GPU@20C AO@29C thermal@21C POM_5V_IN 1281/1281 PO
M_5V_GPU 0/0 POM_5V_CPU 124/124
RAM 1155/3957MB (lfb 509x4MB) CPU [9%@102,1%@102,2%@102,0%@102] EMC_FREQ 0% GR3D_F
REQ 0% PLL@18.5C CPU@22C PMIC@100C GPU@20.5C AO@29C thermal@21.25C POM_5V_IN 1281/
1281 POM_5V_GPU 0/0 POM_5V_CPU 124/124
RAM 1155/3957MB (lfb 509x4MB) CPU [9%@102,0%@102,0%@102,2%@102] EMC_FREQ 0% GR3D_F
REQ 0% PLL@18C CPU@22C PMIC@100C GPU@20C AO@29C thermal@21.25C POM_5V_IN 1281/1281
POM_5V_GPU 0/0 POM_5V_CPU 124/124
```

ログの出力間隔を指定するには、--intervalオプションに続けて引数を秒数（単位はミリ秒）で指定します。例えば、5秒ごとにログを出力する場合は「--interval 5000」と指定します。

```
$ tegrastats --interval 5000
RAM 1155/3957MB (lfb 509x4MB) CPU [9%@102,1%@102,1%@102,0%@102] EMC_FREQ 0% GR3D_FR
EQ 0% PLL@18C CPU@21.5C PMIC@100C GPU@20C AO@28.5C thermal@21C POM_5V_IN 1281/1281
POM_5V_GPU 0/0 POM_5V_CPU 124/124
RAM 1155/3957MB (lfb 509x4MB) CPU [9%@102,3%@102,1%@102,0%@102] EMC_FREQ 0% GR3D_FR
EQ 0% PLL@18C CPU@22C PMIC@100C GPU@20C AO@29C thermal@21C POM_5V_IN 1281/1281 PO
M_5V_GPU 0/0 POM_5V_CPU 124/124
RAM 1155/3957MB (lfb 509x4MB) CPU [5%@102,1%@102,2%@102,0%@102] EMC_FREQ 0% GR3D_FR
EQ 0% PLL@18C CPU@22C PMIC@100C GPU@20C AO@29C thermal@21C POM_5V_IN 1281/1281 POM
_5V_GPU 0/0 POM_5V_CPU 124/124
```

3

タスクバーからの実行

タスクバーのアイコンからもtegrastatsコマンドを実行することができます。

● Jetson Nano 4GBの場合

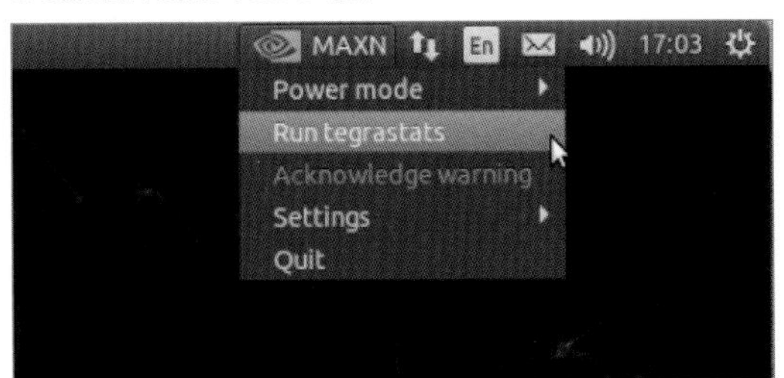

● Jetson Nano 2GBの場合

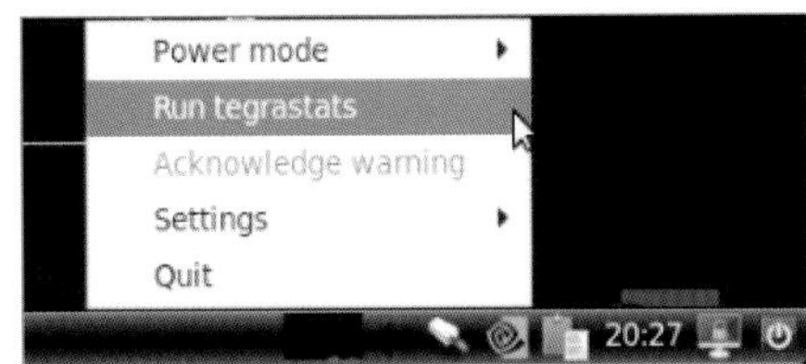

出力されたログの各項目の意味は次のとおりです。環境や使用状況によって出力されない項目もあります。

● 項目の説明

ログの項目	内容
RAM X/Y (lfb NxZ)	メモリの使用状況。X:使用しているメモリ使用量(単位はMB)。Y:使用可能なメモリ合計量(単位はMB)。lfb (=largest free block):最大空きブロック。N:空きブロック数。Z:最大空きブロックサイズ(単位はMB)。
SWAP X/Y (cached Z)	スワップの使用状況。X:使用しているスワップ使用量(単位はMB)。Y:使用可能なスワップ合計量(単位はMB)。Z:キャッシュされているスワップ使用量(単位はMB)。
IRAM X/Y (lfb Z)	ビデオハードウェアエンジンのメモリ使用状況。X:使用しているビデオハードウェアエンジンのメモリ使用量(単位はkB)。Y:使用可能なハードウェアエンジンのメモリ合計量(単位はkB)。lfb (=largest free block):最大空きブロック。Z:最大空きブロックサイズ(単位はkB)。
CPU [X%@Z, Y%@Z,..]	CPUの使用状況。X、Y:各CPUコアの使用率(単位は%)。パワーダウンしている場合はoff。Z:各CPUコアの周波数(単位はMHz)。
APE Y	音声処理エンジン。Y:APEの周波数(単位はMHz)。
GR3D_FREQ X%@Y	GPUの使用状況。X:GPUの使用率(単位は%)。Y:GPUの周波数(単位はMHz)。
EMC_FREQ X%@Y	外部メモリコントローラの使用状況。X:外部メモリコントローラの使用率(単位は%)。Y:外部メモリコントローラの周波数(単位はMHz)。
MSENC Y	ビデオハードウェアエンコードエンジン。Y:ビデオハードウェアエンコードエンジンの周波数(単位はMHz)。
NVDEC Y	ビデオハードウェアデコードエンジン。Y:ビデオハードウェアデコードエンジンの周波数(単位はMHz)。
AO@NC	AOゾーンの温度。N:摂氏温度(単位は℃)。
CPU@NC	CPUゾーンの温度。N:摂氏温度(単位は℃)。
GPU@NC	GPUゾーンの温度。N:摂氏温度(単位は℃)。
PLL@NC	PLLゾーンの温度。N:摂氏温度(単位は℃)。
PMIC@NC	PMICゾーンの温度。N:摂氏温度(単位は℃)。(常に100℃表示)
thermal@NC	PWMファンを制御するために使用される温度。N:摂氏温度(単位は℃)。
POM_5V_IN X/Y	入力電力。X:現在の入力電力(単位はミリワット)。Y:平均の入力電力(単位はミリワット)。
POM_5V_CPU X/Y	CPUの消費電力。X:現在の消費電力(単位はミリワット)。Y:平均の消費電力(単位はミリワット)。
POM_5V_GPU X/Y	GPUの消費電力。X:現在の消費電力(単位はミリワット)。Y:平均の消費電力(単位はミリワット)。

jtopコマンド

tegrastatsコマンドでステータスを確認できますが、テキストベースでやや見づらいのが欠点です。**Jetson stats**（https://github.com/rbonghi/jetson_stats）というツールを用いると、ステータスをテキストベースでグラフィカルに表示できます。

ツールのインストール

jetson-statsのインストールはpip（Pythonで記述されたパッケージソフトをインストールするためのパッケージ管理システム）で行います。そのため、まず「python-pip」をaptコマンドでインストールします。その後、pipコマンドでjetson-statsをインストールします。パッケージのインストールには管理者権限が必要です。インストール後にJetson Nanoを再起動しましょう。

```
$ sudo apt install python-pip ⏎
$ sudo -H pip install -U jetson-stats ⏎
$ sudo reboot ⏎
```

実行と出力例

jetson-statsを実行するには、「**jtop**」コマンドを実行します。

初期設定では、0.5秒ごとに出力画面が更新されます。終了する場合は、q キーを入力するとjtopコマンドを停止します。

```
$ jtop ⏎
```

●ALLの画面

```
NVIDIA Jetson Nano (Developer Kit Version) - Jetpack 4.5 [L4T 32.5.0]
CPU1 [||||||            Schedutil -  20%] 1.0GHz
CPU2 [||||||            Schedutil -  20%] 1.0GHz
CPU3 [||||              Schedutil -  12%] 1.0GHz
CPU4 [|||||             Schedutil -  18%] 1.0GHz

Mem [||||||||||||||||||||||||||||||        1.6G/4.1GB] (lfb 455x4MB)
Imm [                                   0.0k/252.0kB] (lfb 252kB)
Swp [                                   0.0GB/2.0GB] (cached 0MB)
EMC [|                                          2%] 1.6GHz

GPU [                                           0%] 76 MHz
Dsk [####################                  12.4GB/58.4GB]
──────── [info] ──────────── [Sensor] ─ [Temp] ──────── [Power/mW] ─ [Cur]  [Avr] ──
UpT: 0 days 1:23:13          AO        32.00C          5V CPU       654    335
FAN [              0%] Ta=  0%   CPU       24.00C          5V GPU       40     37
Jetson Clocks: inactive      GPU       21.50C          ALL          2453   1748
NV Power[0]: MAXN            PLL       21.00C
───── [HW engines] ─────     thermal   23.00C
APE: 25MHz
NVENC: [OFF]      NVDEC: [OFF]
NVJPG: [OFF]

1ALL 2GPU 3CPU 4MEM 5CTRL 6INFO Quit                          Raffaello Bonghi
```

● GPUの画面

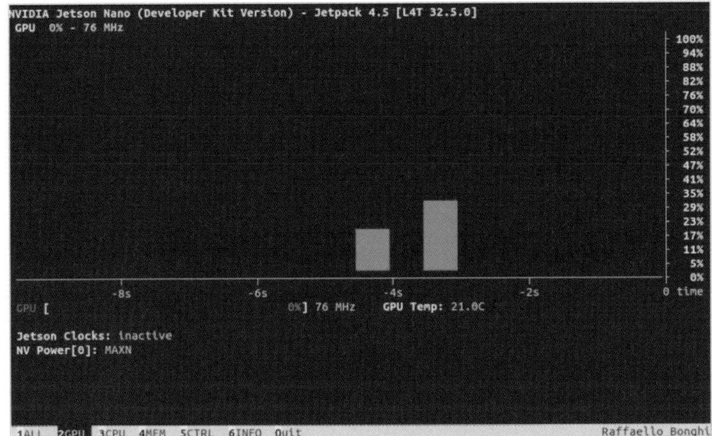

● CPUの画面

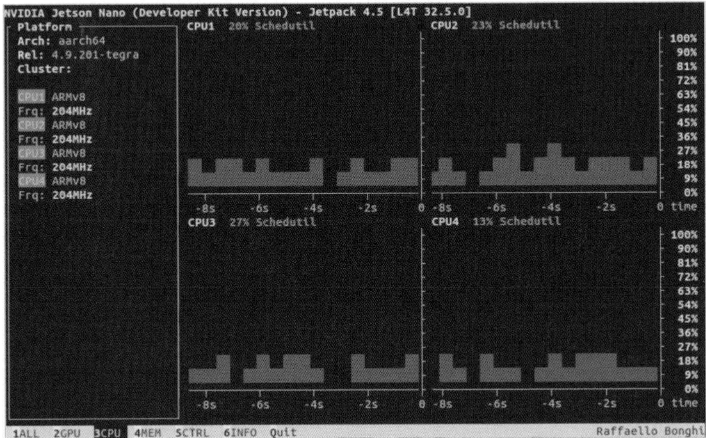

● MEMの画面

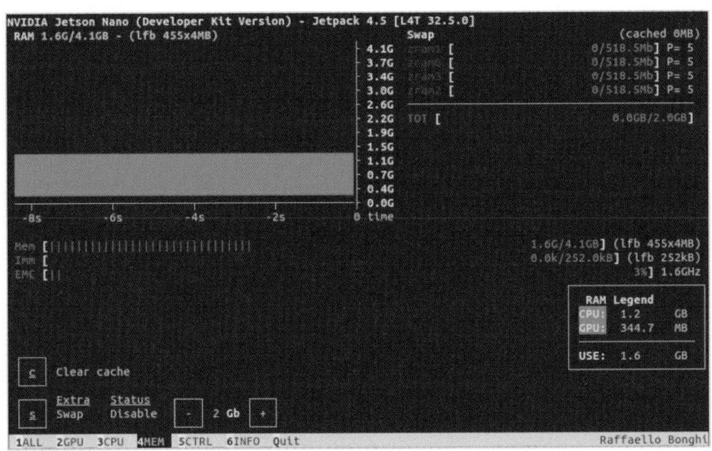

●CTRLの画面

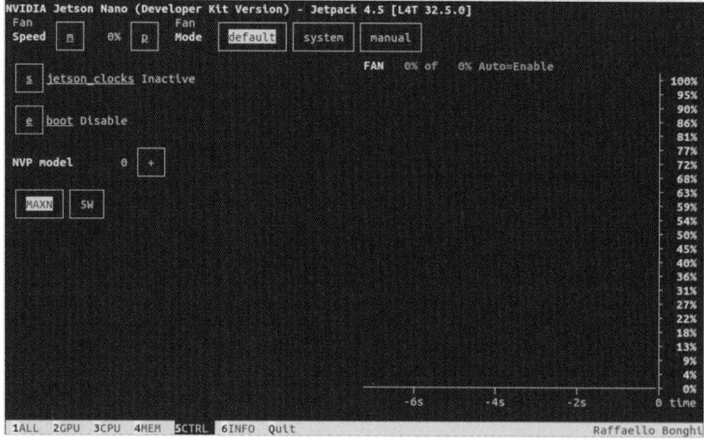

●INFOの画面

```
NVIDIA Jetson Nano (Developer Kit Version) - Jetpack 4.5 [L4T 32.5.0]

 - Up Time:        0 days 1:23:51                         Version: 3.0.3
 - Jetpack:        4.5 [L4T 32.5.0]                        Author: Raffaello Bonghi
 - Board:                                                  e-mail: raffaello@rnext.it
   * Type:           Nano (Developer Kit Version)
   * SOC Family:     tegra210     ID: 33
   * Module:         P3448-0000   Board: P3449-0000
   * Code Name:      porg
   * Cuda ARCH:      5.3
   * Serial Number:  0421219020697
   * Board ids:      3448
 - Libraries:                                          - Hostname:     jetson-desktop
   * CUDA:         10.2.89                             - Interfaces:
   * OpenCV:       4.1.1  compiled CUDA: NO              * eth0:       192.168.0.40
   * TensorRT:     7.1.3.0
   * VPI:          ii libnvvpi1 1.0.12 arm64 NVIDIA Vision Programming Interface library
   * VisionWorks:  1.6.0.501
   * Vulkan:       1.2.70
   * cuDNN:        8.0.0.180

 1ALL  2GPU  3CPU  4MEM  5CTRL  6INFO  Quit                         Raffaello Bonghi
```

更新頻度を変更することもできます。-rオプションに続けて引数を秒数（単位はミリ秒）で指定します。例えば1秒ごとに出力画面を更新したい場合は、「-r 1000」と指定します。

```
$ jtop -r 1000 ⏎
```

jtopコマンドの主要な操作方法を次の表にまとめました。jtopコマンド実行中に左項目の文字を入力すると、表示や機能の切り替えを行います。

●操作方法

1	ALLの画面を表示します。
2	GPUの画面を表示します。

3	CPUの画面を表示します。
4	MEMの画面を表示します。
5	CTRLの画面を表示します。
6	INFOの画面（インストールされているライブラリなどの情報）を表示します。
c	MEMの画面でキャッシュをクリアします。
s	MEMの画面でスワップを有効（Enabled）／無効（Disable）を切り替えます。
+	MEMの画面でスワップのサイズを上げます。
-	MEMの画面でスワップのサイズを下げます。
s	CTRLの画面でJetson Clocksサービス（Jetson Nanoの性能を最大化する機能）を起動（Running）／停止（Inactive）します。
e	CTRLの画面でJetson Clocksサービスの有効（Enable）／無効（Disable）を切り替えます。
f	CTRLの画面でFANのモードを切り替えます。（default ／ system ／ manual）
p	CTRLの画面でFANのスピードを上げます。
m	CTRLの画面でFANのスピードを下げます。
+	CTRLの画面でNVP modelの数値を上げます。（1: 5W動作モード）（性能を抑えます）
-	CTRLの画面でNVP modelの数値を下げます。（0: MAXN動作モード）（性能を最大にします）
q	jtopコマンドを終了します。

画面出力内容

● ALLの画面

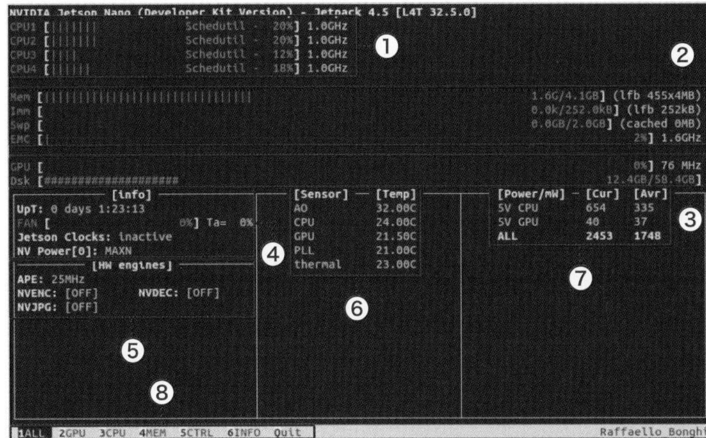

① CPU（CPU1 ～ 4）の使用状況

② メモリ（Mem）、ビデオハードウェアエンジン（Imm）、スワップ（Swp）、外部メモリコントローラ（EMC）の使用状況

③ GPU（GPU）、ディスク（Dsk）の使用状況

④ 起動時間（UpT）、PWMファン（FAN）、性能（Jetson Clocks）、パワーモード（NV Power）の使用状況

⑤ ハードウェアエンジン（APE：音声処理、NVENC：ビデオエンコード、NVDEC：ビデオデコード、NVJPG：JPEGデコード）
⑥ センサーの温度（Sensor：センサー名、Temp：温度）
⑦ 電力※（Power/mW：電力、Cur：現在の値、Avr：平均値）
⑧ 操作画面（1：ALL、2：GPU、3：CPU、4：MEM、5：CTRL、6：INFO、Quit：終了）

※Jetson Nano 2GBの場合は非表示

● GPUの画面

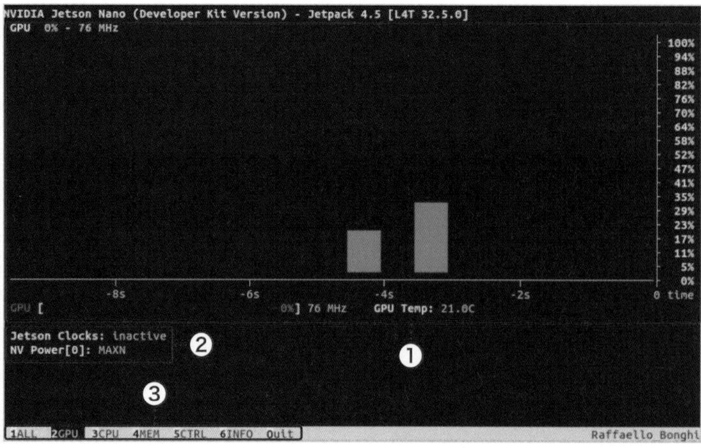

① GPUの使用状況と温度
② 性能情報
Jetson Clocksサービス：active（有効）／inactive（無効）
パワーモード：（0：MAXN動作モード）／（1：5W動作モード）
③ 操作画面（1：ALL、2：GPU、3：CPU、4：MEM、5：CTRL、6：INFO、Quit：終了）

● CPUの画面

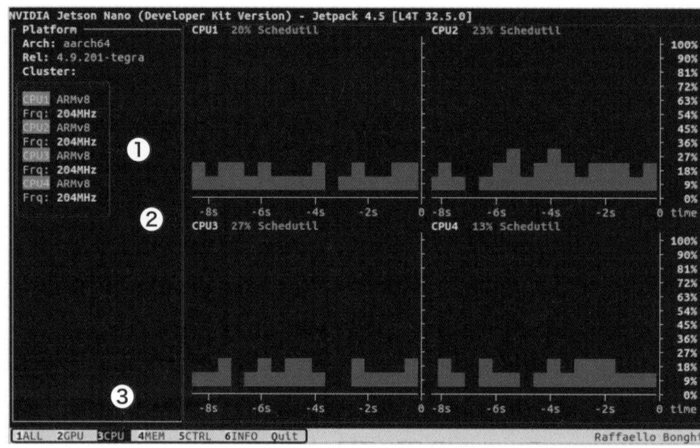

① CPU（CPU1 ～ 4）の使用状況（周波数）
② CPU（CPU1 ～ 4）の使用状況（使用率）
③ 操作画面（1：ALL、2：GPU、3：CPU、4：MEM、5：CTRL、6：INFO、Quit：終了）

●MEMの画面

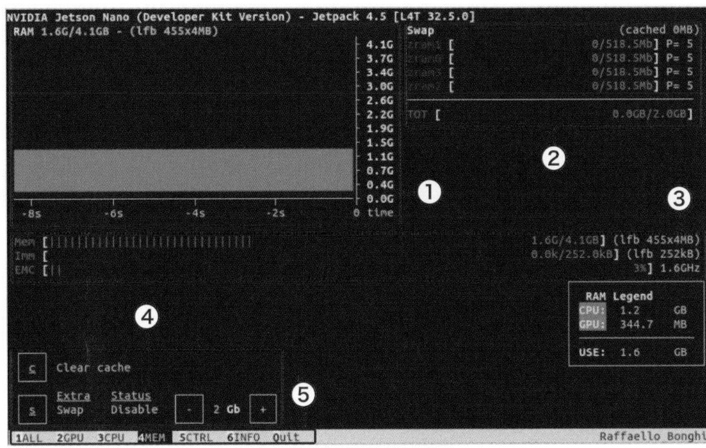

① メモリ（RAM）の使用状況
② スワップ（Swap）の使用状況
③ メモリ（Mem）、ビデオハードウェアエンジン（Imm）、外部メモリコントローラ（EMC）の使用状況
④ 操作画面（c：キャッシュクリア、s：スワップの切替、+：サイズを上げる、-：サイズを下げる）
⑤ 操作画面（1：ALL、2：GPU、3：CPU、4：MEM、5：CTRL、6：INFO、Quit：終了）

●CTRLの画面

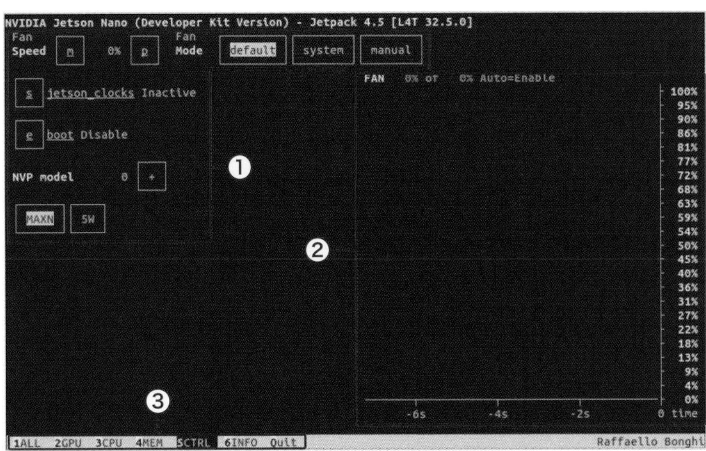

① 操作画面
　FANのスピード：上げる（+）／下げる（-）
　FANのモード：切り替える（f）（default／system／manual）
　Jetson Clocksサービス：切り替える（s）（起動（Active）/停止（Inactive））
　Jetson Clocksサービス：切り替える（e）（有効（Enable）/無効（Disable））
　パワーモード：上げる（+）／下げる（-）（(0：MAXN動作モード）／（1：5W動作モード）

② PWMファン（FAN）の使用状況

③ 操作画面（1：ALL、2：GPU、3：CPU、4：MEM、5：CTRL、6：INFO、Quit：終了）

●INFOの画面

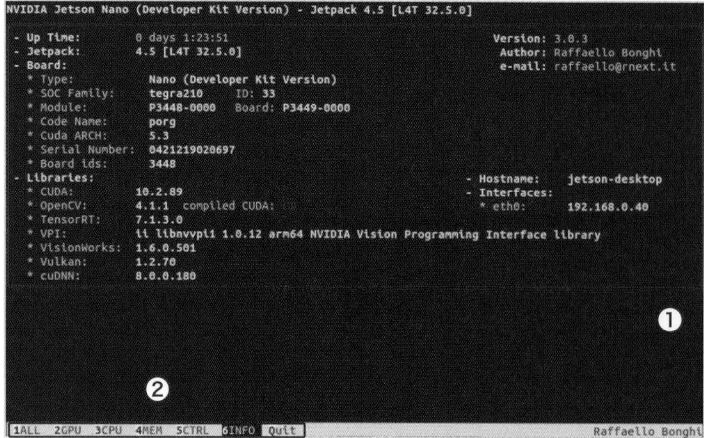

① 起動時間（Up Time）、JetPack情報（Jetpack）、ボード情報（Board）、ライブラリ情報（Libraries）、ホスト名（Hostname）、IPアドレス（Interfaces）

② 操作画面（1：ALL、2：GPU、3：CPU、4：MEM、5：CTRL、6：INFO、Quit：終了）

温度モニター

Jetson Nanoに内蔵されている温度センサーの値を読んでグラフ表示してみましょう。

温度ゾーンと温度の表示

Chapter 3-13で紹介したtegrastatsコマンドやjtopコマンドを用いると、デバイスの温度（温度ゾーンの数値）を確認することができました。Jetson NanoはLinuxサーマルフレームワーク（デバイスの温度管理をユーザー空間のアプリで可能にするカーネルの仕組み）に対応しており、温度の測定・制御用インターフェースが用意されています。このフレームワークを利用して温度センサーの値を読み込み、グラフ表示してみましょう。

実行と出力例

JetPackでは**cat**コマンドを用いて、温度ゾーンの名称と温度（単位は0.001℃）を確認することができます。実際にやってみましょう。

温度ゾーン名称の表示

catコマンドで各温度ゾーン（/sys/devices/virtual/thermal/thermal_zone）の「type」の内容を表示することで、温度ゾーンの名称を確認できます。次のようにコマンドを実行します。

```
$ cat /sys/devices/virtual/thermal/thermal_zone*/type ↵
AO-therm
CPU-therm
GPU-therm
PLL-therm
PMIC-Die
thermal-fan-est
```

温度の表示

catコマンドで各温度ゾーンの「temp」の内容を表示することで温度ゾーンの温度を確認できます。先に説明したとおり温度は0.001℃単位で表示されるので、例えば「30000」と表示されたら30℃です。

```
$ cat /sys/devices/virtual/thermal/thermal_zone*/temp ↵
30000
23500
```

```
22000
20000
100000
22500
```

温度のグラフ表示

ツールを使用して温度センサーの値を読み込み、リアルタイムにグラフを表示してみましょう。

コマンドとライブラリのインストール

pip3（python3-pip）、FreeType 2ライブラリ（libfreetype6-dev）、numpyライブラリ（python3-numpy）、matplotlibライブラリ（python3-matplotlib）をaptコマンドでインストールします。インストールには管理者権限が必要です。

```
$ sudo apt install python3-pip ↵
$ sudo apt install libfreetype6-dev ↵
$ sudo apt install python3-numpy ↵
$ sudo apt install python3-matplotlib ↵
```

ツールのダウンロード

リアルタイムにグラフを表示するjetson-thermal-monitorツールを、gitコマンドを使ってダウンロードします。

```
$ git clone https://github.com/tsutof/jetson-thermal-monitor ↵
```

実行と出力例

jetson_temp_monitor.pyプログラムを実行して、グラフを表示します。cdコマンドでjetson-thermal-monitorディレクトリに移動します。python3コマンドに続いて、jetson_temp_monitor.pyを指定して実行します。プログラムを終了する場合は Ctrl + C キーで停止します。

```
$ cd jetson-thermal-monitor ↵
$ python3 jetson_temp_monitor.py ↵
```

●jetson_temp_monitor.pyプログラムの実行画面

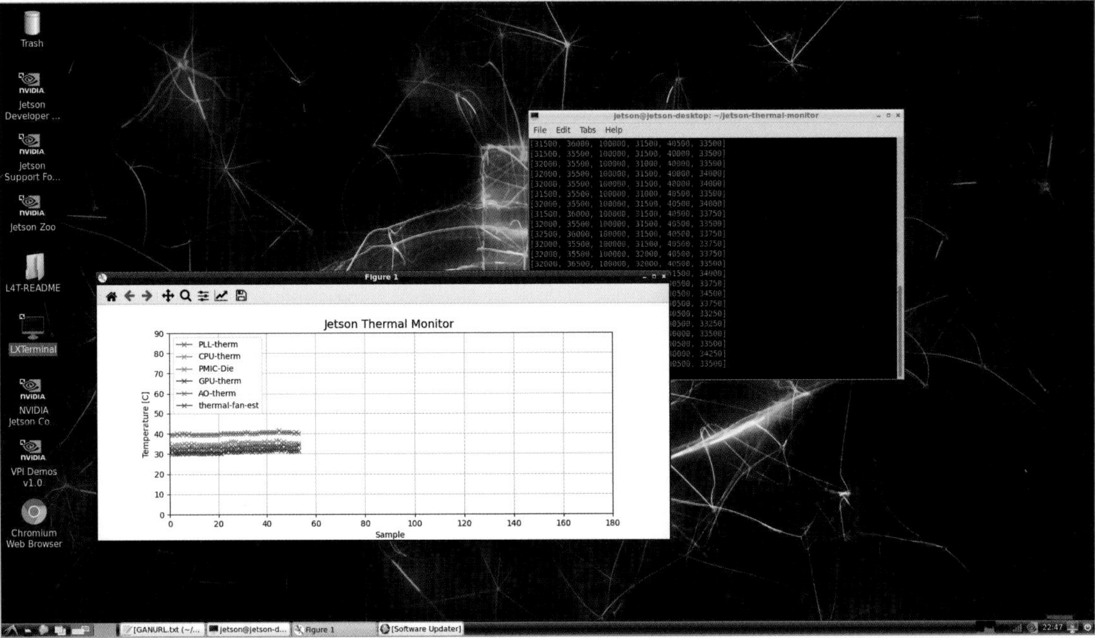

●温度グラフ

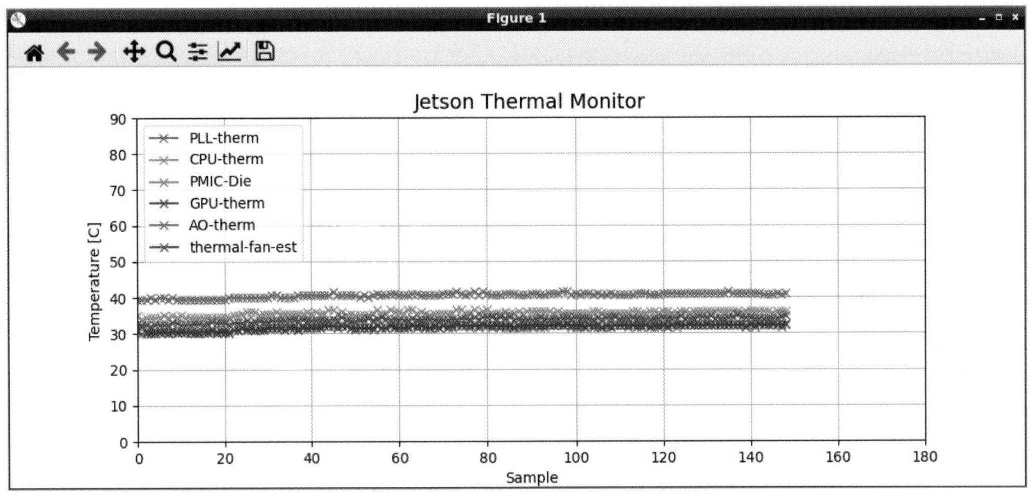

ヘッドレス化

Jetson Nanoを、ディスプレイ、キーボード、マウスといった入出力機器を接続しないヘッドレス化することも可能です。ヘッドレス状態でJetson Nanoを運用する場合、GUIを起動しないようにすることで、使用できるメモリーサイズを増やしたり、CPUにかかる負荷を下げたりすることができます。

GUI自動起動の停止

Jetson Nanoを長時間運用する場合、ディスプレイ、キーボード、マウスといった入出力機器を接続しない**ヘッドレス**状態で運用することが多くなります。開発中なら、頻繁にログインして**デスクトップ環境**を利用しますが、ヘッドレス状態で運用する場合はネットワーク経由で**SSH**や**RDP**（リモートデスクトップ）でリモートログインするため、GUIを使用する機会は減ります。ヘッドレス化したJetson Nanoでは、無駄なGUIを停止し、限られたメモリーを有効的に活用するようにします。

JetPackのベースであるUbuntuは、**ターゲット**と呼ばれる起動モードを変更することで、GUIログインとCLIログインを切り替えることができます。現在のターゲットを確認するには、端末アプリ上でsystemctlコマンドを次のように実行します。

```
$ systemctl get-default
graphical.target
```

GUIログインが有効

上の実行結果のように、Jetson Nanoのデフォルトターゲットは「graphical.target」です。CLIログインに切り替えるには、次のようにしてデフォルトターゲットを「multi-user.target」に変更します。

```
$ sudo systemctl set-default multi-user.target
```

これで、次回のJetson Nano起動時からGUIが起動しなくなり、次のようにログインプロンプトが表示されるだけのシンプルなCLIになります。

●シンプルなCLIのコンソール画面（ログインしたあとでscreenfetchを実行）screenfetchは「$ sudo apt install screenfetch」でインストール可能

```
Ubuntu 18.04.5 LTS jetson-desktop tty1

jetson-desktop login: jetson
Password:
Last login: Wed Feb 17 01:00:17 JST 2021 on tty1
Welcome to Ubuntu 18.04.5 LTS (GNU/Linux 4.9.201-tegra aarch64)

 * Documentation:  https://help.ubuntu.com
 * Management:     https://landscape.canonical.com
 * Support:        https://ubuntu.com/advantage
This system has been minimized by removing packages and content that are
not required on a system that users do not log into.

To restore this content, you can run the 'unminimize' command.

0 ♦♦♦♦♦♦♦♦♦♦♦♦♦♦♦♦♦♦♦♦
0 of these updates are security updates.

jetson@jetson-desktop:~$ screenfetch
                                             @
                 yyyyy-                    Ubuntu 18.04 bionic
              ://+//////                       aarch64 Linux 4.9.201-tegra
          .++ .:/++++++/-                      1h 18m
        .:++o:  /++++++++/:--:/-                 2353
       o:+o+:++.`..```.-/oo+++++/              bash
      .:+o:+o/.          `+sssoo+/          ARMv8 rev 1 (v81) @ 4x 1.479GHz [26.2°C]
  .++/+:+oo+o:`           /sssooo.          tegra_fb
tegra_fb
 /+++//+:`oo+o               /::--:.        632MiB / 3956MiB
 \+/+o+++`o++o
  .++.o+++oo+:`
       .+.o+oo:.
        \+.++o+o`
          `:o+++
           .o:            .oo++o`
                         ++ooo+++/
                         +oo+++o\:
                          `oo++.
jetson@jetson-desktop:~$ _
```

メモリー使用量を「free」コマンドで調べて結果を比較すると、295Mバイトまで削減できているのがわかります。

```
$ free -m ⏎
```

●freeコマンドでメモリー使用量を調べてGUI無効化前後で結果を比較
（例はJetson Nano 4GB。2GBモデルでも同様に使用メモリー削減可能）

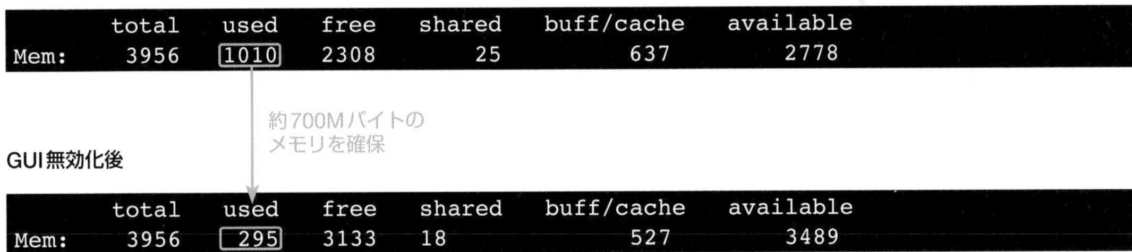

GUI無効化前

	total	used	free	shared	buff/cache	available
Mem:	3956	1010	2308	25	637	2778

GUI無効化後

	total	used	free	shared	buff/cache	available
Mem:	3956	295	3133	18	527	3489

元通りGUIが起動するようにするには、次の手順でデフォルトターゲットを「graphical.target」に戻します。

```
$ sudo systemctl set-default graphical.target ⏎
```

手動でGUIデスクトップ環境を起動 Jetson Nano 4GBでLXDEデスクトップ環境を利用する

CLIログインに変更しても、コンソールにログインしてコマンドを実行することでGUIデスクトップ環境を起動できます。デスクトップ環境の「**LXDE**」を起動するには、次のようにコマンドを実行します。

```
$ startx /usr/bin/startlxde ⏎
```

LXDEは、Jetson Nano 2GBで標準利用できるデスクトップ環境です。Jetson Nano 4GBの初期設定で起動するデスクトップ環境である**Unity**は起動しませんが、使い勝手は大きく変わりません。Unityに比べてLXDEの方が動作が軽く、使用するメモリーも少なくなります。

●LXDEデスクトップ環境

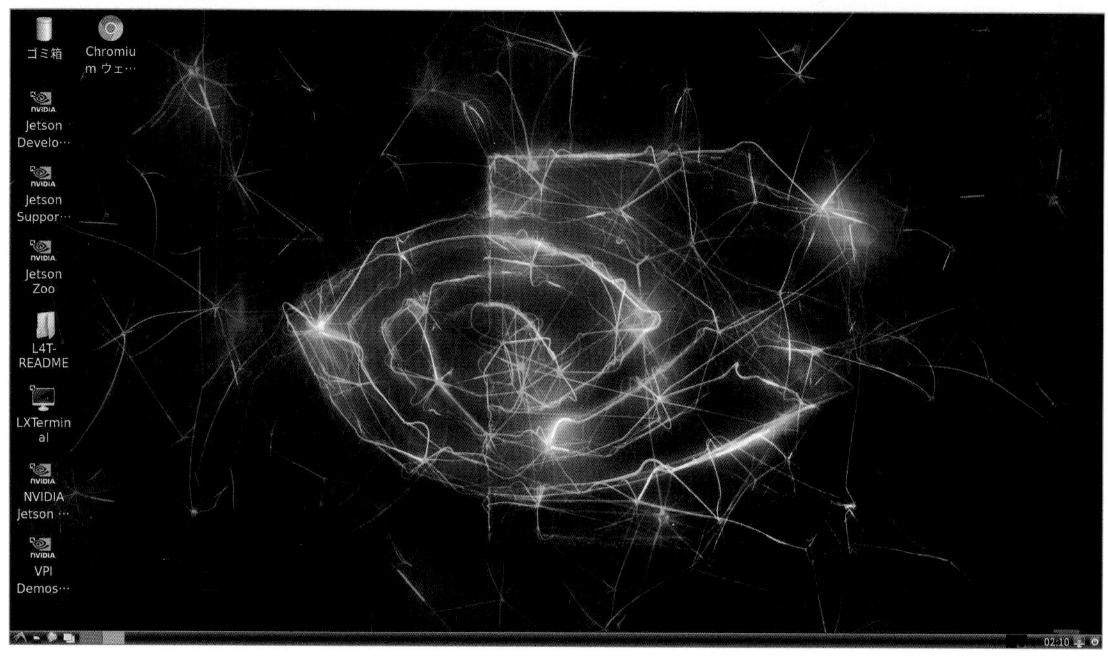

JetPackのベースになっているLinux OSには、様々な種類のデスクトップ環境があります。軽量なデスクトップ環境に切り替えることで、GUI使用時でもメモリー消費量を減らすことができます。

Wi-Fiネットワークに自動的に繋がるようにする

Jetson Nano 4GBをWi-Fiネットワークに接続するには、デスクトップ環境に用意されているGUIフロンドエンドを使って設定します。しかし、GUIを無効化するとGUIフロンドエンドを使用できず、Wi-Fiネットワークに接続できません。

そこで、GUIフロンドエンドで設定する際に、あらかじめ「この接続が利用可能になったときは自動的に接続する」と「全ユーザーがこのネットワークに接続可能とする」のオプションにチェックを入れておくと、CLI起動時でも自動的にWi-Fiネットワークに接続します。

●Wi-Fiネットワークに自動的に繋がるようにする（写真はJetson Nano 4GB）

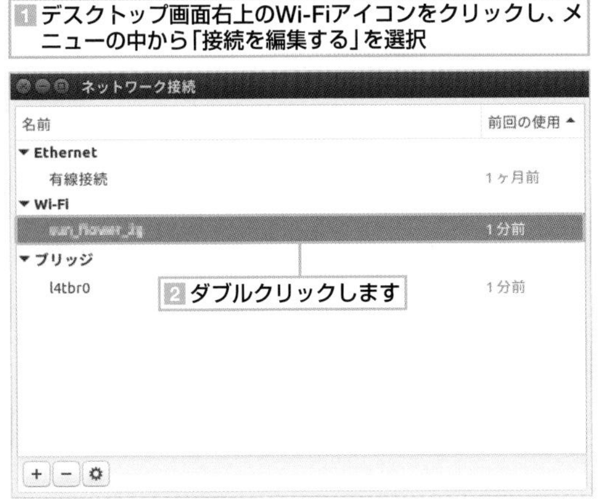

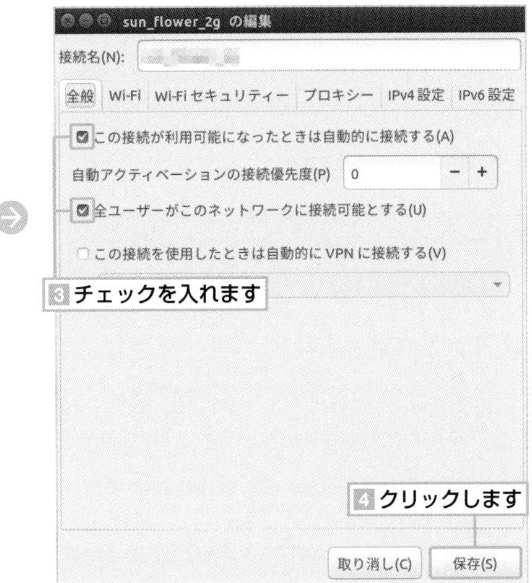

CLIコマンドでWi-Fiネットワークに繋がるようにする

JetPackのベースOSであるUbuntuは、ネットワーク管理に**Network Manager**を使用しています。Network Managerには、先に解説したGUIフロントエンドのほか、CLIコマンドである**nmcli**も用意されています。nmcliコマンドを使ってWi-Fiネットワークに接続する方法を解説します。

現在のネットワーク接続情報を確認するには、次のようにnmcliに「connection show」を引数に指定してコマンド実行します。

```
$ nmcli connection show ⏎
NAME          UUID                                  TYPE       DEVICE
○○○○SSID      07787b08-0bf5-4364-9d42-67331139d964  wifi       wlan0
有線接続       534ea618-ffd5-384d-a55b-42fbd1df6e18  ethernet   --
```

Wi-Fiに手動で接続するには、最初に、接続可能なWi-FiネットワークのSSID一覧を表示します。次のようにコマンドを実行します。

```
$ nmcli device wifi list
IN-USE  SSID                MODE    CHAN  RATE         SIGNAL  BARS  SECURITY
        --                  インフラ  1     65 Mbit/s    82      ▂▄▆█  --
        ○○○○○○              インフラ  1     195 Mbit/s   80      ▂▄▆_  WPA1 WPA2
        ○○○○○○              インフラ  36    405 Mbit/s   72      ▂▄▆_  WPA1 WPA2
        --                  インフラ  1     65 Mbit/s    67      ▂▄▆_  --
        aterm-XXXXXX-gw     インフラ  11    54 Mbit/s    67      ▂▄▆_  WEP
        aterm-XXXXXX-g      インフラ  11    270 Mbit/s   65      ▂▄▆_  WPA1 WPA2
        --                  インフラ  36    65 Mbit/s    62      ▂▄▆_  --
        elecom5g-XXXXXX     インフラ  44    270 Mbit/s   49      ▂▄__  WPA2
```

接続するWi-FiネットワークのSSIDとWPAパスフレーズを引数にして、次のようにnmcliコマンドを実行します。管理者権限で実行する必要があるためsudoを付けて実行します。

```
$ sudo nmcli device wifi connect [SSID] password [WPAパスフレーズ]
デバイス 'wlan0' が '○○,,,' で正常にアクティベートされました。
```

上のように「アクティベートされました」と表示されていれば成功です。次回以降のJetson Nano起動時も、ここで設定したWi-Fiネットワークに自動接続します。

うまく接続できない場合はnmcliコマンドを使って問題を解決します。使い方はオンラインマニュアルを参考にしてください。

```
$ nmcli help
```

リモートデスクトップ接続

リモートデスクトップを利用することで、ディスプレイ、キーボード、マウスといった入出力機器を接続しないヘッドレス状態でJetson Nanoを運用している場合でも、リモートでGUIが使えるようにします。

リモート接続する方法

Jetson Nanoをヘッドレス状態で運用しているケースで、トラブルなどが発生してJetson Nanoを操作する必要があるときは、ネットワーク経由でリモートログインします。ネットワーク経由でJetson Nanoにリモートログインするには、主に次のいずれかの方法があります。

- **SSHリモートログイン**
- **リモートデスクトップ接続**

JetPackをインストールすると、デフォルトでOpenSSHサーバーが起動します。そのためSSHクライアントソフトをインストールしたコンピューターから、SSHリモートログインできます。SSHクライアントソフトとして、Windowsr向けには**Tera Term**（https://ja.osdn.net/projects/ttssh2/）や**PuTTY**（http://hp.vector.co.jp/authors/VA024651/PuTTYkj.html）などがあります。

●Windows OS向けSSHクライアントソフト「Tera Term」

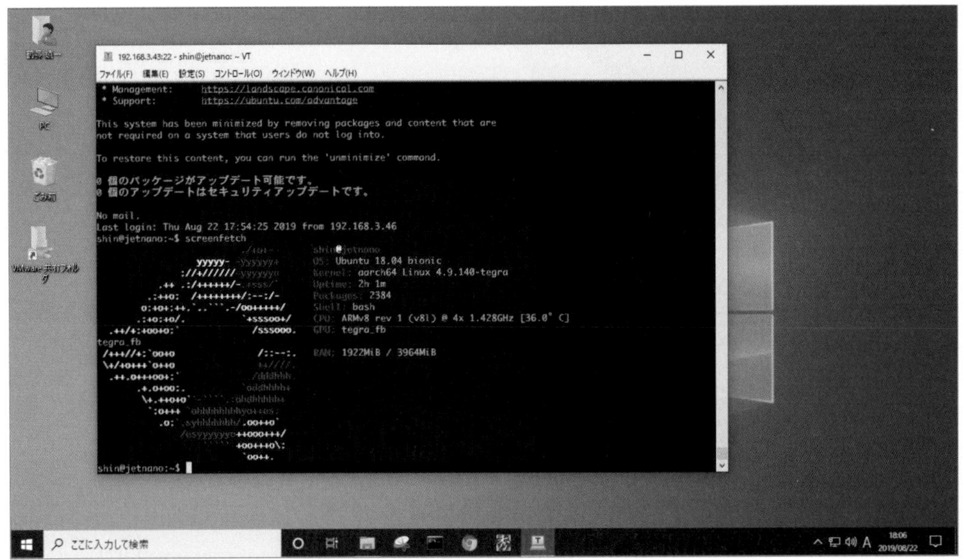

LinuxやmacOSには、プリセットでSSHクライアントソフトが用意されています。Linuxであれば「端末」、macOSであれば「ターミナル」を起動して、「ssh」コマンドで、ログイン先（Jetson Nano）のユーザー名とIPアドレスを指定してSSHリモートログインできます。

```
$ ssh [ユーザー名]@[Jetson NanoのIPアドレス]
```

Jetson Nanoに割り当てられているIPアドレスは、あらかじめJetson Nano上で「**ip**」コマンドを使って確認しておきます。

```
$ ip a
```

●「ip a」でIPアドレスを調べる方法

```
1: lo: <LOOPBACK,UP,LOWER_UP> mtu 65536 qdisc noqueue state UNKNOWN group default
 qlen 1
    link/loopback 00:00:00:00:00:00 brd 00:00:00:00:00:00
    inet 127.0.0.1/8 scope host lo

（中略）

4: wlan0: <BROADCAST,MULTICAST,UP,LOWER_UP> mtu 1500 qdisc mq state UP group defau
lt qlen 1000
    link/ether 18:c2:bf:b1:65:17 brd ff:ff:ff:ff:ff:ff
    inet 192.168.3.43/24 brd 192.168.3.255 scope global dynamic noprefixroute wlan0
       valid_lft 82686sec preferred_lft 82686sec
    inet6 fe80::1ac2:bfff:feb1:6517/64 scope link
       valid_lft forever preferred_lft forever
```

Wi-Fiデバイスに関する設定　IPアドレス

Jetson Nanoをリモートデスクトップ対応にする

リモートデスクトップは、GUIで他のコンピューターをリモート操作するツールやその手段の総称です。**デスクトップ転送**や**リモートディスプレイ**などと呼ばれることもあります。リモートデスクトップには多くの方式があり、接続されるサーバーと、接続するクライアントとで、同じタイプのリモートデスクトップソフトを使用する必要があります。

ここでは**RDP**（Remote Desktop Protocol）を使ったリモートデスクトップ接続について解説します。RDPはWindowsやmacOSなどのPCから、タブレットやスマホなどのモバイル端末まで、様々な環境でクライアントソフトが用意されていて汎用性が高い方式です。

Jetson NanoをRDPサーバーにしてクライアントから接続できるようにするには、**xrdp**をインストールします。端末アプリを起動して、aptコマンドでxrdpパッケージをインストールします。インストールには管理者権限が必要です。

```
$ sudo apt install xrdp ⏎
```


インストールが完了すると、自動的にRDPサーバーが起動します。

xrdp以外のRDPサーバーソフトもあります。またRDPの他にも**VNC（Virtual Network Computing）**と呼ばれるリモートデスクトップ方式があります。VNC対応したサーバーソフトもJetson Nanoには用意されています。

LXDEデスクトップ環境をリモートで利用する

ホームディレクトリに「**.xsession**」ファイルを作成し、ログイン時にLXDEが起動するようにします。

```
$ echo lxsession > ~/.xsession
```

.xsessionファイルはユーザーごとに作成する必要があります。他にもリモートログインするユーザーがいる場合、各ユーザー権限で上の手順を実行してください。

インストールが完了してリモートデスクトップ接続すると、次のような画面が表示されます。

●リモートデスクトップ接続を快適にする

Windows 10からJetson Nanoにリモートデスクトップ接続する

Windows 10からリモートデスクトップ接続するには、Windowsにあらかじめ用意されている**リモートデスクトップ接続**を使用します。スタートメニューのプログラムリストから「Windowsアクセサリ」➡「リモートデスクトップ接続」と選択してアプリを起動します。

「コンピューター」にJetson NanoのIPアドレスを入力し、「接続」ボタンをクリックします。セキュリティ証明書に関する警告画面が表示されたら、「はい」ボタンをクリックします。この際、「このコンピューターへの接続について今後確認しない」にチェックを入れておくと、警告画面が再度表示されなくなります。ユーザー認証画面が開いたら、Jetson Nanoにログインするためのユーザー名とパスワードを入力してデスクトップ環境を起動します。

●リモートデスクトップ接続でJetson Nanoへアクセスする

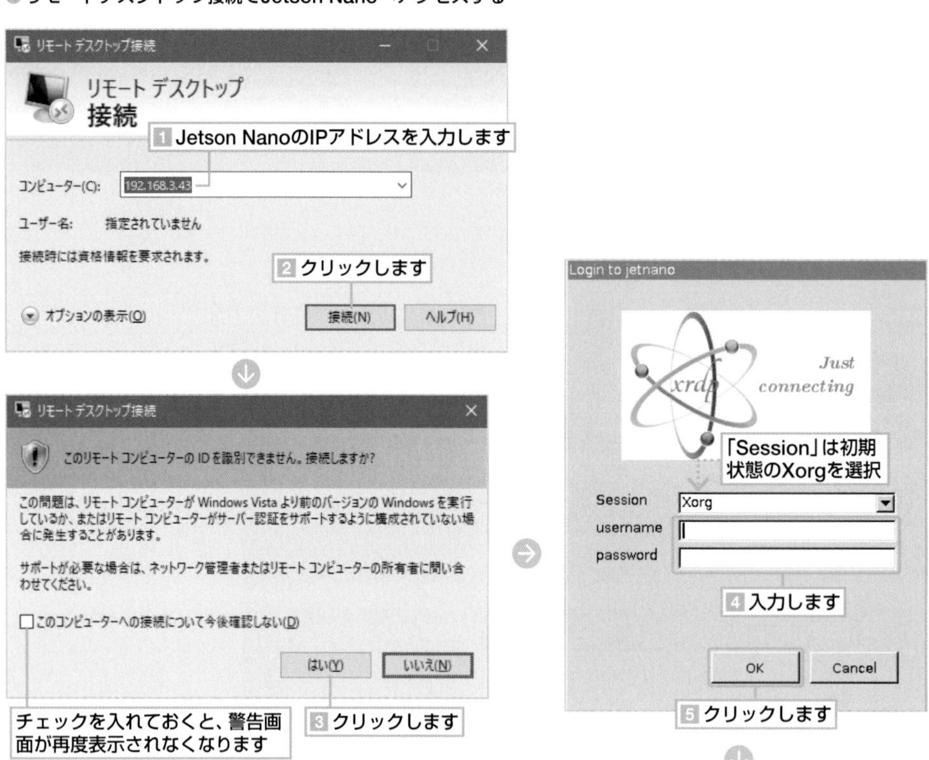

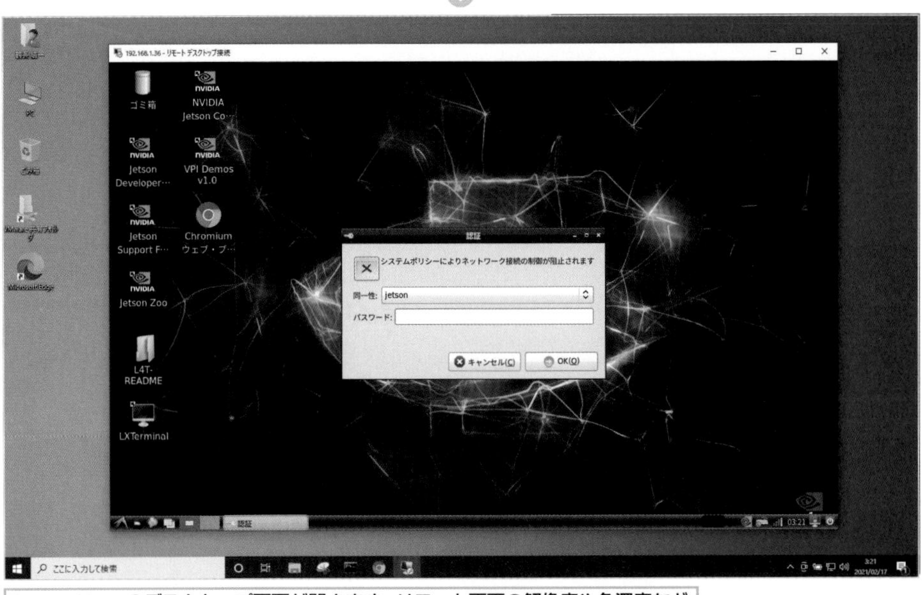

Jetson Nanoのデスクトップ画面が開きます。リモート画面の解像度や色深度などを調整することで、通信量を削減し、さらに操作を快適にできます

前ページのリモートデスクトップ接続の最初の画面で「接続」ボタンをクリックする前に、「オプションの表示」をクリックすると、追加オプションを設定できます。例えば「画面」タブに切り替えてリモート画面の解像度や色深度などを調整することで、通信量を削減して操作を軽快にできます。

●リモートデスクトップ接続のオプション変更

また、接続設定を「RDP」というファイルに保存しておくと、RDPファイルをダブルクリックするだけでリモート接続を開始できるようになります。

●RDPファイルをダブルクリックしてリモート接続できる

MacからJetson Nanoにリモートデスクトップ接続する方法

Macからリモートデスクトップ接続するには、**Mac App Store**で無償ダウンロードできる**Microsoft Remote Desktop**を使用します。インストールしたら、Finderのアプリケーション一覧から次のアイコンを探して起動します。操作方法や設定方法はWindows 10の**リモートデスクトップ接続**と同じです。

●Mac App Storeから無償ダウンロードできる「Microsoft Remote Desktop」

Chapter
3-17

Micro USB経由でJetson Nanoに接続する

Jetson Nano 4GBの電源ジャックにACアダプターを接続して電源を投入すると、Micro USBポート経由でパソコンと通信できるようになります。Wi-Fiネットワークや有線LANに接続できない場合でも、Micro USBポート経由で直接Jetson Nanoに接続できます。

Micro USBポートをネットワークデバイスとして使用

Jetson Nano 4GBは、初期設定ではMicro USBポート経由で電源を受電します。高パフォーマンス時の電源を安定化するのに、ACアダプターを接続する方法をp.95で解説しました。ACアダプターで受電するとMicro USBポートが不要になります。使っていないMicro USBポートとパソコンのUSBポートをケーブル接続することで、PCからJetson Nanoにアクセスできるようになります。また、Jetson Nano 2GBのMicro USBポートは、給電には使用せず通信専用です。

●Micro USBポートでパソコンと接続する（左Jetson Nano 4GB、右Jetson Nano 2GB）

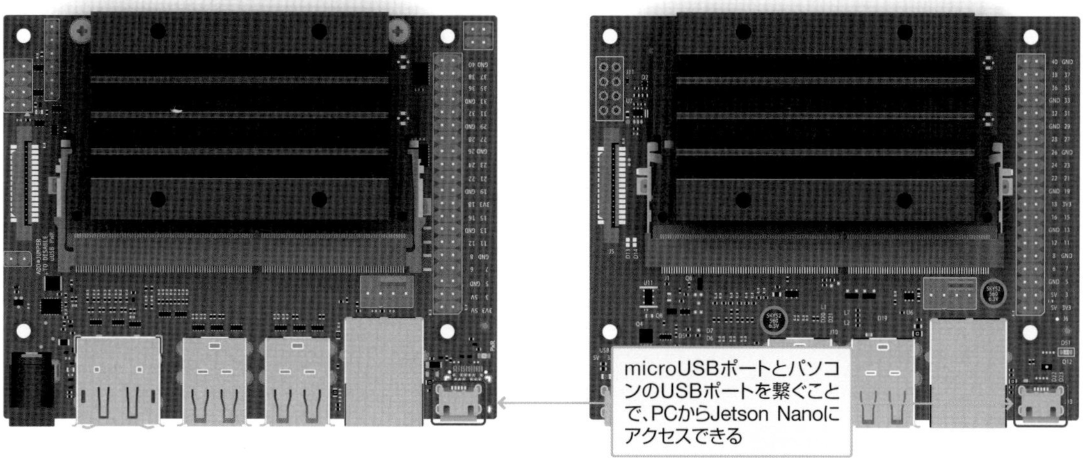
microUSBポートとパソコンのUSBポートを繋ぐことで、PCからJetson Nanoにアクセスできる

ヘッドレス状態でJetson Nanoを運用している場合や、Wi-Fiネットワークや有線LANに接続できない場合でも、Micro USBポートを使うことでJetson Nanoにログインして操作できるようになります。

接続は簡単です。Jetson NanoのMicro USBポートとパソコンのUSBポートをUSBケーブルで繋げると、自動的にデバイスドライバーがインストールされてネットワークが確立します。ネットワークが確立すると、Jetson NanoがDHCPサーバーとなり、パソコンにIPアドレスが割り振られ、次のようなネットワーク構成で

Jetson Nanoとパソコンが接続されます。

●Micro USBポート経由で接続した場合のネットワーク構成

デバイス	IPアドレス
Jetson Nano	192.168.55.1
パソコン	192.168.55.100

Jetson Nanoとパソコンが接続されたら、必要に応じてWi-Fiネットワークや有線LANを設定します。設定には**nmcli**コマンドを使用します。nmcliコマンドについてはp.137を参照してください。

Windows 10でMicro USBポート接続

Windows 10がインストールされたパソコンとJetson NanoのMicro USBポートをUSBケーブルで接続します。USBケーブルはUSB 2.0対応でも3.0対応でも、データ転送用であればどちらでも使用可能です。充電専用ケーブルや、スマートフォンに使うホストケーブルは使用できません。

パソコンがJetson Nanoを認識すると、次の図のようにデバイスドライバーのインストールが始まり、インストールが完了するとネットワークが自動的に構成されます。

●パソコンがJetson Nanoを認識すると自動的にデバイスがインストールされる

パソコンとJetson NanoのMicro USBポートをUSBケーブルで接続すると、自動的にデバイスのインストールが開始されます

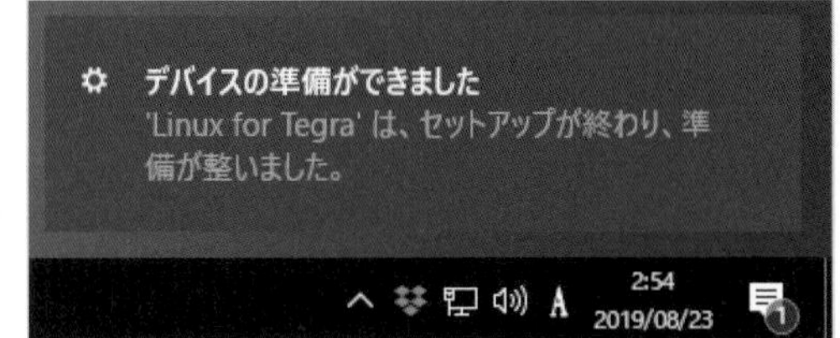

インストールが完了するとネットワークが自動的に構成され、IPアドレスとして「192.168.55.100」が割り当てられます

Jetson Nanoが新しいドライブとしてマウントされ、ドライブに保存されているドキュメントを開くことができます。

●Jetson Nanoがドライブとしてマウント

ネットワークが確立したら、p.139で解説したSSHログインや、リモートデスクトップ接続をします。接続の際にJetson NanoのIPアドレスを「192.168.55.1」と指定します。

MacでMicro USBポート接続

MacとJetson NanoのMicro USBポートをUSBケーブルで接続します。USBケーブルはデータ転送用を用います。USB Type-CポートしかないMacでは変換コネクターを使用してください。

MacがJetson Nanoを認識すると、次ページの図のようにネットワークインターフェースが自動的にインストールされます。

●MacがJetson Nanoを認識すると自動的にネットワークインターフェースがインストールされる

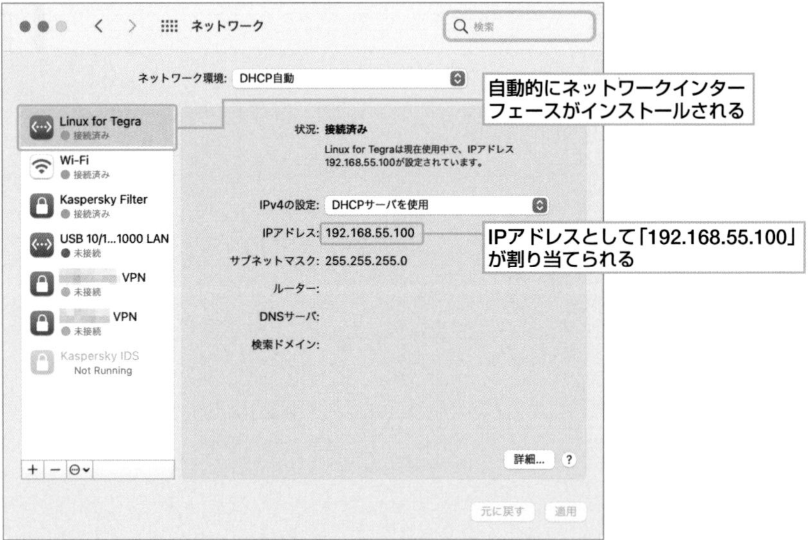

Jetson Nanoが「L4T-README」ドライブとしてマウントされ、ドキュメントを開くことができます。

●Jetson Nanoがドライブとしてマウント

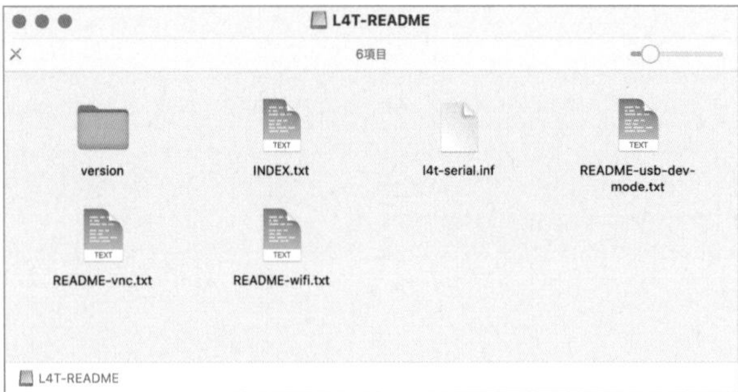

ネットワークが確立したら、p.139で解説したSSHログインや、リモートデスクトップ接続をします。接続の際にJetson NanoのIPアドレスを「192.168.55.1」と指定します。

デモを体験してみよう

NVIDIA社が用意するJetPackには、Jetson Nanoの優れた性能を体験できるデモパッケージが含まれています。この章では、JetPackに収録されているデモを実行する方法を説明します。

JetPackと収録物について

JetPackにはJetson Nanoの機能をすぐに試せるデモプログラムが用意されています。ここではJetPackに収録されているライブラリやツールについて解説します。

AIアプリケーション開発用のパッケージ

Jetson NanoのOSイメージをインストールする際にダウンロードした「**JetPack**」は、NVIDIA社が用意したAIアプリケーション開発用のパッケージです。Jetson NanoのOSイメージに含まれており、Jetson Nanoをセットアップした時点で利用できるようになっています。

JetPackにはJetson Nanoの性能を確認できるサンプルプログラムが含まれており、コンパイルして実行することで、Jetson Nanoの高いリアルタイム処理性能を確認することができます。

ここでは、JetPackの収録物を紹介したあと、サンプルプログラムを実行する方法について説明します。

JetPackに含まれるもの

JetPackには次のものが含まれています。

- **NVIDIA社のGPUを使うためのプラットフォーム**
- **ディープラーニング（Deep Learning）を高いパフォーマンスで実行するためのライブラリ**
- **Jetsonプラットフォーム用の組み込みアプリケーションを開発するためのライブラリ**
- **コンピュータビジョンや画像処理のライブラリやツール**

NVIDIA社のGPUを使うためのプラットフォーム

一般的にプログラムは上から順番に処理されるものですが、高速化の1つに複数のプログラムを並列で実行する方法があります。しかし、限られたリソース（処理性能）の中で無駄なく並列処理を行うのは大変困難です。

JetPackには、Jetson Nanoに搭載されているGPUを効率的に使うための「**CUDA**（クーダ）」というプラットフォームが用意されています。NVIDIA社の開発したCUDAプラットフォームを使えば、開発者はGPU機能を利用して最も効率的な並列処理を行うことが可能になり、プログラムを劇的に高速化することができます。

ディープラーニング（Deep Learning）を高いパフォーマンスで実行するためのライブラリ

JetPackには、ディープラーニングを高いパフォーマンスで実行するためのライブラリとして、**TensorRT**と**cuDNN**が含まれています。どちらもNVIDIA社が開発したライブラリです。

人間が行う「判断」にあたる処理を、機械学習でコンピュータが行うことを「**推論**」と呼びますが、TensorRTはその推論を高速にするためのライブラリです。

コンピューターが一度に処理できるデータの量を「**スループット**」、転送要求を出してから実際にデータが送られてくるまでに生じる通信の遅延時間のことを「**レイテンシ**」と呼びます。TensorRTを使うことで、スループットを高く（高スループット）、レイテンシを短く（低レイテンシ）することができます。

一方cuDNNは、ディープラーニング用として公開されている「**Caffe**」や「**Chainer**」といったオープンソースのライブラリを、NVIDIA社のGPUで実行する精度を上げるために改良したライブラリです。

例えば、Windowsパソコンに GPUを搭載してディープラーニングのプログラムを高パフォーマンスで処理する場合、パソコンのCPUやGPUなどのハードウェアやOSのバージョンなどに合わせて、知識のある人が細かく設定を調整する必要があります。しかしJetson Nanoの場合はCPU、GPU、OSなど全てがNVIDIA社の管理のもとに組み上げられているため、JetPackを使うことでJetson Nanoのもつ機能をTensorRTやcuDNNを使って最大限に発揮することができます。

Jetsonプラットフォーム用の組み込みアプリケーションを開発するためのライブラリ

Jetson Nanoは、GPUモジュールを使って製品化することも目的とされています。監視カメラにJetson Nanoを組み合わせて、トラブルをAIが感知して次のアクションに繋げるなどといった活用方法があります。

JetPackには、**Multimedia API**と呼ばれるカメラ向けのアプリケーションやセンサーなどを開発するためのライブラリが最初から搭載されています。

コンピュータビジョンや画像処理のライブラリやツール

JetPackには**VisionWorks**や**OpenCV**、VPIといったビジュアルコンピューティング（CG技術）アプリケーションのライブラリやサンプルが含まれています。

OpenCV（オープンソースコンピューータービジョンライブラリ）は、インテル社が開発したオープンソースのコンピューータービジョンおよび機械学習ソフトウェアライブラリです。

VisionWorksには、映像データをリアルタイムで解析して特徴を抽出して追い続けたり、2つの映像から距離を計算したり、複数の歩行者が歩いている映像からその移動方向を推測するなどといったデモが含まれています。

VPI（ビジョンプログラミングインターフェース）は、GPU、CPUにコンピュータビジョンや画像処理アルゴリズムを提供するソフトウェアライブラリです。

次節Chapter 4-2では、このVisionWorksを使ってJetson Nanoの性能を体験する方法を解説します。

●JetPackに収録されているサンプル一覧

JetPackコンポーネント	サンプルが格納されているOS上の場所
TensorRT	/usr/src/tensorrt/samples/
cuDNN	/usr/src/cudnn_samples_<version>/
CUDA	/usr/local/cuda-<version>/samples/
MM API	/usr/src/jetson_multimedia_api
VisionWorks	/usr/share/visionworks/sources/samples/ /usr/share/visionworks-tracking/sources/samples/ /usr/share/visionworks-sfm/sources/samples/
OpenCV	/usr/share/opencv4/samples/
VPI	/opt/nvidia/vpi/samples/

デモを体験しよう

Chapter 4-1で紹介した、Jetson Nanoに搭載されているGPUを効率的に使うためのプラットフォーム「CUDA」のデモが、JetPackに収録されています。ここでは、CUDAデモの体験方法を解説します。

CUDAデモ

CUDAデモファイルをコピーする

CUDAのサンプルファイルを実行してみましょう。

CUDAのサンプルファイルは/usr/local/cuda-10.2/samples/に格納されています。このディレクトリ内は一般ユーザーの書き込み権限がないので、ユーザーのホームディレクトリにコピーします。

端末アプリ（Terminal）を起動して、まず作業中のディレクトリをpwdコマンドで確認します。

```
$ pwd ↵
/home/jetson ↵
```

もし作業ディレクトリがホームディレクトリでなかった場合は、次のように実行します。

```
$ cd ~ ↵
```

cpコマンドで/usr/local/cuda-10.2/samples/ディレクトリをホームディレクトリ内にコピーします。

```
$ cp -a /usr/local/cuda-10.2/samples/ . ↵
```

NOTE コマンド補完機能を使う

「/usr/local/cuda-10.2/samples/」を間違えずに入力するのは面倒です。その場合は「cp -a /usr/local/cuda-」まで入力して Tab キーを押すと、残りが補完されます。

lsコマンドを実行して、samplesディレクトリがコピーされているのを確認しましょう。

```
$ ls -al ↵
total 116
drwxr-xr-x 17 jetson jetson 4096  2月 26 14:11 .
drwxr-xr-x  3 root   root   4096  2月 25 20:57 ..
-rw-------  1 jetson jetson  364  2月 26 14:11 .bash_history
-rw-r--r--  1 jetson jetson  220  2月 25 20:57 .bash_logout
-rw-r--r--  1 jetson jetson 3771  2月 25 20:57 .bashrc
drwxrwxr-x  6 jetson jetson 4096  2月 25 21:12 .cache
drwxrwxr-x 13 jetson jetson 4096  2月 25 21:05 .config
drwxr-xr-x  2 jetson jetson 4096  2月 25 20:59 Desktop
-rw-r--r--  1 jetson jetson   26  2月 25 20:59 .dmrc
drwxr-xr-x  2 jetson jetson 4096  2月 25 20:59 Documents
drwxr-xr-x  2 jetson jetson 4096  2月 25 20:59 Downloads
-rw-r--r--  1 jetson jetson 8980  2月 25 20:57 examples.desktop
drwx------  3 jetson jetson 4096  2月 25 20:59 .gnupg
drwx------  3 jetson jetson 4096  2月 25 20:59 .local
drwxr-xr-x  2 jetson jetson 4096  2月 25 20:59 Music
drwx------  3 jetson jetson 4096  2月 25 20:59 .nv
drwxr-xr-x  2 jetson jetson 4096  2月 25 21:09 Pictures
-rw-r--r--  1 jetson jetson  807  2月 25 20:57 .profile
drwxr-xr-x  2 jetson jetson 4096  2月 25 20:59 Public
drwxr-xr-x 12 jetson jetson 4096  2月 26 11:49 samples
-rw-r--r--  1 jetson jetson    0  2月 25 21:34 .sudo_as_admin_successful
drwxr-xr-x  2 jetson jetson 4096  2月 25 20:59 Templates
drwx------  4 jetson jetson 4096  2月 25 20:59 .thumbnails
drwxr-xr-x  2 jetson jetson 4096  2月 25 20:59 Videos
-rw-------  1 root   root    763  2月 25 21:38 .viminfo
-rw-------  1 jetson jetson   59  2月 25 20:59 .Xauthority
-rw-------  1 jetson jetson 3740  2月 25 20:59 .xsession-errors
-rw-r--r--  1 jetson jetson 2090  2月 25 20:57 .xsessionrc
```

cdコマンドでsamplesディレクトリへ移動します。

```
$ cd samples/ ↵
```

samplesディレクトリ内を確認します。lsコマンドを実行します。

```
$ ls -al ⏎
total 108
drwxr-xr-x 11 jetson jetson  4096  2月 20 12:53 .
drwxr-xr-x 17 jetson jetson  4096  2月 26 11:12 ..
drwxr-xr-x 42 jetson jetson  4096  2月 20 12:53 0_Simple
drwxr-xr-x  7 jetson jetson  4096  2月 20 12:53 1_Utilities
drwxr-xr-x 12 jetson jetson  4096  2月 20 12:53 2_Graphics
drwxr-xr-x 24 jetson jetson  4096  2月 20 12:53 3_Imaging
drwxr-xr-x  7 jetson jetson  4096  2月 20 12:53 4_Finance
drwxr-xr-x  9 jetson jetson  4096  2月 20 12:52 5_Simulations
drwxr-xr-x 30 jetson jetson  4096  2月 20 12:53 6_Advanced
drwxr-xr-x 33 jetson jetson  4096  2月 20 12:52 7_CUDALibraries
drwxr-xr-x  6 jetson jetson  4096  2月 20 12:53 common
-rw-r--r--  1 jetson jetson 60244 10月 30  2019 EULA.txt
-rw-r--r--  1 jetson jetson  2606 10月 30  2019 Makefile
```

samplesフォルダの中には「0_Simple」から「7_CUDALibraries」まで8つのディレクトリがあります。各ディレクトリ内にデモプログラムが格納されています。

Jetson Nanoの性能を体験するため「5_Simulations」を試してみましょう。cdコマンドで5_Simulationsディレクトリへ移動します。

```
$ cd 5_Simulations/ ⏎
```

lsコマンドでディレクトリ内のファイルを確認します。

```
$ ls -al ⏎
total 36
drwxr-xr-x  9 jetson jetson 4096  2月 20 12:52 .
drwxr-xr-x 11 jetson jetson 4096  2月 20 12:53 ..
drwxr-xr-x  4 jetson jetson 4096  2月 20 12:53 fluidsGL
drwxr-xr-x  3 jetson jetson 4096  2月 20 12:53 fluidsGLES
drwxr-xr-x  3 jetson jetson 4096  2月 20 12:53 nbody
drwxr-xr-x  2 jetson jetson 4096  2月 20 12:53 nbody_opengles
drwxr-xr-x  4 jetson jetson 4096  2月 20 12:53 oceanFFT
drwxr-xr-x  4 jetson jetson 4096  2月 20 12:53 particles
drwxr-xr-x  4 jetson jetson 4096  2月 20 12:53 smokeParticles
```

fluidsGLデモの実行

5_Simulationsディレクトリ内に**fluidsGL**というディレクトリがあります。「fluids」は「流体」、「GL」は「Graphics Library（グラフィック ライブラリ）」なので、fluidsGLは「流体を画像で表現するためのライブラリ」という意味です。

cdコマンドでfluidsGLディレクトリへ移動し、lsコマンドで内容を確認します。

```
$ cd fluidsGL ↵
$ ls -al ↵
total 88
drwxr-xr-x 4 jetson jetson  4096  2月 20 12:53 .
drwxr-xr-x 9 jetson jetson  4096  2月 20 12:52 ..
drwxr-xr-x 2 jetson jetson  4096  2月 20 12:53 data
-rw-r--r-- 1 jetson jetson  1077 10月 30  2019 defines.h
drwxr-xr-x 2 jetson jetson  4096  2月 20 12:53 doc
-rw-r--r-- 1 jetson jetson  6509 10月 30  2019 findgllib.mk
-rw-r--r-- 1 jetson jetson 13692 10月 30  2019 fluidsGL.cpp
-rw-r--r-- 1 jetson jetson 12293 10月 30  2019 fluidsGL_kernels.cu
-rw-r--r-- 1 jetson jetson  2635 10月 30  2019 fluidsGL_kernels.cuh
-rw-r--r-- 1 jetson jetson  2614 10月 30  2019 fluidsGL_kernels.h
-rw-r--r-- 1 jetson jetson 12271 10月 30  2019 Makefile
-rw-r--r-- 1 jetson jetson  2909 10月 30  2019 NsightEclipse.xml
-rw-r--r-- 1 jetson jetson   189 10月 30  2019 readme.txt
```

サンプルプログラムを実行するためには、まずプログラムコードをコンパイルする必要があります。コンパイルにはmakeコマンドを実行します。コンパイルには時間がかかります。次の画面のように表示されればコンパイルが無事に終了です。

```
$ make ↵
/usr/local/cuda-10.2/bin/nvcc -ccbin g++ -I../../common/inc  -m64    -gencode arch=
compute_30,code=sm_30 -gencode arch=compute_32,code=sm_32 -gencode arch=compute_53,
code=sm_53 -gencode arch=compute_61,code=sm_61 -gencode arch=compute_62,code=sm_62
 -gencode arch=compute_70,code=sm_70 -gencode arch=compute_72,code=sm_72 -gencode
 arch=compute_75,code=sm_75 -gencode arch=compute_75,code=compute_75 -o fluidsGL.o
 -c fluidsGL.cpp
/usr/local/cuda-10.2/bin/nvcc -ccbin g++ -I../../common/inc  -m64    -gencode arch=
compute_30,code=sm_30 -gencode arch=compute_32,code=sm_32 -gencode arch=compute_53,
code=sm_53 -gencode arch=compute_61,code=sm_61 -gencode arch=compute_62,code=sm_62
 -gencode arch=compute_70,code=sm_70 -gencode arch=compute_72,code=sm_72 -gencode
 arch=compute_75,code=sm_75 -gencode arch=compute_75,code=compute_75 -o fluidsGL_ke
rnels.o -c fluidsGL_kernels.cu
/usr/local/cuda-10.2/bin/nvcc -ccbin g++   -m64      -gencode arch=compute_30,code
=sm_30 -gencode arch=compute_32,code=sm_32 -gencode arch=compute_53,code=sm_53 -gen
code arch=compute_61,code=sm_61 -gencode arch=compute_62,code=sm_62 -gencode arch=c
ompute_70,code=sm_70 -gencode arch=compute_72,code=sm_72 -gencode arch=compute_75,c
ode=sm_75 -gencode arch=cmpute_75,code=compute_75 -o fluidsGL fluidsGL.o fluidsGL_ker
```

```
nels.o  -L/usr/lib/nvidia-container-csv-cuda -lGL -lGLU -lglut -lcufft
mkdir -p ../../bin/aarch64/linux/release
cp fluidsGL ../../bin/aarch64/linux/release
$
```

コンパイルを実行すると、ディレクトリ内に「fluidsGL」という実行ファイル（緑色で表示されているファイル）が生成されます。

```
$ ls -al
total 1672
drwxr-xr-x 4 jetson jetson   4096  2月 26 11:49 .
drwxr-xr-x 9 jetson jetson   4096  2月 20 12:52 ..
drwxr-xr-x 2 jetson jetson   4096  2月 20 12:53 data
-rw-r--r-- 1 jetson jetson   1077 10月 30  2019 defines.h
drwxr-xr-x 2 jetson jetson   4096  2月 20 12:53 doc
-rw-r--r-- 1 jetson jetson   6509 10月 30  2019 findgllib.mk
-rwxrwxr-x 1 jetson jetson 949848  2月 26 11:49 fluidsGL
-rw-r--r-- 1 jetson jetson  13692 10月 30  2019 fluidsGL.cpp
-rw-r--r-- 1 jetson jetson  12293 10月 30  2019 fluidsGL_kernels.cu
-rw-r--r-- 1 jetson jetson   2635 10月 30  2019 fluidsGL_kernels.cuh
-rw-r--r-- 1 jetson jetson   2614 10月 30  2019 fluidsGL_kernels.h
-rw-rw-r-- 1 jetson jetson 388856  2月 26 11:49 fluidsGL_kernels.o
-rw-rw-r-- 1 jetson jetson 281384  2月 26 11:49 fluidsGL.o
-rw-r--r-- 1 jetson jetson  12271 10月 30  2019 Makefile
-rw-r--r-- 1 jetson jetson   2909 10月 30  2019 NsightEclipse.xml
-rw-r--r-- 1 jetson jetson    189 10月 30  2019 readme.txt
```

このファイルを実行してデモプログラムを起動します。次のようにコマンドを実行します。

```
$ ./fluidsGL
```

新しいウィンドウが表示され、fluidsGLデモが実行されます。

●fluidsGLデモ

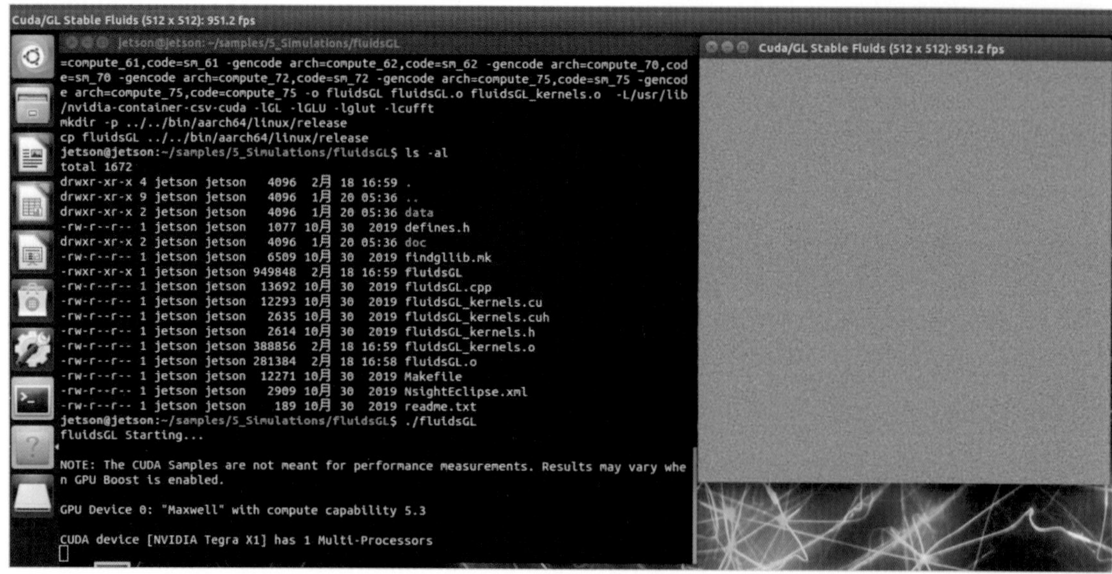

緑色の部分をマウスでクリックしながらマウスを動かしてみてください。まるで、たくさんの小さい緑色の物体が水面に浮いていて、指で水面を触れたときのように動きます。さらにたくさんマウスを動かすと、本当の水面のように動きます。

●fluidsGLデモ

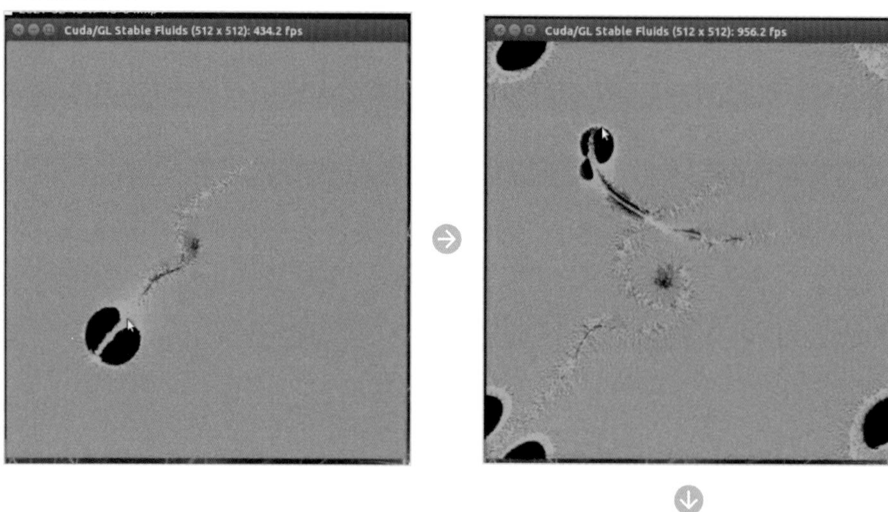

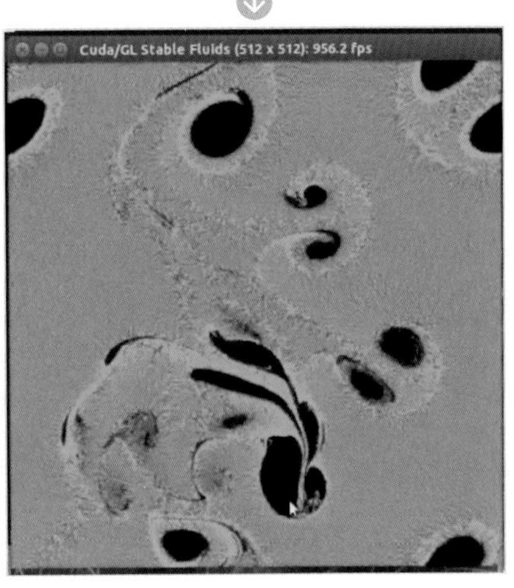

Jetson Nanoがリアルタイムで水やこの緑色の粒の動きをそれぞれ計算して表示しているシミュレーションです。この複雑な計算が、Jetson NanoのGPUとCUDAの組み合わせで行われています。

nbodyデモの実行

次は**nbody**というデモを実行してみましょう。5_Simulations内のnbodyディレクトリへcdコマンドで移動します。

```
$ cd ~/samples/5_Simulations/nbody
```

fluidsGLデモと同じようにコンパイルします。makeコマンドを実行します。

```
$ make
```

makeを実行したディレクトリ内に「nbody」ファイルが生成されています。次のようにコマンドでデモを実行します。

```
$ ./nbody
```

nbodyを実行すると、次ページの図のように宇宙空間にたくさんの粒子が動いている様子が表示されます。

ウィンドウのフレーム部分に「N-Body (1024 bodies) : 60.1fps」と表示されています。これは、粒子が1024個、1秒間に60.1フレームの映像として表示されていることを表しています。

●nbody デモ実行画面

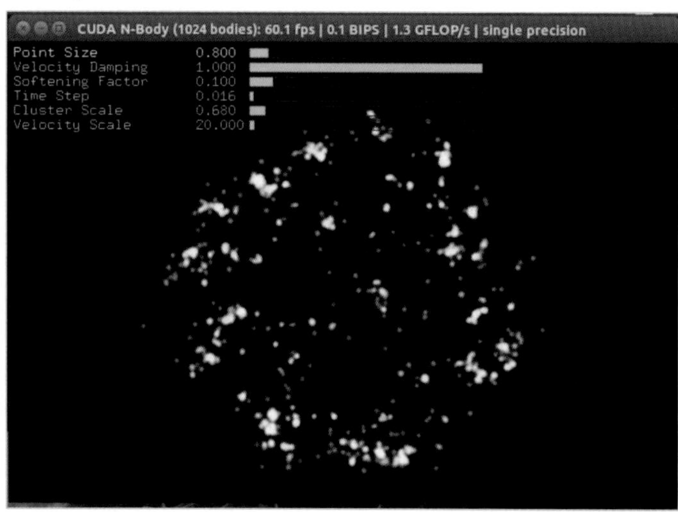

ウィンドウの●ボタンをクリックすることでも終了できますが、Ctrl＋Cを押すことで実行したプログラミングを止めることができます。

nbodyデモは、起動時にオプションを加えることで実行する条件を変更できます。最初に実行した際はN-Body（1024 bodies）でしたが、次は4096 bodiesと4倍に増やして実行してみます。「-numbodies=4096」とオプションで指定します。

```
$ ./nbody -numbodies=4096 ↵
```

●nbody 4096 bodiesで実行

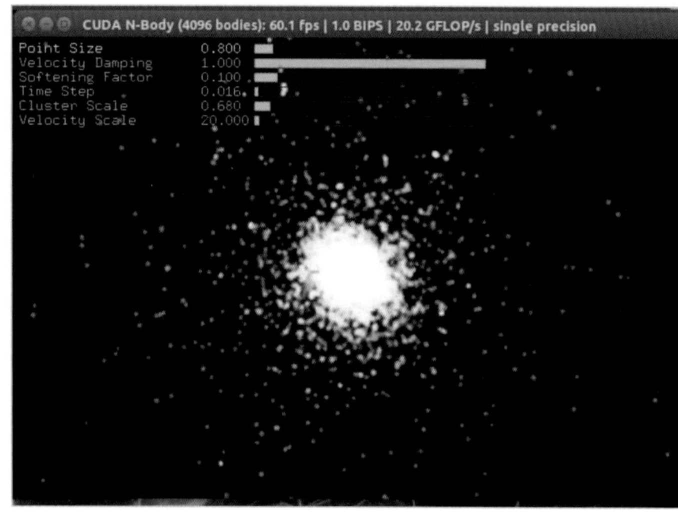

bodiesが増えるほど計算が複雑になり、コンピューターの処理能力が必要になります。Jetson Nanoがスムーズにデモを実行できるのはGPUを搭載しているからですが、GPUを使わずにデモを実行したらどうでしょうか。「-cpu」オプションを付けてnbodyを実行すると、GPUを使わずCPUのみでデモを実行します。

```
$ ./nbody -cpu
```

●nbody cpuのみで実行

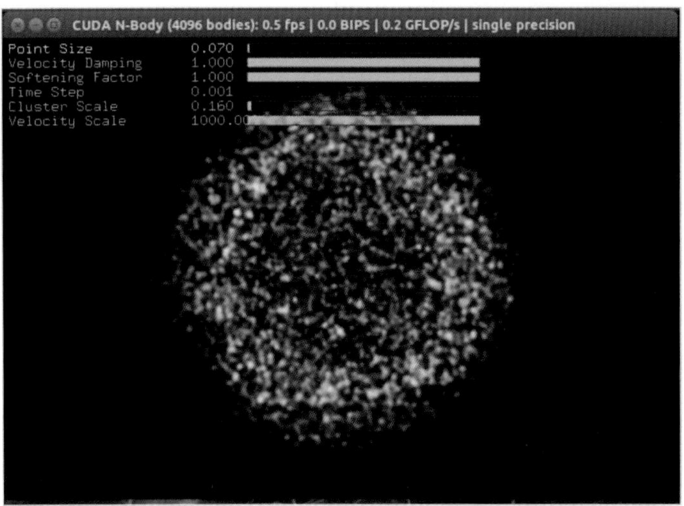

画面は表示されますが、ほとんど動きがありません。表示を見ると「**CUDA N-Body(4096 bodies): 0.5fps**」となっており、1秒間に0.5フレーム、つまり2秒に1フレームぐらいのスピードになってしまいました。先程は60fpsだったので1/120になっています。GPUとCUDAを使うことで、通常の120倍の処理速度で実行できていることがわかります。

OceanFFTデモ

cdコマンドでホームディレクトリ内の5_Simulationsディレクトリ内の**oceanFFT**ディレクトリへ移動します。

```
$ cd ~/samples/5_Simulations/oceanFFT
```

makeコマンドでコンパイルを実行します。

```
$ make
```

コンパイルが完了したら、生成された「oceanFFT」ファイルを実行して、デモを起動します。

```
$ ./oceanFFT ↵
```

●oceanFFT実行画面

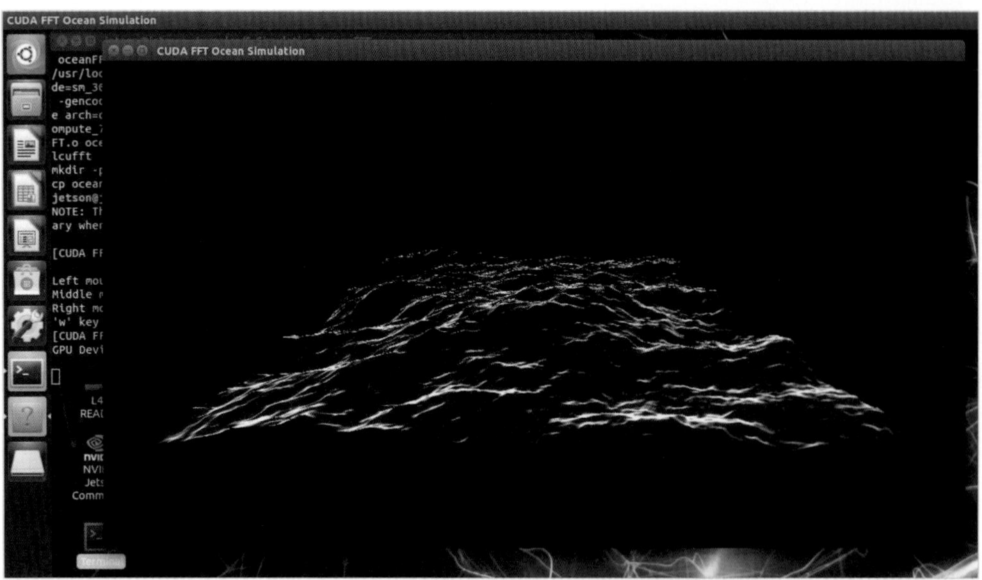

海面の複雑な動きをリアルタイムで描写するOceanFFTのデモが実行されました。

smokeParticlesデモ

cdコマンドでホームディレクトリ内の5_Simulationsディレクトリ内の**smokeParticles**ディレクトリへ移動します。

```
$ cd ~/samples/5_Simulations/smokeParticles ↵
```

makeコマンドでコンパイルを実行します。

```
$ make ↵
```

コンパイルが完了したら、生成された「smokeParticles」ファイルを実行して、デモを起動します。

```
$ ./smokeParticles ↵
```

● smokeParticlesデモの実行

煙のような物体がゆっくりと動き回る姿が映し出されました。これも、リアルタイムでJetson Nanoがこの複雑な描画をしています。

以上でCUDAのsamplesフォルダにあるシミュレーションデモの紹介は終わりです。

VisionWorks

VisionWorksは、カメラ等で撮影した映像をAIでリアルタイム解析して情報を付加するデモです。CUDAデモと同様にJetPackに収録されているので、Jetson Nanoで試してみましょう。

VisionWorksデモのセットアップ

VisionWorksは/usr/share/visionworks/ディレクトリに格納されています。中にsourcesディレクトリがありコンパイルする必要がありますが、Chapter 4-2のCUDAデモのようにこのディレクトリを実行可能な場所へコピーする必要があります。

sourcesディレクトリ内にinstall-samples.shというシェルスクリプトファイルがあります。このファイルにはVisionWorksのサンプルファイルを移動するための一通りのコマンドが記述されています。このシェルスクリプトを、コピー先（ユーザーのホームディレクトリ）を指定して実行します。端末アプリを起動して、次のように実行します。

```
$ /usr/share/visionworks/sources/install-samples.sh ~/ ⏎
Creating the /home/jetson//VisionWorks-1.6-Samples directory...
Copying VisionWorks samples to /home/jetson//VisionWorks-1.6-Samples...
Finished copying VisionWorks samples
```

ホームディレクトリ内にVisionWorksのサンプルディレクトリ（記事執筆時はVisionWorks-1.6-Samplesディレクトリ）が作られました。内容を確認してみましょう。cdコマンドでVisionWorksのディレクトリへ移動し、lsコマンドでファイル・ディレクトリを表示します。

```
$ cd VisionWorks-1.6-Samples ⏎
$ ls -al ⏎
total 36
drwxrwxr-x  7 jetson jetson 4096  2月 26 14:38 .
drwxr-xr-x 18 jetson jetson 4096  2月 26 14:38 ..
drwxrwxr-x  6 jetson jetson 4096  2月 26 14:38 3rdparty
drwxr-xr-x  2 jetson jetson 4096  2月 26 14:38 data
drwxrwxr-x  8 jetson jetson 4096  2月 26 14:38 demos
-rw-r--r--  1 jetson jetson 1919  2月 26 14:38 Makefile
drwxr-xr-x  4 jetson jetson 4096  2月 26 14:38 nvxio
drwxrwxr-x  7 jetson jetson 4096  2月 26 14:38 samples
-rw-r--r--  1 jetson jetson 1598  2月 26 14:38 user_guide_linux.md
```

実行ファイルを作るためのコンパイルを行います。makeコマンドを次のように実行します。コンパイルには時間がかかります。次のように表示されたら、コンパイルは無事完了です。

```
$ make -j4 # add dbg=1 to make debug build
make[1]: Entering directory '/home/jetson/VisionWorks-1.6-Samples/nvxio'
mkdir -p obj/release
mkdir -p ../libs/aarch64/linux/release
g++  -Iinclude -Isrc/ -Isrc/NVX/ -DCUDA_API_PER_THREAD_DEFAULT_STREAM -DUSE_GUI=1
-DUSE_GLES=1 -DUSE_GLFW=1  -DUSE_GSTREAMER_OMX=1 -DUSE_NVGSTCAMERA=1 -DUSE_GSTREAM
ER=1 -I./include  -I../3rdparty/opengl -I../3rdparty/freetype/include -I../3rdpar
ty/glfw3/include  -I../3rdparty/opengl -pthread -I/usr/include/gstreamer-1.0 -I/
usr/include/orc-0.4 -I/usr/include/gstreamer-1.0 -I/usr/include/glib-2.0 -I/usr/
lib/aarch64-linux-gnu/glib-2.0/include -I/usr/local/cuda-10.2/targets/aarch64-
linux/include  -I../3rdparty/eigen -O3 -DNDEBUG -std=c++0x -o obj/release/Types.o
-c src/NVX/Private/Types.cpp
（中略）
g++ -Wl,--allow-shlib-undefined -pthread -Wl,-rpath=/usr/local/cuda-10.2/targets/
aarch64-linux/lib -ldl -O3 -DNDEBUG -std=c++0x -DCUDA_API_PER_THREAD_DEFAULT_STRE
AM -DUSE_GUI=1 -DUSE_GLFW=1 -DUSE_GLES=1 -DUSE_GSTREAMER=1 -DUSE_NVGSTCAMERA=1 -DUS
E_GSTREAMER_OMX=1 -o ../../bin/aarch64/linux/release/nvx_demo_feature_tracker_nvx
cu obj/release/main_feature_tracker_nvxcu.o obj/release/feature_tracker_nvxcu.o
../../libs/aarch64/linux/release/libnvx.a -L"/usr/lib" ../../libs/aarch64/linux/re
lease/libnvx.a ../../3rdparty/freetype/libs/libfreetype.a ../../3rdparty/glfw3/
libs/libglfw3.a /usr/lib/aarch64-linux-gnu/tegra-egl/libGLESv2_nvidia.so.2 -L/usr/
lib/aarch64-linux-gnu -lEGL -lXrandr -lXi -lXxf86vm -lX11 -lgstpbutils-1.0 -lgstaud
io-1.0 -lgstvideo-1.0 -lgstapp-1.0 -lgstbase-1.0 -lgstreamer-1.0 -lgobject-2.0 -lgl
ib-2.0 /usr/lib/aarch64-linux-gnu/tegra/libcuda.so  -L/usr/local/cuda-10.2/targe
ts/aarch64-linux/lib -lcudart -L/usr/local/cuda-10.2/targets/aarch64-linux/lib -lc
udart -lvisionworks
make[1]: Leaving directory '/home/jetson/VisionWorks-1.6-Samples/demos/feature_tra
cker_nvxcu'
$
```

VisionWorksのデモでは、実行ファイルは別のディレクトリ（makeを実行したディレクトリ内のbin/aarch64/linux/release/）に生成されます。実行ファイルが生成されたディレクトリに移動します。

```
$  cd bin/aarch64/linux/release/
```

lsコマンドでディレクトリ内を表示します。nvxから始まる緑色のファイルが実行ファイルです。

```
$ ls
nvx_demo_feature_tracker        nvx_sample_nvgstcamera_capture
nvx_demo_feature_tracker_nvxcu  nvx_sample_object_tracker_nvxcu
nvx_demo_hough_transform        nvx_sample_opencv_npp_interop
nvx_demo_motion_estimation      nvx_sample_opengl_interop
nvx_demo_stereo_matching        nvx_sample_player
```

```
nvx_demo_video_stabilizer
```

Feature Tracker

デモを実行しましょう。最初に**Feature Tracker**というデモを実行してみます。AIによって、映像から特徴をリアルタイムで抽出して追跡することを体感できるのが、VisionWorksのFeature Trackerデモです。

nvx_demo_feature_trackerが実行ファイルです。端末アプリで次のように実行します。

```
$ ./nvx_demo_feature_tracker ↵
```

海外の高速道路を車で走っている映像が映し出されます。画面内に赤い点と緑色の矢印が映っています。

●feature trackerデモ画面

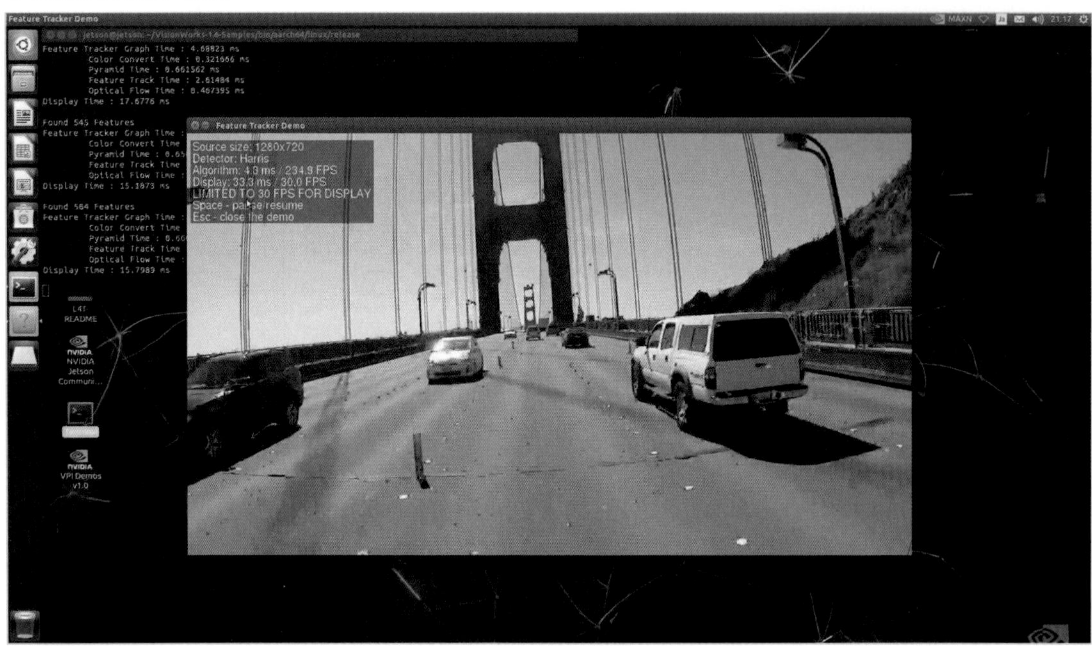

赤点は、道路のセンターラインや車、橋の柵などにあり、緑色の矢印は移動している方向や速さによって、その向きや長さが変わっています。

● feature trackerが様々なものを特徴として認識している様子

人間は走っている車やセンターラインなどを認識することができますが、このデモを見るとAIが映像の中から、前を走る車や対向車、橋の欄干や車線などを「**特徴（Feature）**」として認識し追跡している様子がわかります。

Object Tracker

Object Trackerは、映像の中で「対象（Object）」を設定し、それを追跡するデモです。Object Trackerの実行ファイルはnvx_sample_object_tracker_nvxcuです。次のようにコマンドで実行します。

```
$ ./nvx_sample_object_tracker_nvxcu
```

目の前の車に緑色の四角マークがつき、しばらくすると映像が止まります。前の方を走っている車をマウスで四角く囲ってみてください。

●object trackerで対象を指定

緑色の四角を維持しながら再び映像が動き出しました。

●object trackerの追跡

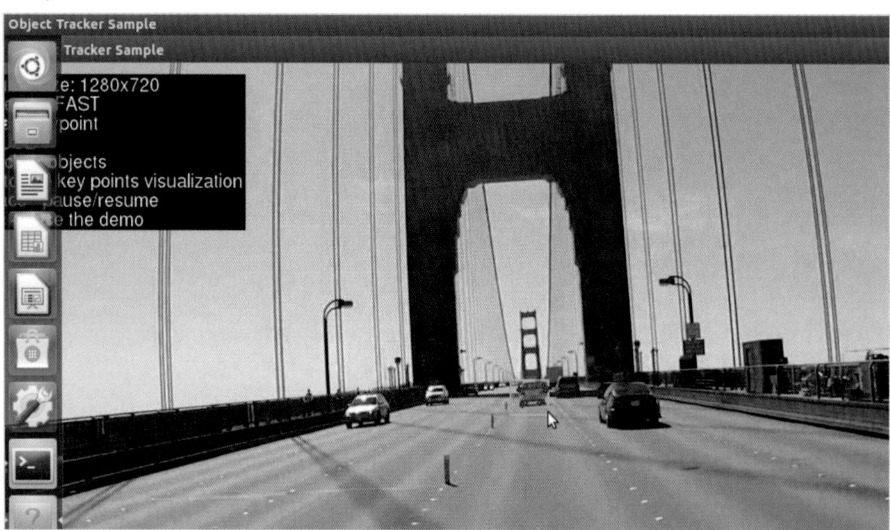

キーボードのvキーを押してください。先程のfeature trackerデモと同じように赤い丸が緑色の四角の中に表示されます。

object trackerのデモは、feature trackerをマウスで作った緑色の四角の中を対象として行い、映像の中で動いているものを追跡し続けるデモです。

自分の動画ファイルを使ってみよう

feature tracker、object trackerいずれも、Jetson Nano上でリアルタイムにAIが映像を解析していますが、デモを実行しただけでは、リアルタイム処理をしているのか、あらかじめ処理された動画を見ているのかよくわからないかもしれません。そこで、デモの外国の高速道路の映像を自分が撮影した映像に差し替える方法を解説します。

まず、feature trackerとobject trackerのデモに使われていた動画ファイルは、ホームディレクトリ内のVisionWorksのディレクトリ（記事執筆時点ではVisionWorks-1.6-Samplesディレクトリ）内のdataディレクトリに格納されています。こに格納されているcars.mp4ファイルが、さきほどのデモに使用された動画ファイルです。

●cars.mp4ファイル

このファイルをリネームしてバックアップし、自分が撮影した動画をcars.mp4とリネームしてdataディレクトリに格納することで、デモを実行する動画を入れ替えることができます。

元動画ファイルをcars1.mp4などにリネームします。リネームは、ファイルマネージャを使ってもよいですし、mvコマンドで次のように実行しても構いません。

```
$ cd ~/VisionWorks-1.6-Samples/data ⏎
$ mv cars.mp4 cars1.mp4 ⏎
```

●cars.mp4ファイルをリネームする

自分で撮影した動画ファイルをcars.mp4という名前にして、このフォルダに移動します。筆者の地元（多摩センター）で撮影したcars.mp4というファイルを用意しました。

●自分で撮影したcars.mp4ファイル

USBメモリーにcars.mp4ファイルを入れて、Jetson Nanoにファイルを移動します。Jetson NanoにUSBメモリーを差し込むと、自動的に認識されてファイルマネージャが起動します。

●cars.mp4ファイル

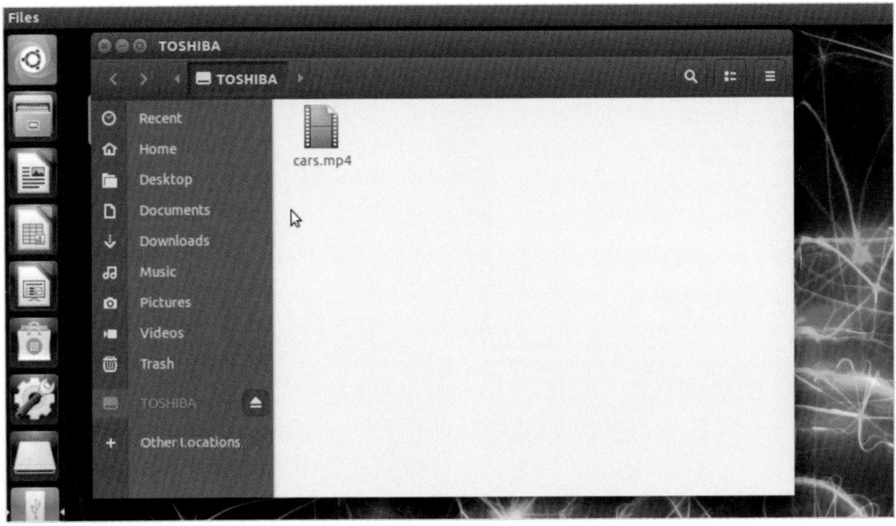

ドラッグ＆ドロップしてdataフォルダにcars.mp4ファイルをコピーします。

●cars.mp4ファイル

デモ動画の差し替えが完了したので、feature trackerとobject trackerを実行してみましょう。

まずfeature trackerを実行します。cdコマンドでデモの実行ファイルがあるディレクトリまで移動して、nvx_demo_feature_trackerを実行します。

```
$ cd ~/VisionWorks-1.6-Samples/bin/aarch64/linux/release/ ↵
$ ./nvx_demo_feature_tracker ↵
```

●feature trackerの実行画面

object trackerも実行してみましょう。nvx_sample_object_tracker_nvxcuを実行します。

```
$ ./nvx_sample_object_tracker_nvxcu ↵
```

●object trackerの実行画面

こちらも、多摩センターの動画でobject trackerを実行することができました。

motion estimation

VisionWorksの中にあるデモで、複数の人が歩いている動画を解析し、移動している方向をAIが解析して矢印を表示するという**motion estimation**というデモを実行してみます。

さきほどの、コンパイルで生成された実行ファイルがあるディレクトリ（~/VisionWorks-1.6-Samplesbin/aarch64/linux/release/）へcdコマンドで移動します。

この中のnvx_demo_motion_estimationがmotion estimationの実行ファイルです。コマンドでnvx_demo_motion_estimationを実行します。

```
$ cd ~/VisionWorks-1.6-Samplesbin/aarch64/linux/release/ ↵
$ ./nvx_demo_motion_estimation ↵
```

公園のようなところを複数の人が歩いており、移動している人の上に水色の矢印が表示されています。

● motion_estimation実行画面

次の図のように、歩く人が移動する方向に向かって矢印が並んでいます。

● motion_estimation

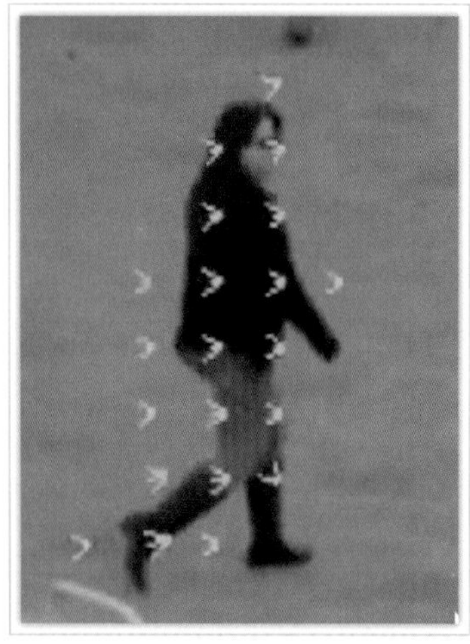

人だけではなく、散歩している犬にも水色の矢印が表示されています。

●motion_estimation

motion_estimationのデモでは、AIが動画を解析して、移動していると推測される物体の上に方向を示す矢印を表示させる機能を確認できます。

motion estimationを自分で用意した動画で実行する方法

さきほどのfeature trackerやobject trackerと同様に、動画ファイルでこのmotion_estimationを実行できます。motion estimationには、デモを指定した動画で行うオプションがあります。--source=に続けて、動画ファイルのパスまたはファイル名を指定します。

前回のデモのデータファイルであるcars.mp4を指定してmotion estimationを実行してみましょう。次のようにコマンドを実行します。

```
$ ./nvx_demo_motion_estimation --source=/home/jetson/VisionWorks-1.6-Samples/data/
cars.mp4 ⏎
```

●motion_estimationを自分で撮影した走行動画で実行

前回のデモで使ったcars.mp4に、水色の矢印が表示されています。

自分で撮影した動画をJetson Nanoにコピーしてそのファイル名を指定すれば、motion estimationの機能を反映させることができるのです。

ぜひ、自分で撮影した動画でデモを試して、Jetson NanoがリアルタイムでAIを使って動画を解析する様子を体験してください。

USBカメラを使った物体検出

USBカメラに写った物体の位置と、それが何であるかを認識する物体検出アプリケーションを試します。Jetson Nanoに搭載されているGPUを利用した深層学習推論の高速化手法も解説します。また、検出した物体の内容から外部の機器を制御する、Node-REDを使ったアプリケーションも紹介します。

物体検出について

画像に何が写っているか、そのカテゴリ（クラス）を推論することを「物体検出」と呼びますが、物体検出はさらに進んで、物体の位置まで推論します。物体検出はAI推論を代表する技術で、自動運転やロボットビジョンを実現する上でキーとなるものです。

物体検出とは？

「**物体検出**（Object Detection）」とは、与えられた画像の中に存在する物体のクラスとその位置を特定することです。ここで言う「クラス」とは認識可能な概念のことで、例えば「犬」「猫」「人間」「自動車」のようなものです。

通常、物体検出では、検出された物体のクラスが、その物体を囲む**バウンディングボックス**（**Bounding Box**）と呼ばれる四角い枠と共に出力されます。1枚の画像から検出される物体は1つとは限りませんので、検出できた物体のクラスとバウンディングボックスはすべて出力されます。バウンディングボックスはその位置を示す座標、幅、高さで表現されます（単位は画素）。

●バウンディングボックスの例

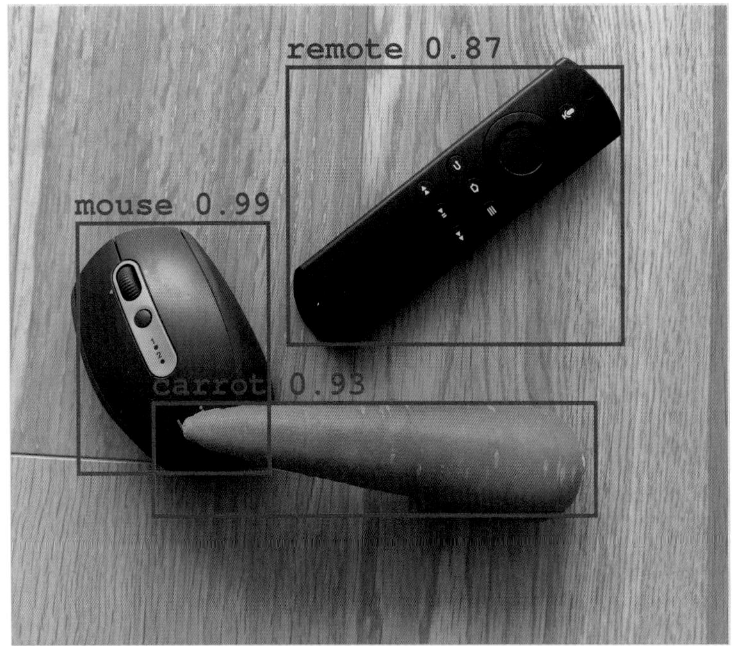

YOLO v3アルゴリズムを用いて実際にJetson Nanoで検出した結果を表示

深層学習を利用した物体検出

物体検出に限らず、画像認識に関わるアルゴリズムの開発には、**特徴抽出**方法に関する深い知識と経験が必要でした。しかし最近では、**ニューラルネットワーク**を基にした**深層学習**（**Deep Learning**）を利用することで、比較的容易に、入力データに対して望ましい特徴抽出を行うことが可能になりました。

推論フェーズに適したJetson Nano

深層学習には、「**学習**」と「**推論**」という2つのフェーズがあります。学習は大量のデータを与えて、ニューラルネットワークの重みとバイアスを最適化するフェーズです。膨大な数の重みとバイアスの最適値を計算するためには非常に高い計算能力を持ったコンピュータが必要です。学習用途としては、472GFLOPSの計算能力を持つJetson Nanoをもってしても力不足と言わざるを得ません。学習フェーズでは、ニューラルネットワークが大規模になるとスーパーコンピュータ級の処理能力が求められます。そのため、学習フェーズでは高性能なGPUカードを搭載したサーバ型コンピュータが使われます。

一方、推論フェーズは学習フェーズほど高い計算能力は必要ありません。しかし、推論システムは常に動作し続けることやリアルタイム性が求められますので、消費電力の低さや、設置環境の柔軟性が求められます。そういった推論システムを実現するために開発されたのがNVIDIA Jetsonシリーズです。Jetsonが持つ複数のGPUコアで深層学習の推論フェーズを効率よく処理することができます。

●深層学習の「学習フェーズ」と「推論フェーズ」

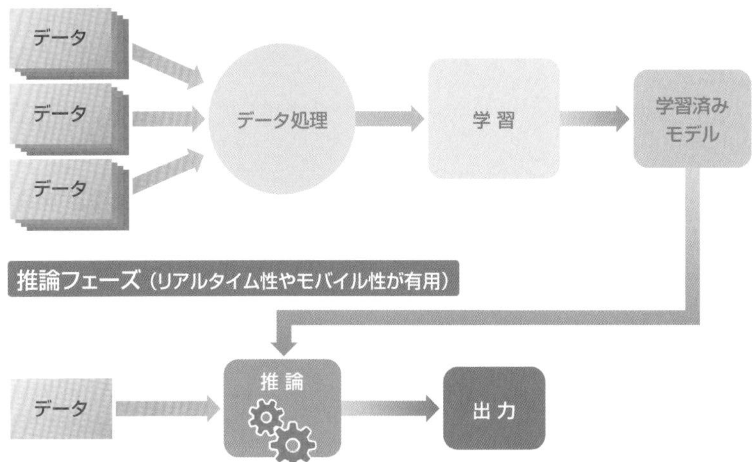

物体検出アルゴリズム「YOLO」

YOLO(You Only Look Once)は物体検出アルゴリズムの1つです。物体が位置する領域の推論と、その物体が何であるかの推論を、1個の畳み込みニューラルネットワークで処理できます。ここでは推論フェーズで必要な情報に焦点を絞り、YOLOアルゴリズムを説明します。

YOLOとは？

従来、物体検出のアルゴリズムは、まず、物体を囲む四角い領域を候補として複数提案し、その中で物体のクラスを認識するのが一般的でした。これをニューラルネットワークで実現する場合、領域候補を提案するニューラルネットワークの出力結果に対して、クラス認識を行う別のニューラルネットワークを適用しなければならず、処理時間の長さが問題となります。

最近は、物体の領域提案とクラス認識を1つのニューラルネットワークで処理する方法が提唱されています。その中で代表的なアルゴリズムの一つが「**YOLO**（You Only Look Once)」です。You Only Look Once（一度だけ見る）という名前がその手法の特長をよく表しています。

YOLOアルゴリズムが実装されたニューラルネットワークの構造を見てみましょう。YOLOには多くのバージョンが存在しますが、本書ではバージョン2、かつ軽量版（通常版よりもニューラルネットワークの層が少ない）を取り上げます。以降、このニューラルネットワークを「Tiny YOLO v2」と呼びます。次ページの図で示したとおり、Tiny YOLO v2は9個の畳み込み層（Convolutional Layer、Conv層）から構成されます。

●Tiny YOLO v2アルゴリズムに基づくニューラルネットワークモデル

image
↓ None×3×416×416
ImageScaler
↓ None×3×416×416
Conv
W〈16×3×3×3〉
↓
BatchNormalization
scale〈16〉
B〈16〉
mean〈16〉
var〈16〉
↓
LeakyRelu
↓
MaxPool
↓
Conv
W〈32×16×3×3〉
↓
BatchNormalization
scale〈32〉
B〈32〉
mean〈32〉
var〈32〉
↓
LeakyRelu
↓
MaxPool
↓
Conv
W〈64×32×3×3〉
↓
BatchNormalization
scale〈64〉
B〈64〉
mean〈64〉
var〈64〉
↓
LeakyRelu
↓
MaxPool
↓
Conv
W〈128×64×3×3〉
↓
BatchNormalization
scale〈128〉
B〈128〉
mean〈128〉
var〈128〉
↓
LeakyRelu
↓
MaxPool
↓
Conv
W〈256×128×3×3〉
↓
BatchNormalization
scale〈256〉
B〈256〉
mean〈256〉
var〈256〉
↓
LeakyRelu
↓
MaxPool
↓
Conv
W〈512×256×3×3〉
↓
BatchNormalization
scale〈512〉
B〈512〉
mean〈512〉
var〈512〉
↓
LeakyRelu
↓
MaxPool
↓
Conv
W〈1024×512×3×3〉
↓
BatchNormalization
scale〈1024〉
B〈1024〉
mean〈1024〉
var〈1024〉
↓
LeakyRelu
↓
Conv
W〈1024×1024×3×3〉
↓
BatchNormalization
scale〈1024〉
B〈1024〉
mean〈1024〉
var〈1024〉
↓
LeakyRelu
↓
Conv
W〈125×1024×1×1〉
W〈125〉
↓ None×125×13×13
grid

Open Neural Network eXchange（ONNX）Model Zoo（https://github.com/onnx/models）で公開されているTiny YOLOv2モデルをNETRON（https://github.com/lutzroeder/Netron）を利用して可視化したもの

5

Tiny YOLO v2ニューラルネットワークの入出力

本章では、Jetson NanoでYOLOを利用した物体検出を行う方法を解説するのが目的なので、ネットワークそのものの解説ではなく、ネットワークの入出力について解説します。

入力画像データのグリッド

入力は416×416画素の画像です。1画素当たり赤（R）、緑（G）、青（B）のデータから構成され、各データは0～255の範囲で表現されます。0が最も暗く、255が最も明るい値です（公開されているYOLOネットワークの中には、あらかじめ正規化された値を入力値として想定するものもあります。その場合の最小値は0.0、最大値は1.0です）。

一方、出力は検出された物体のバウンディングボックス（位置、サイズ、物体が含まれる信頼度）と識別可能な20クラスそれぞれの検出スコアです。次図のような13×13、計169個のグリッドごとに、後述する5個の検出結果が出力されます。この5個という数字は、後述するアンカーボックスの数からくるものです。32×32画素のブロックでグリッドの1マスが構成されます。

●Tiny YOLO v2入力データのグリッド

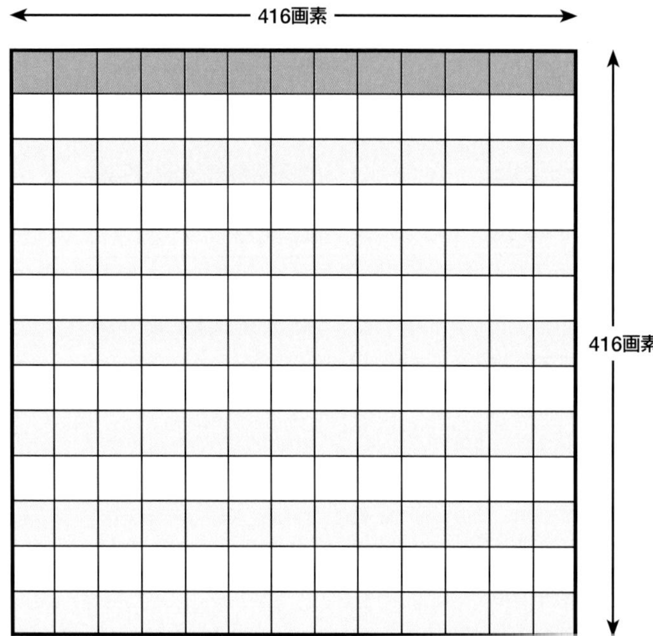

アンカーボックス

YOLOアルゴリズムでは、あらかじめ形状が決められた「**アンカーボックス**」と呼ばれる、標準的なバウンディングボックスを用意しておきます。アンカーボックスのサイズは検出したい物体の形状傾向に合わせて、学習時に決定します。ニューラルネットワークは、このアンカーボックスからの相対的な位置とサイズを予測します。なお、Tiny YOLO v2のアンカーボックスは5個です。

バウンディングボックスの算出方法

Tiny YOLO v2の場合、前述したグリッドの1マスごとに5個のアンカーボックスを想定した予測値が出力されます。この予測値は、バウンディングボックス候補を表現するために5個の値（t_x, t_y, t_w, t_h, t_o）と、20クラスそれぞれの存在確率を表すデータです。

よってネットワーク出力の全要素数は次のとおりとなります。

13×13×5×（5+20）=21,125個

t_xとt_yは位置、t_wとt_hはサイズ、t_oはバウンディングボックスの信頼度を表します。バウンディングボックスの位置およびサイズを得るには、次の計算式による変換が必要です。通常はニューラルネットワークの外で計算します。

$$b_x = \sigma(t_x) + c_x$$
$$b_y = \sigma(t_y) + c_y$$
$$b_w = p_w e^{tw}$$
$$b_h = p_h e^{th}$$
$$p_r(\text{object}) * \text{IOU}(b, \text{object}) = \sigma(t_o)$$

$\sigma(x)$は、ニューラルネットワークの活性化関数などで広く用いられるシグモイド関数です。

（c_x, c_y）はグリッドを基準としたオフセット、（b_x, b_y）は予測されたバウンディングボックス候補の位置を示します。

(b_x, b_y)はバウンディングボックスの中心であることに注意してください。

一方、（p_w, p_h）はアンカーボックスのサイズ、（b_w, b_h）は予測されたバウンディングボックスのサイズです。

バウンディングボックスの信頼度t_oにシグモイド関数を適用した値は、バウンディングボックスに物体が含まれる確率p_r（object）と予測されたバウンディングボックスがどれだけ正確かを表すIOU（b, object）の積を表現します。なお、実際のプログラムでは、位置とサイズに関して、画素を単位とした縮尺に変換する処理が加わります。

●YOLOアルゴリズムにおけるバウンディングボックスの算出方法

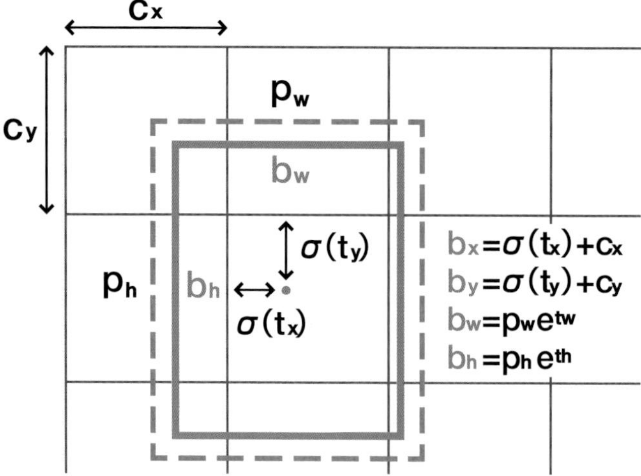

出典：Joseph Redmon, Ali Farhadi. YOLO9000: Better, Faster, Stronger.
(https://arxiv.org/abs/1612.08242)

非最大値の抑制

同一物体に対して、複数のバウンディングボックスが検出されてしまうことがあります。それを防ぐため、局所的に最大スコアのバウンディングボックスのみを表示して、その他を抑制するのが「**非最大値の抑制**」(Non-Maximum Suppression：**NMS**)です。**IoU**(Intersection over Union)という指標でバウンディングボックスの重なり度を評価して、このIoUが大きいバウンディングボックス同士は同じ物体を検出していると考えて、その中で最大スコアを持つバウンディングボックスを採用して、それ以外は捨てます。

こうしてようやく、バウンディングボックスが求まります。

●IoU（Intersection over Union）

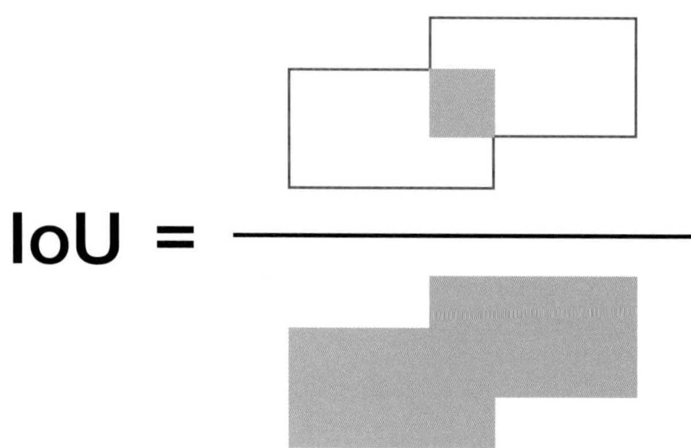

●NMS処理を無効化した場合の検出例

Tiny YOLO v2を利用した検出でNMS処理のみを無効化して実験。最大スコアのバウンディングボックスの付近にも、それより低スコアのバウンディングボックスが確認できる

●NMS処理を有効化した場合の検出例

NMS処理を有効化した以外は上図と同じ条件

ONNXとTensorRT

Jetson Nanoは深層学習の推論フェーズでその威力を発揮します。その際に問題となるのが、学習済みモデルのデータ形式にどれを選択するか、そして効率良く推論を行う方法です。前者は学習済みモデルの共通形式である「ONNX」に、後者はNVIDIAの「TensorRT」に期待が集まっています。

学習済みモデルの共通形式「ONNX」

ディープニューラルネットワークの学習済みモデルの形式は、深層学習フレームワークごとに異なるのが普通でした。しかし、最近では共通形式が提唱されています。共通形式の代表格が、Facebook社とマイクロソフト社が中心となって開発したコミュニティプロジェクトである**Open Neural Network Exchange**（**ONNX**）です。このONNX形式に変換してしまえば、深層学習フレームワーク間でニューラルネットワークモデルの交換が可能になります。

深層学習フレームワークに加えて、推論エンジンなどもこのONNXへの対応を進めていて、後述するNVIDIA TensorRTもONNX形式の学習済みモデルをインポートすることができます。ONNXのウェブサイトでは数々の学習済みモデルがONNX形式で公開されています。

●ONNXモデルによる深層学習フレームワークの相互運用性

TensorRTとは？

NVIDIA社が提供する、深層学習推論のためのプラットフォームが**TensorRT**です。各種深層学習フレームワークにより処理された学習済みのモデルによる推論を、NVIDIA GPU向けに最適化して実行できます。深層学習フレームワークは学習だけでなく、推論にも利用できますが、それと比較してTensorRTは非常に高速な推論を実現します。TensorRT（v7.1）のワークフローは次の3通りです。

- 深層学習フレームワークが生成した学習済みモデルをインポート
- TensorFlowからTensorRTを利用
- TensorRT APIを利用

TensorRTのワークフロー

深層学習フレームワークが生成した学習済みモデルをインポートする

次節「Chapter 5-4 物体検出アプリケーション」で取り上げるのが、この深層学習フレームワークが生成した学習済みモデルをインポートする方法です。TensorRTはCaffe、TensorFlow v1.x、ONNX形式のニューラルネットワークモデルをTensorRTで読み込み、最適化してTensorRT形式のニューラルネットワークモデル(「TensorRTシリアライズドエンジン」または「TensorRTプラン」と呼ばれます)に変換します。処理は多少時間がかかりますが、変換後はTensorRTシリアライズドエンジンをファイル化して再利用できますので、時間がかかるのは最初の一度だけです。

なお、記事執筆時点のTensorRT(v7.1)ではすべてのニューラルネットワーク層に対応していないため、上記の変換が必ず成功する保証はありません。未対応層に対応するため、ユーザーがTensorRTのカスタム層を実装する機能が用意されています。

●学習済みモデルをTensorRTにインポート

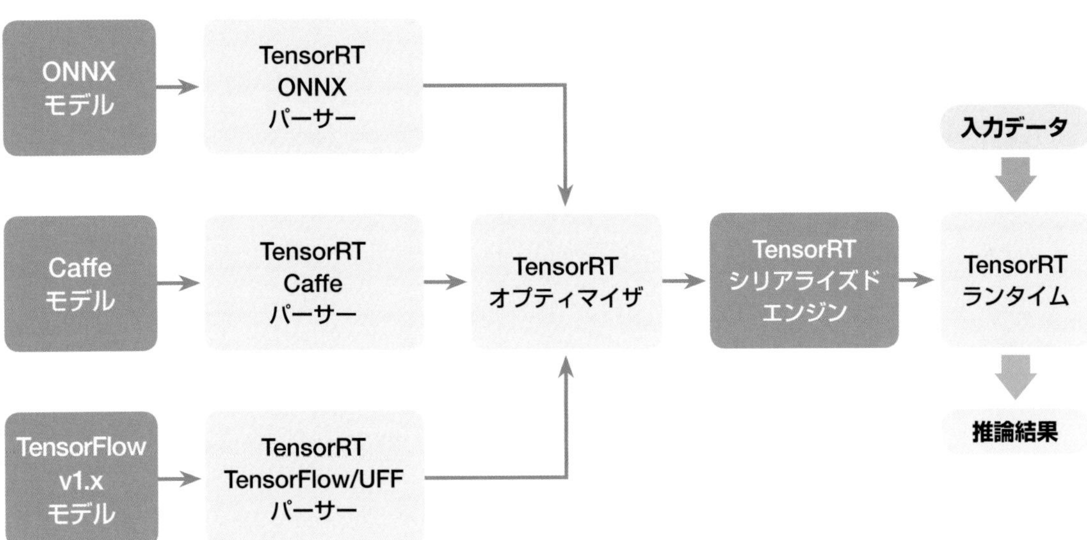

TensorFlowからTensorRTを利用

TensorRTはTensorFlowに統合されており、TensorFlowからTensorRTの機能を利用できます。この仕組みは「**TF-TRT**」と呼ばれ、TensorRT対応のニューラルネットワーク層はTensorRTで最適化され、そうでない層はTensorFlowでそのまま処理されます。ニューラルネットワークモデルのすべてをTensorRT形式へ変換する方法に比べると、多少パフォーマンスは劣りますが簡単に利用できるのが利点です。

TF-TRTを利用する手順は次のとおりです。

■ SavedModel形式のモデルを利用する場合（TensorFlow 2.xの場合はこれを選択）

1. **学習済みのTensorFlowモデルをSavedModel形式で保存**
2. **SavedModel形式モデルをTensorRTで最適化**
3. **最適化されたSavedModel形式モデルをTensorFlowにロード**
4. **TensorFlowで推論を実行**

■ フローズングラフを利用する場合（フローズングラフはTensorFlow 1.xでのみ利用可能）

1. **学習済みのTensorFlowモデルからフローズングラフ**
（モデル内の変数がすべて定数に変換された状態のグラフ）を生成
2. **フローズングラフをTensorRTで最適化**
3. **最適化されたTensorFlowグラフをTensorFlowにロード**
4. **TensorFlowで推論を実行**

TensorRT APIを利用

TensorRTが提供するAPIを使って、直接ニューラルネットワークモデルを定義することもできます。ニューラルネットワークの重み値とバイアス値は、深層学習フレームワークで学習したものを、TensorRT APIを使って入力します。

物体検出アプリケーション

カメラ画像で物体検出を行い、その結果を直ちにディスプレイ上で表示するアプリケーションをJetson Nano開発者キットで試してみましょう。インターネットで公開されている学習済みモデルを利用しますので、深層学習用の計算環境を持たなくても試せます。

アプリケーションの概要

USBカメラから入力した画像を対象としてYOLOアルゴリズムによる物体検出を行い、その結果を直ちにディスプレイ上で表示するアプリケーション（物体検出アプリケーション）をJetson Nano開発者キットで試してみましょう。ONNXのウェブサイトで公開されているTiny YOLO v2の学習済みモデルをTensorRTシリアライズドエンジンへ変換して、TensorRTにより物体検出を行います。画像入力はJetson Nano開発者キットに接続したウェブカメラから行い、検出結果はすぐにディスプレイへ表示します。

TensorRTの利用

本アプリケーションはNVIDIA TensorRTリリースに含まれるサンプルプログラムの1つである「Object Detection With The ONNX TensorRT Backend In Python」（以降、yolov3_onnx）からヒントを得て作成しました。

● **Object Detection With The ONNX TensorRT Backend In Python**
https://docs.nvidia.com/deeplearning/sdk/tensorrt-sample-support-guide/index.html#yolov3_onnx

yolov3_onnxサンプルプログラムは、画像ファイルからの入力を対象に物体検出を行い、結果をファイルに書き出します。しかし、カメラから映像を取り込みながら連続的に物体検出をJetson Nanoで行う場合、YOLO v3は少し処理が重いです。

そのため、ここで紹介する物体検出アプリケーションは、Chapter 5-2で紹介したTiny YOLO v2アルゴリズムを利用しています。ニューラルネットワークの出力からバウンディングボックスを生成するための処理は両アルゴリズムでほぼ同じであるため、その部分に関してはyolov3_onnxサンプルプログラムの後処理コードを再利用しています。ただし、アンカーの数が両アルゴリズムで異なるため、任意のアンカー数を設定できるようにyolov3_onnxの後処理コードを変更しています。

認識可能なカテゴリ

yolov3_onnxサンプルプログラムは80カテゴリのCOCOデータセットで学習されたニューラルネットワークモデルを使用していますが、本アプリケーションで使用したTiny YOLO v2ニューラルネットワークモデルは20カテゴリのPascal VOCデータセットで学習したモデルを利用しています。

このPascal VOCデータセットはPascal VOC Challengeという物体認識コンペのために収集されインターネット公開されたラベル付きの画像データで、コンペが終了した現在もダウンロード可能です。なお、20カテゴリは以下のとおりで、本アプリケーションもこれら20種類を認識可能です。

- **人**
- **動物**　・鳥　・猫　・牛　・犬　・馬　・羊
- **乗り物**　・航空機　・自転車　・ボート　・バス　・自動車　・オートバイ　・列車
- **屋内**　・瓶　・椅子　・食卓　・鉢植えの植物　・ソファー　・テレビモニター

カメラ

本書では、次のカメラを使用しました。ほとんどのUSBウェブカメラで対応できるはずです。また、Raspberry Piの公式カメラモジュールであるRaspberry Pi Camera Module V2でも動作します。

● **ロジクール C270N HD WEBCAM（https://www.logicool.co.jp/ja-jp/product/hd-webcam-c270n）**

プログラムの構成

アプリケーションの処理フロー

物体検出アプリケーションの処理の流れを次ページの図に表しました。学習済みニューラルネットワークモデルを読み込んだあとはカメラ画像の取り込み、物体検出、検出結果表示を繰り返します。

学習済みニューラルネットワークモデルは、アプリケーションの中でGitHub ONNX Model ZOOリポジトリ（https://github.com/onnx/models）からダウンロードして展開します。また、検出物体のIDから物体名を参照するためのラベルファイルもアプリケーションの中でGitHub Darknetリポジトリ（https://github.com/pjreddie/darknet）からダウンロードします。

「クラスラベルのダウンロード」と、「ニューラルネットワークモデルのダウンロード」は、ローカルに存在しない場合のみ実行します。「ニューラルネットワークモデルの読み込み」は、ローカルにTensorRTシリアライズドエンジンが存在する場合はそのファイルから、そうでない場合はダウンロードしたONNXファイルから読み込みます。

カメラからの画像取り込みとディスプレイに検出結果を表示する部分には、**OpenCV**を使用しています。

●アプリケーションの処理フロー

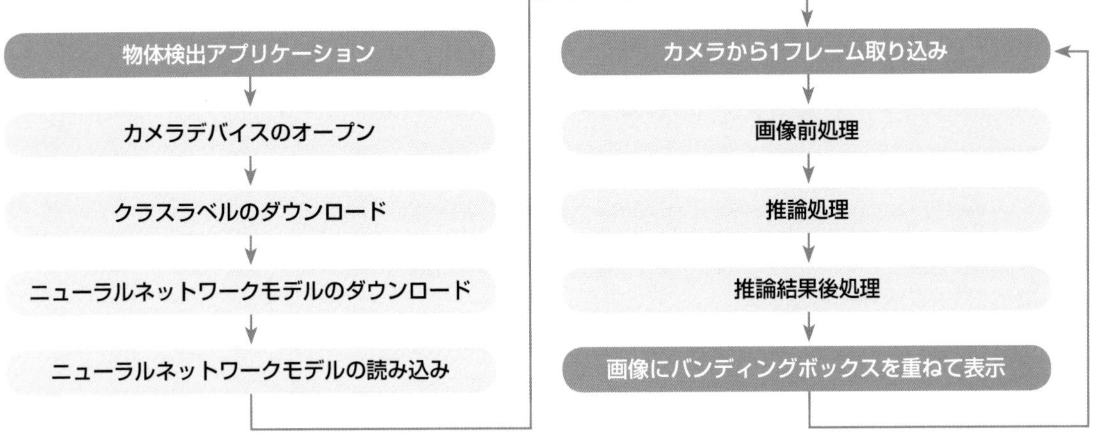

5

ソースコード

アプリケーションの主要部分であるtiny_yolov2_onnx_cam.pyを次に示します。なお、アプリケーションの全コードは、次のGitHubリポジトリからダウンロードできます。

https://github.com/tsutof/tiny_yolov2_onnx_cam

●USBカメラの画像YOLOアルゴリズムによる物体検出をし、結果をディスプレイ上で表示するアプリケーション

tiny_yolov2_onnx_cam.py

```
#!/usr/bin/env python3
# -*- coding: utf-8 -*-

#
# Copyright (c) 2019-2021 Tsutomu Furuse
#

from __future__ import print_function

from data_processing import PostprocessYOLO, load_label_categories
from get_engine import get_engine
import cv2
import numpy as np
import tensorrt as trt
import pycuda.driver as cuda
import pycuda.autoinit
import sys
import os
```

次ページへ

```
import common
import wget
import tarfile
import time
import argparse

FPS = 30
GST_STR_CSI = 'nvarguscamerasrc \
    ! video/x-raw(memory:NVMM), width=(int)%d, height=(int)%d, ⏎
format=(string)NV12, framerate=(fraction)%d/1, sensor-id=%d \
    ! nvvidconv ! video/x-raw, width=(int)%d, height=(int)%d, ⏎
format=(string)BGRx \
    ! videoconvert \
    ! appsink'
WINDOW_NAME = 'Tiny YOLO v2'
INPUT_RES = (416, 416)
MODEL_URL = 'https://github.com/onnx/models/raw/master/vision/object_detection_⏎
segmentation/tiny-yolov2/model/tinyyolov2-8.tar.gz'
LABEL_URL = 'https://raw.githubusercontent.com/pjreddie/darknet/master/data/⏎
voc.names'

# バウンディングボックス描画関数
def draw_bboxes(image, bboxes, confidences, categories, all_categories, 
message=None):
    for box, score, category in zip(bboxes, confidences, categories):
        x_coord, y_coord, width, height = box
        img_height, img_width, _ = image.shape
        left = max(0, np.floor(x_coord + 0.5).astype(int))
        top = max(0, np.floor(y_coord + 0.5).astype(int))
        right = min(img_width, np.floor(x_coord + width + 0.5).astype(int))
        bottom = min(img_height, np.floor(y_coord + height + 0.5).astype(int))
        cv2.rectangle(image, \
            (left, top), (right, bottom), (0, 0, 255), 3)
        info = '{0} {1:.2f}'.format(all_categories[category], score)
        cv2.putText(image, info, (right, top), \
                cv2.FONT_HERSHEY_SIMPLEX, 1, (0, 0, 255), 1, cv2.LINE_AA)
        print(info)
    if message is not None:
        cv2.putText(image, message, (32, 32), \
            cv2.FONT_HERSHEY_SIMPLEX, 1, (0, 0, 255), 1, cv2.LINE_AA)

# メッセージ表示関数
def draw_message(image, message):
    cv2.putText(image, message, (32, 32), \
        cv2.FONT_HERSHEY_SIMPLEX, 1, (0, 0, 255), 1, cv2.LINE_AA)

# OpenCVで取り込んだ画像をTiny YOLO v2ネットワーク用にデータの並びを変換する関数
def reshape_image(img):
    # 8ビット整数から32ビット浮動小数点へ変換
    img = img.astype(np.float32)
```

次ページへ

```
    # HWCからCHWへ変換
    img = np.transpose(img, [2, 0, 1])
    # CHWからNCHWへ変換
    img = np.expand_dims(img, axis=0)
    # row-major並びへ変換
    img = np.array(img, dtype=np.float32, order='C')
    return img

# 指定したURLからファイルをダウンロードする関数
# 既に存在する場合はダウンロードしない
def download_file_from_url(url):
    file = os.path.basename(url)
    if not os.path.exists(file):
        print('\nDownload from %s' % url)
        wget.download(url)
    return (file)

# ラベルファイルをダウンロードする関数
def download_label():
    file = download_file_from_url(LABEL_URL)
    categories = load_label_categories(file)
    num_categories = len(categories)
    assert(num_categories == 20)
    return (categories)

# ONNXモデルファイルをダウンロードする関数
# ダウンロード後アーカイブファイルを展開する
def download_model():
    file = download_file_from_url(MODEL_URL)
    tar = tarfile.open(file)
    infs = tar.getmembers()
    onnx_file = None
    for inf in infs:
        f = inf.name
        _, ext = os.path.splitext(f)
        if ext == '.onnx':
            onnx_file = f
            break
    if not os.path.exists(onnx_file):
        tar.extract(onnx_file)
    tar.close()
    return (onnx_file)

# メイン関数
def main():
    # コマンドラインオプションのパース
    parser = argparse.ArgumentParser(description='Tiny YOLO v2 Object Detector')
    parser.add_argument('--camera', '-c', \
        type=int, default=0, metavar='CAMERA_NUM', \
        help='Camera number')
```

次ページへ

5

```
    parser.add_argument('--csi', \
        action='store_true', \
        help='Use CSI camera')
    parser.add_argument('--width', \
        type=int, default=1280, metavar='WIDTH', \
        help='Capture width')
    parser.add_argument('--height', \
        type=int, default=720, metavar='HEIGHT', \
        help='Capture height')
    parser.add_argument('--objth', \
        type=float, default=0.6, metavar='OBJ_THRESH', \
        help='Threshold of object confidence score (between 0 and 1)')
    parser.add_argument('--nmsth', \
        type=float, default=0.3, metavar='NMS_THRESH', \
        help='Threshold of NMS algorithm (between 0 and 1)')
    args = parser.parse_args()

    if args.csi or (args.camera < 0):
        if args.camera < 0:
            args.camera = 0
        # MIPI-CSI接続カメラ（Raspberry Piカメラv2など）をオープンする
        gst_cmd = GST_STR_CSI \
            % (args.width, args.height, FPS, args.camera, args.width, args.⏎
height)
        cap = cv2.VideoCapture(gst_cmd, cv2.CAP_GSTREAMER)
    else:
        # V4L2カメラ（USBカメラなど）をオープンする
        cap = cv2.VideoCapture(args.camera)
        # 画像取り込みパラメータを設定する
        cap.set(cv2.CAP_PROP_FRAME_WIDTH, args.width)
        cap.set(cv2.CAP_PROP_FRAME_HEIGHT, args.height)

    act_width = args.width
    act_height = args.height
    frame_info = 'Frame:%dx%d' %  (act_width, act_height)

    # ラベルをダウンロードする
    categories = download_label()

    # 後処理の設定
    postprocessor_args = {
        # YOLOマスク（Tiny YOLO v2の場合は1スケールのみ）
        "yolo_masks": [(0, 1, 2, 3, 4)],
        # YOLOアンカー
        "yolo_anchors": [(1.08, 1.19), (3.42, 4.41), (6.63, 11.38), ⏎
(9.42, 5.11), (16.62, 10.52)],
        # 物体検出の閾値（0から1）
        "obj_threshold": args.objth,
        # 非最大値抑制アルゴリズムの閾値（0から1）
        "nms_threshold": args.nmsth,
```

次ページへ

```
        # 入力画像の解像度
        "yolo_input_resolution": INPUT_RES,
        # 検出カテゴリ（クラス）数
        "num_categories": len(categories)}
    postprocessor = PostprocessYOLO(**postprocessor_args)

    # 後処理に入力するデータの形状
    output_shapes = [(1, 125, 13, 13)]

    # ONNXモデルをダウンロードする
    onnx_file_path = download_model()

    # ローカルに保存するTensorRTシリアライズドエンジンのファイル名を指定する
    engine_file_path = 'model.trt'

    time_list = np.zeros(10)

    # TensorRTにモデルを読み込む
    with get_engine(onnx_file_path, engine_file_path) as engine, \
        engine.create_execution_context() as context:

        # TensorRT用にバッファメモリを割り当てる
        inputs, outputs, bindings, stream = common.allocate_buffers(engine)

        fps = 0.0
        frame_count = 0

        while True:
            # フレームの開始時刻を記録する
            start_time = time.time()

            # カメラからフレーム（画像）を読み込む
            ret, img = cap.read()
            if ret != True:
                continue

            # Tiny YOLO v2ネットワーク入力用に画像データの形状を変換する
            rs_img = cv2.resize(img, INPUT_RES)
            rs_img = cv2.cvtColor(rs_img, cv2.COLOR_BGRA2RGB)
            src_img = reshape_image(rs_img)

            # TensorRTで推論する
            inputs[0].host = src_img
            trt_outputs = common.do_inference(context, bindings=bindings, \
                inputs=inputs, outputs=outputs, stream=stream)

            # 後処理用にネットワーク出力データの形状を変換する
            trt_outputs = [output.reshape(shape) \
                for output, shape in zip(trt_outputs, output_shapes)]
```

次ページへ

```
            # 後処理を実行してバウンディングボックスを求める
            boxes, classes, scores \
                = postprocessor.process(trt_outputs, (act_width, act_height))

            # バウンディングボックスを描画する
            if boxes is not None:
                draw_bboxes(img, boxes, scores, classes, categories)
            if frame_count > 10:
                fps_info = '{0}{1:.2f}'.format('FPS:', fps)
                msg = '%s %s' % (frame_info, fps_info)
                draw_message(img, msg)

            # 検出結果を表示する
            cv2.imshow(WINDOW_NAME, img)

            # エスケープキーが押されたらプログラムを終了する
            key = cv2.waitKey(20)
            if key == 27: # ESC
                break

            # ウィンドウが閉じられたらプログラムを終了する
            if cv2.getWindowProperty(WINDOW_NAME, cv2.WND_PROP_AUTOSIZE) < 0:
                break

            # 1フレーム処理時間を計測してFPS値を算出する（10フレーム平均）
            elapsed_time = time.time() - start_time
            time_list = np.append(time_list, elapsed_time)
            time_list = np.delete(time_list, 0)
            avg_time = np.average(time_list)
            fps = 1.0 / avg_time

            frame_count += 1

    # カメラを開放
    cap.release()

    cv2.destroyAllWindows()

if __name__ == "__main__":
    main()
```

アプリケーションの実行

インストールの準備とインストール実行

アプリケーションのインストールは、次のようにコマンドをJetson Nanoの端末アプリで実行して行います。aptコマンドでリポジトリの更新を行ったあと、「python3-pip」「protobuf-compiler」「libprotoc-dev」「libjpeg-dev」「cmake」をインストールします（p.124でpipをインストールした場合、python3-pipのインストールは不要）。aptコマンドの実行には管理者権限が必要です。

次に、他のPythonモジュールのインストールに先立ち、Cythonモジュールをインストールします。これを最初に行わずに、numpyモジュールと一緒にCythonモジュールをインストールするとnumpyモジュールのインストールに失敗することがあります。

その後で、gitコマンドでgithubからtsutof/tiny_yolov2_onnx_camをダウンロードします。exportコマンドでCUDAコンパイラのパスを指定する環境変数を追加して、pipコマンドでrequirements.txtを利用してパッケージを一括インストールします。

なお、インターネットから必要なソフトウェアをダウンロードするのでJetson Nanoにはインターネット接続が必要です。ネットワーク回線の速度にも依存しますが、この作業には約30分を要します。

```
$ sudo apt update ⏎
$ sudo apt install python3-pip protobuf-compiler libprotoc-dev libjpeg-dev cmake ⏎
$ pip3 install --user cython ⏎
$ git clone https://github.com/tsutof/tiny_yolov2_onnx_cam ⏎
$ cd tiny_yolov2_onnx_cam ⏎
$ export PATH=$PATH:/usr/local/cuda/bin ⏎
$ python3 -m pip install -r requirements.txt ⏎
```

実行方法

インストールが完了したら、物体検出アプリケーションを実行します。最初に、Jetson Nanoを最大クロック周波数で動作させるために次のコマンドを実行してください。実行には管理者権限が必要です。

```
$ sudo nvpmodel -m 0 ⏎
$ sudo jetson_clocks ⏎
```

次に、物体検出アプリケーションのPythonスクリプトを実行します。実行の際、--cameraオプションでカメラIDを指定します。カメラIDはJetson Nanoに認識されているvideoデバイスのナンバーです。例えば、USBカメラが/dev/video0として認識されている場合は「0」です。

Jetson Nanoに複数のカメラが接続されている場合でも、カメラIDでそれぞれを指定できます。カメラIDの指定を省略すると、カメラIDを0として扱います。

なお、Raspberry Pi Camera Module V2を使用する場合は、--csiオプションも付けます。

●Raspberry Pi Camera Module V2を使用する場合

```
$ python3 tiny_yolov2_onnx_cam.py --camera 0 --csi ↵
```

USBカメラを使用する場合は、--csiオプションは付けません。

●USBカメラを使用した場合の例

```
$ python3 tiny_yolov2_onnx_cam.py --camera 0 ↵
```

tiny_yolov2_onnx_cam.pyに-hオプションを付けて実行すると、設定可能なすべてのオプションを表示します。

```
$ python3 tiny_yolov2_onnx_cam.py -h ↵
usage: tiny_yolov2_onnx_cam.py [-h] [--camera CAMERA_NUM] [--csi]
                               [--width WIDTH] [--height HEIGHT]
                               [--objth OBJ_THRESH] [--nmsth NMS_THRESH]

Tiny YOLO v2 Object Detector

optional arguments:
  -h, --help            show this help message and exit
  --camera CAMERA_NUM, -c CAMERA_NUM
                        Camera number
  --csi                 Use CSI camera
  --width WIDTH         Capture width
  --height HEIGHT       Capture height
  --objth OBJ_THRESH    Threshold of object confidence score (between 0 and 1)
  --nmsth NMS_THRESH    Threshold of NMS algorithm (between 0 and 1)
```

初回実行時の注意

初回実行時はニューラルネットワークモデルとラベルファイルをダウンロードしますので、Jetson Nanoがインターネットに接続されている必要があります。

また、ニューラルネットワークモデルをONNX形式からTensorRTシリアライズドエンジンへ変換しますので、これに約1分の時間を要します。次回実行時からはファイルとして保存されたTensorRTシリアライズドエンジンを使用しますので、短時間で起動します。

●物体認識アプリケーションの実行例

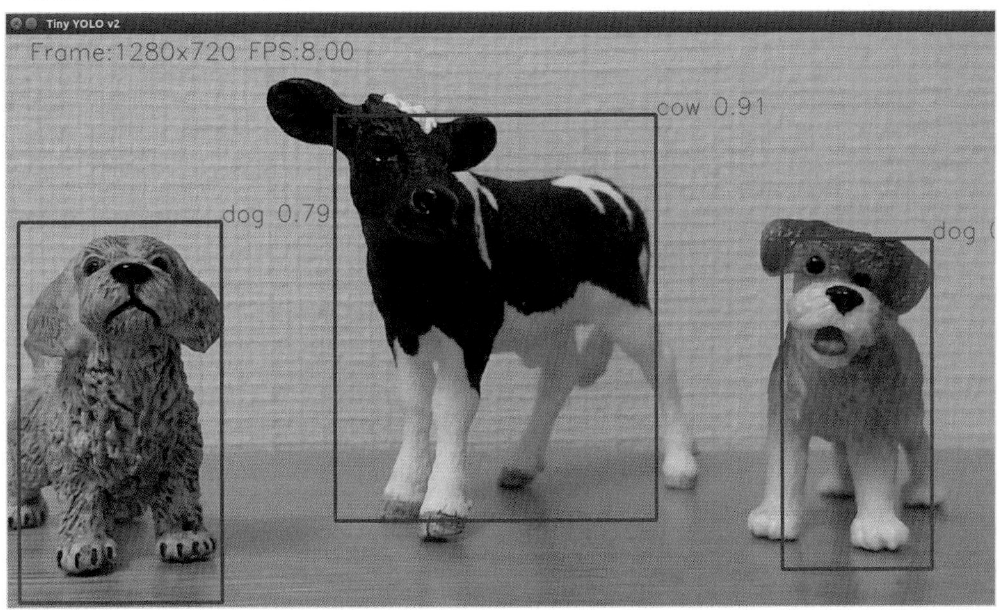

Chapter 5-5

Tiny YOLOV2とNode-REDで物体検出から機器を制御するアプリを作る考え方

Jetson Nanoのビジネス用途の1つに、監視カメラの映像をリアルタイムで解析しながら、その結果によって外部の機器を制御することが想定されます。ここではChapter 5-4で紹介した物体検出アプリケーションTiny YOLOV2の結果と、Chapter 2-3でインストールしたNode-REDを組み合わせて、USBカメラの映像から認識された物体の内容から、外部の機器を制御するアプリを作る考え方を紹介します。

全体の仕組み

Tiny YOLOV2のプログラムで認識された物体の情報を、MQTTという通信方法でMQTTブローカーに送り、MQTTブローカーは受け取ったデータをNode-REDに送ります。このNode-REDから外部機器を制御する信号を送ることができるのですが、本書で紹介するのはこのNode-REDまでの内容です。

TIny YOLOV2、MQTTブローカー、Node-REDもすべて同じJetson Nanoで動かします。多くの処理を動かすため、Jetson Nano 4GB（A02、B01）の場合、USBからの給電では電力不足になる恐れもあります。Chapter3-7で紹介している4AのACアダプターの用意をお勧めします（筆者はMicro USBからの給電でときおり落ちながらこの原稿を執筆しました）。

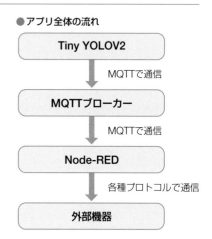

●アプリ全体の流れ

Tiny YOLOV2
↓ MQTTで通信
MQTTブローカー
↓ MQTTで通信
Node-RED
↓ 各種プロトコルで通信
外部機器

MQTTブローカーのインストール

MQTTブローカーをJetson Nanoにインストールするには「**mosquitto**」というオープンソースのソフトを使います。

●Mosquitto 公式サイト

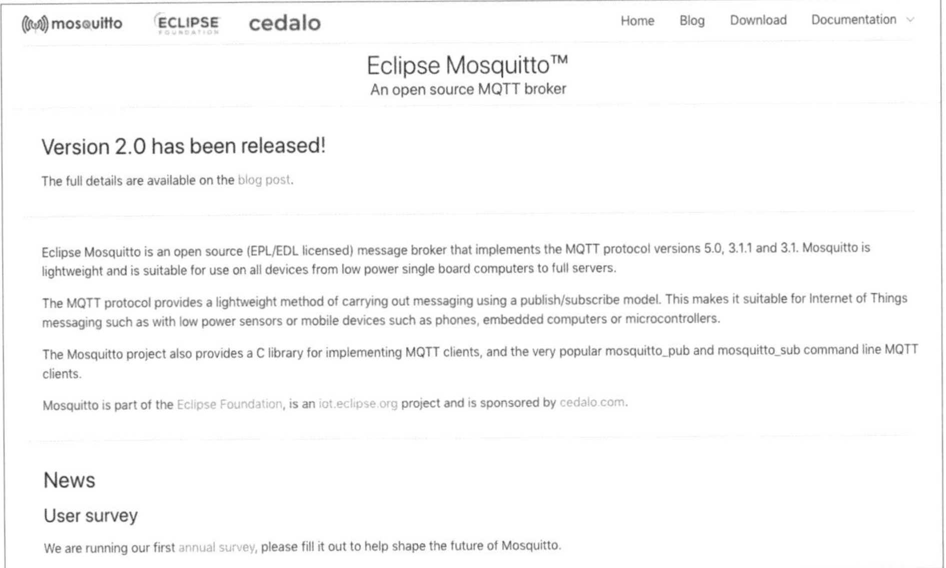

ターミナルを起動して、aptコマンドでmosquittoをインストールします。インストールには管理者権限が必要なのでsudoを付けて実行します。途中、インストール続行を確認する質問がでたら「y」(Yes)を入力してください。

```
$ sudo apt install mosquitto ⏎
Do you want to continue? [Y/n] y ⏎
```

NOTE aptコマンドの-yオプション

aptコマンドを実行する際に「-y」オプションを付けると、実行中の質問にすべてy(Yes)を返します。

インストールが完了したら、systemctlコマンドでmosquittoが起動しているか確認しましょう。active(running)と表示されていれば起動しています。

```
$ systemctl status mosquitto ⏎
● mosquitto.service - LSB: mosquitto MQTT v3.1 message broker
   Loaded: loaded (/etc/init.d/mosquitto; generated)
   Active: active (running) since Thu 2021-03-04 13:46:21 JST; 2min 40s ago
     Docs: man:systemd-sysv-generator(8)
    Tasks: 1 (limit: 2270)
   CGroup: /system.slice/mosquitto.service
           └─21306 /usr/sbin/mosquitto -c /etc/mosquitto/mosquitto.conf

 3月 04 13:46:21 jetson-desktop systemd[1]: Starting LSB: mosquitto MQTT v3.1 me
```

```
 3月 04 13:46:21 jetson-desktop mosquitto[21266]:  * Starting network daemon: mo
 3月 04 13:46:21 jetson-desktop mosquitto[21266]:    ...done.
 3月 04 13:46:21 jetson-desktop systemd[1]: Started LSB: mosquitto MQTT v3.1 mes
lines 1-12/12 (END)
```

Jetson NanoのIPアドレスの確認

今回、Tiny YOLOV2、MQTTブローカー、Node-REDと3種類のプログラムを動かしますが、それぞれのプログラムでMQTTを使ってデータを送る際に、Jetson Nanoのネットワークデバイスに設定されたIPアドレスの情報が必要になります。IPアドレスは、ネットワーク上のJetson Nanoの住所のようなものです。

Jetson NanoのIPアドレスを調べるには「ip a」コマンドを用います。ターミナルを起動して次のように実行します。「1:」から連番で複数のネットワークデバイスの情報が表示されます。有線LANの場合は「eth0:」(例では「3:」のデバイス)、無線LANの場合は「wlan0:」(例では「4:」のデバイス)に設定されているIPアドレスを確認します。次の例では「4: wlan0:」の「192.168.1.7」がJetson Nanoに設定されているIPアドレスです。この値は環境によって異なるので、必ず手元環境で確認してください。

```
$ ip a
1: lo: <LOOPBACK,UP,LOWER_UP> mtu 65536 qdisc noqueue state UNKNOWN group default
qlen 1
    link/loopback 00:00:00:00:00:00 brd 00:00:00:00:00:00
    inet 127.0.0.1/8 scope host lo
       valid_lft forever preferred_lft forever
    inet6 ::1/128 scope host
       valid_lft forever preferred_lft forever
2: dummy0: <BROADCAST,NOARP> mtu 1500 qdisc noop state DOWN group default qlen 1000
    link/ether 2a:5b:73:da:ab:c7 brd ff:ff:ff:ff:ff:ff
3: eth0: <NO-CARRIER,BROADCAST,MULTICAST,UP> mtu 1500 qdisc pfifo_fast state DOWN
group default qlen 1000
    link/ether 48:b0:2d:2e:26:39 brd ff:ff:ff:ff:ff:ff
4: wlan0: <BROADCAST,MULTICAST,UP,LOWER_UP> mtu 1500 qdisc mq state UP group defau
lt qlen 1000
    link/ether 28:ee:52:0e:d2:69 brd ff:ff:ff:ff:ff:ff
    inet 192.168.1.7/24 brd 192.168.1.255 scope global dynamic noprefixroute wlan0
       valid_lft 11058sec preferred_lft 11058sec
    inet6 2001:240:2975:5800:f854:f5e8:9b11:6fbc/64 scope global temporary dynamic
       valid_lft 14249sec preferred_lft 12253sec
    inet6 2001:240:2975:5800:81e3:f38a:a40f:e89b/64 scope global temporary deprecat
ed dynamic
       valid_lft 14249sec preferred_lft 0sec
    inet6 2001:240:2975:5800:5dcf:6dcc:7079:a534/64 scope global temporary deprecat
ed dynamic
       valid_lft 14249sec preferred_lft 0sec
    inet6 2001:240:2975:5800:37dd:9948:dbf9:457/64 scope global dynamic mngtmpaddr
noprefixroute
       valid_lft 14249sec preferred_lft 14249sec
```

```
    inet6 fe80::d03:399e:ea6c:8ada/64 scope link noprefixroute
       valid_lft forever preferred_lft forever
(以下略)
```

NOTE 複数IPアドレスがある場合も

IPアドレスは機器に備わるネットワークデバイスそれぞれに設定されるので、Jetson Nanoの有線と無線の両方を使用している場合などでは複数のIPアドレスが設定されていることもあります。

NOTE ifconfigコマンド

本書ではipコマンドを用いましたが、ifconfigコマンドでもIPアドレスの確認ができます。

なお、自動でネットワーク設定が施される環境（DHCP）では、IPアドレスは変わる場合があります。毎回確認しましょう。

Node-REDの起動

Chapter 2-3でインストールしたNode-REDを立ち上げます。

Jetson Nano 4GBの場合は、コンピューターを検索（Search your computer）アイコンをクリックして「nodered」と入力すると表示されるNode-REDのアイコンをダブルクリックして起動してください。

●Node-REDの起動

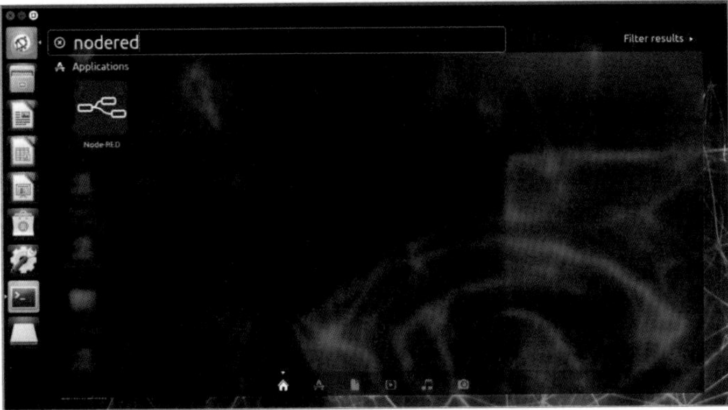

Chromium Web Browser起動して、「http://localhost:1880」へアクセスします。

●http://localhost:1880へアクセスする

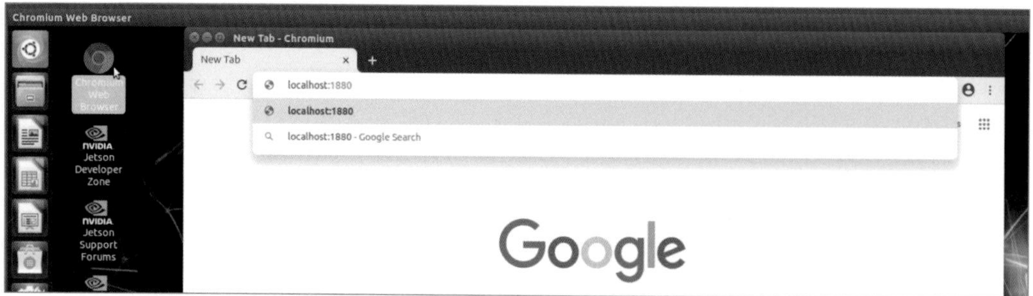

Jetson Nano 2GBの場合は、アプリケーションメニュー（ ）➡「run」を選択して表示されたウインドウで、「node-red.desctop-launch」と入力（入力中に候補に表示されます）して「OK」ボタンをクリックします。するとブラウザが起動して「http://localhost:1880」へアクセスします。

●node-red.desctop-launchを実行する

Node-REDが起動しました。

●Node-REDの画面

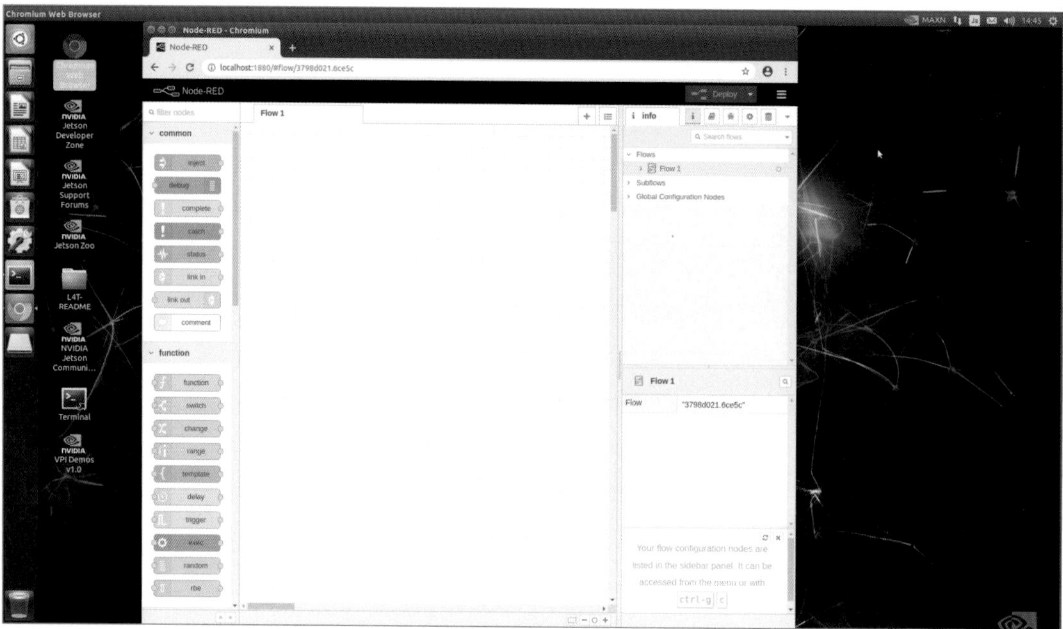

Node-REDを試してみる

まずは簡単にNode-REDを試してみましょう。左カラムにある「inject」を、右側のスペースにマウスでドラッグ&ドロップします。

●injectノードの挿入

次に、「debug」をドラッグ&ドロップします。

●injectノードの挿入

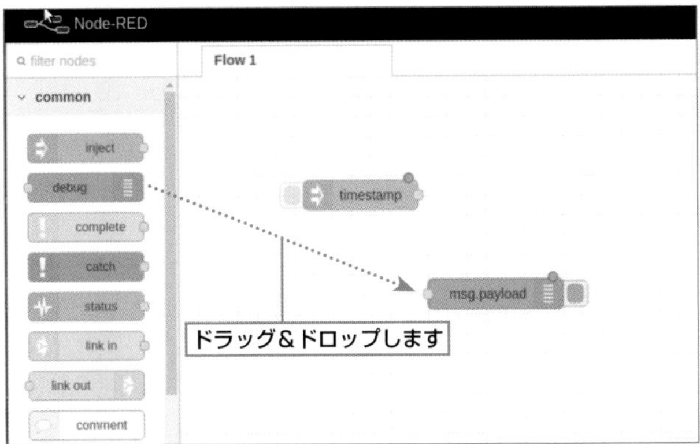

Injectノードとdebugノードの間の線をマウスカーソルでなぞって繋ぎ、画面右上の「Deploy」ボタンをクリックします。

●injectノードとdebugノードを繋ぐ

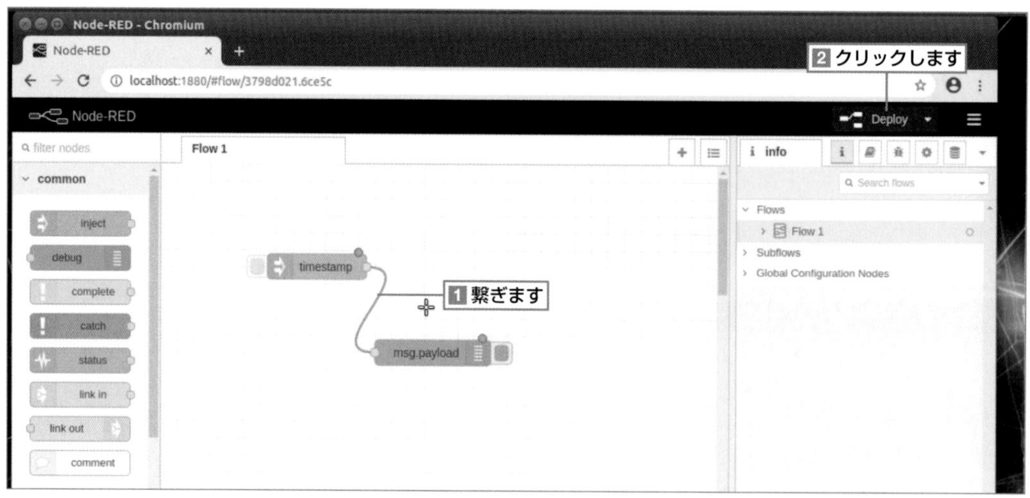

これで簡単なフロー（プログラム）ができました。

次に、画面右上の アイコンをクリックしてdebugタブを開きます。

●debugタブに切り替える

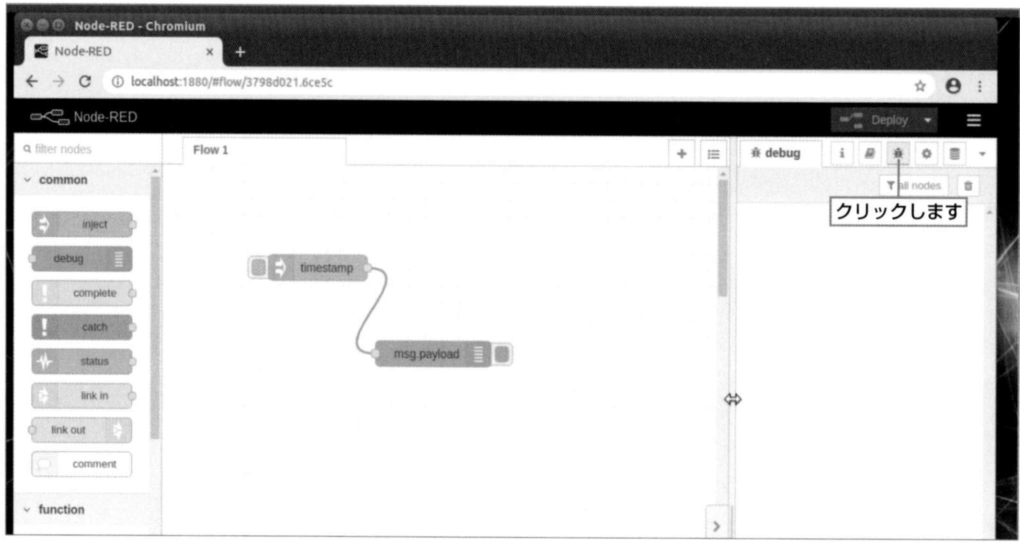

injectノードの 部分をマウスでクリックすると、右のdebugタブにメッセージが表示されることを確認してください。injectノードのボタンが押されるたびに、その時点のタイムスタンプがdebugノードに送られ、その内容が右側のdebugタブに表示されます。

●debugタブに情報が表示されている

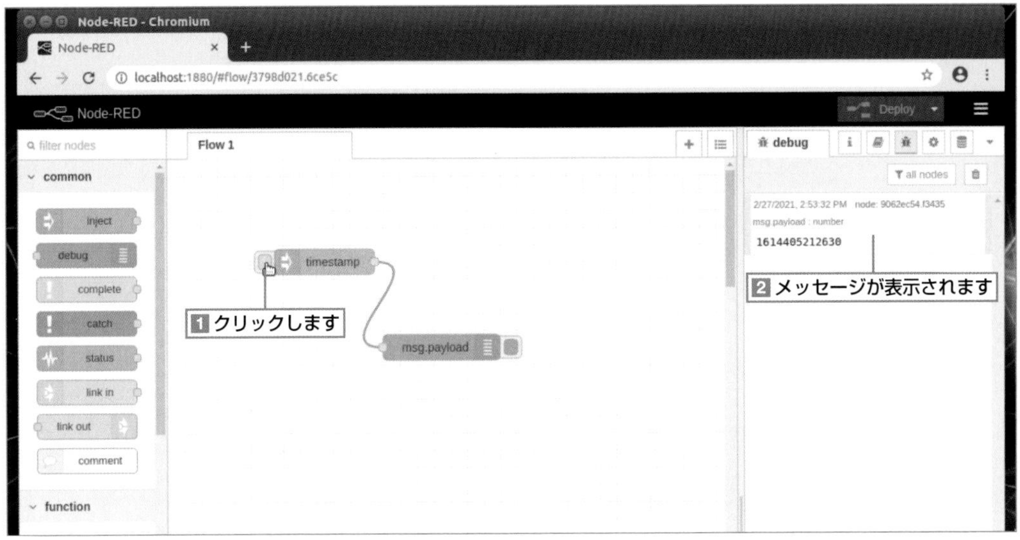

MQTTノードを使ってフローを作る

Node-REDではフローを作るのに使用できるノードが左カラムに表示されます。スクロールして下の方を探すと「network」欄に「mqtt in」と「mqtt out」ノードが見つかります。

●debugタブにする

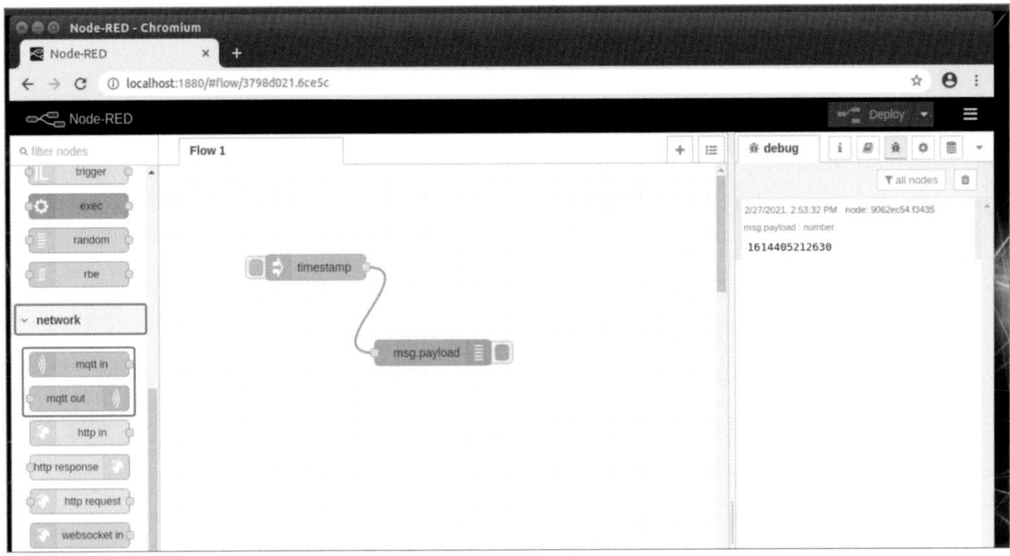

この2つのノードをドラッグ＆ドロップしてフローを作りましょう。

injectノードとmqtt outノードを繋ぎ、mqtt inノードとdebugノードを繋ぎます。

injectノードとdebugノードの間の線はマウスでクリックするとオレンジ色になるので、DELキーを押して削除してください。

●mqtt inとmqtt outノードを追加する

次にmqttの設定を行います。mqtt inノードをダブルクリックしてmqtt inノードの編集画面を開き、「Add new mqtt-broker」横のアイコンをクリックします。

●mqtt inノードを編集

「Server」欄にJetson NanoのIPアドレスを入力し、画面右上の「Add」ボタンをクリックします。

●Jetson NanoのIPアドレスを入力

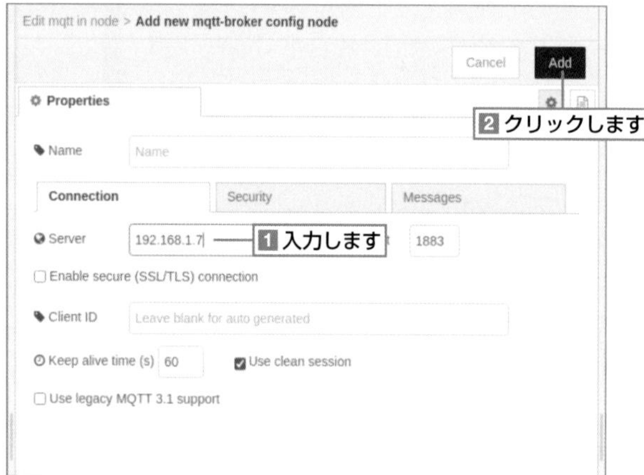

Server欄には、入力したJetson NanoのIPアドレスに「:1883」（ポート番号）が追加されて表示されます。

次は「Topic」欄に「test」と入力し、画面右上の「Done」ボタンをクリックします。これでmqtt inノードの設定は完了です。

●topic欄にtestと入力

次に、mqtt outノードの設定をします。

mqtt outノードをダブルクリックします。「Server」欄にJetson NanoのIPアドレスとポート番号が表示されているのを確認します。「Topic」欄に「test」と入力し、画面右上の「Done」ボタンをクリックします。

●topicにはtestと入力

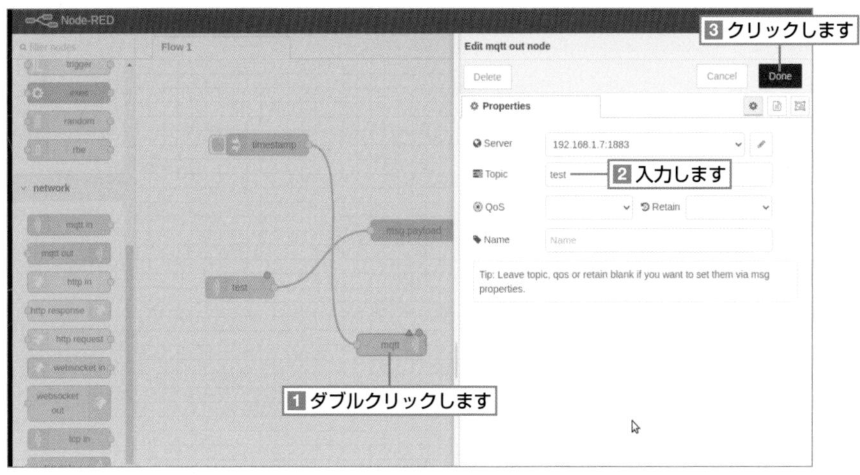

フローができたので、画面右上の「Deploy」ボタンをクリックします。

●Deployする

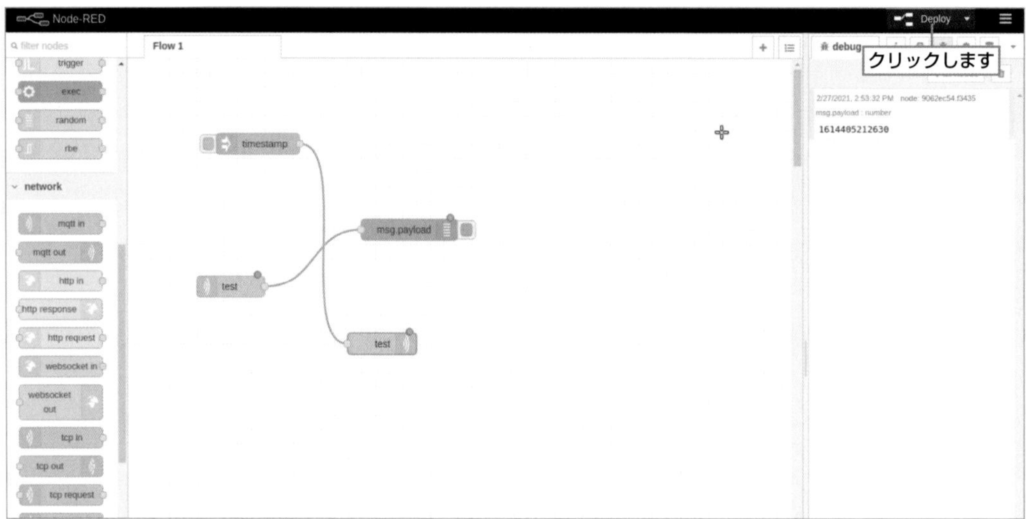

これでフローができました。

動作確認しましょう。injectノードのボタンをクリックすると、右にあるdebugタブにタイムスタンプが表示されれば正常です。

●テスト

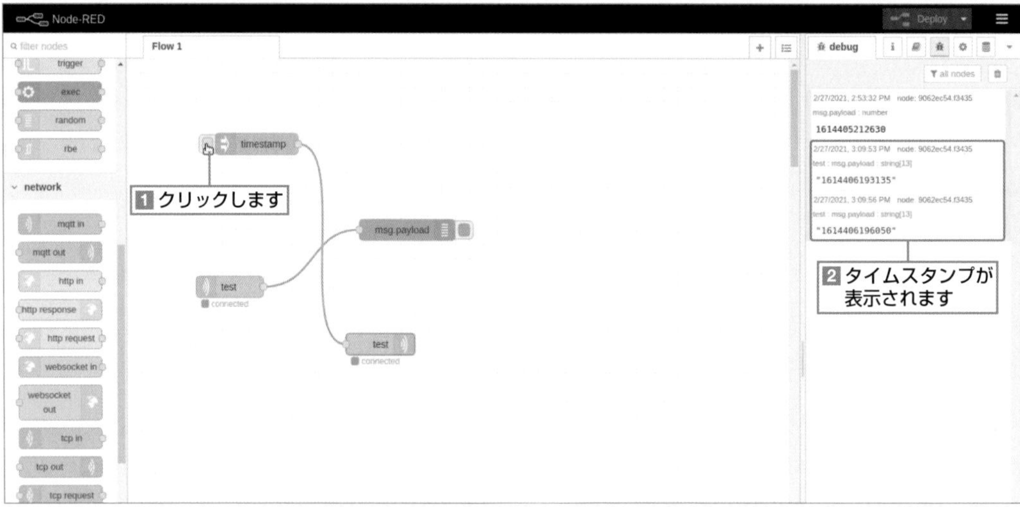

Tiny YOLOV2からMQTTでデータを送る

Tiny YOLOV2を起動してみましょう。USBカメラをJetson Nanoに接続してTiny YOLOV2を起動します。cdコマンドでTiny YOLOV2のディレクトリにに移動します。

```
$ cd tiny_yolov2_onnx_cam
```

Tiny YOLOV2で認識したデータをMQTTで送信します。次のように、--hostの後にはJetson NanoのIPアドレスを指定します。--portの後にはMQTTブローカーが使用するポート番号（1883）を指定します。

```
$ python3 tiny_yolov2_onnx_cam_mqtt.py --host 192.168.1.7 --topic test --port 1883
```


実行すると、Node-REDのdebugタブに「**181,person,0.88,232,304,830,730**」という値が表示されます。

●debugタブに認識したデータが表示される

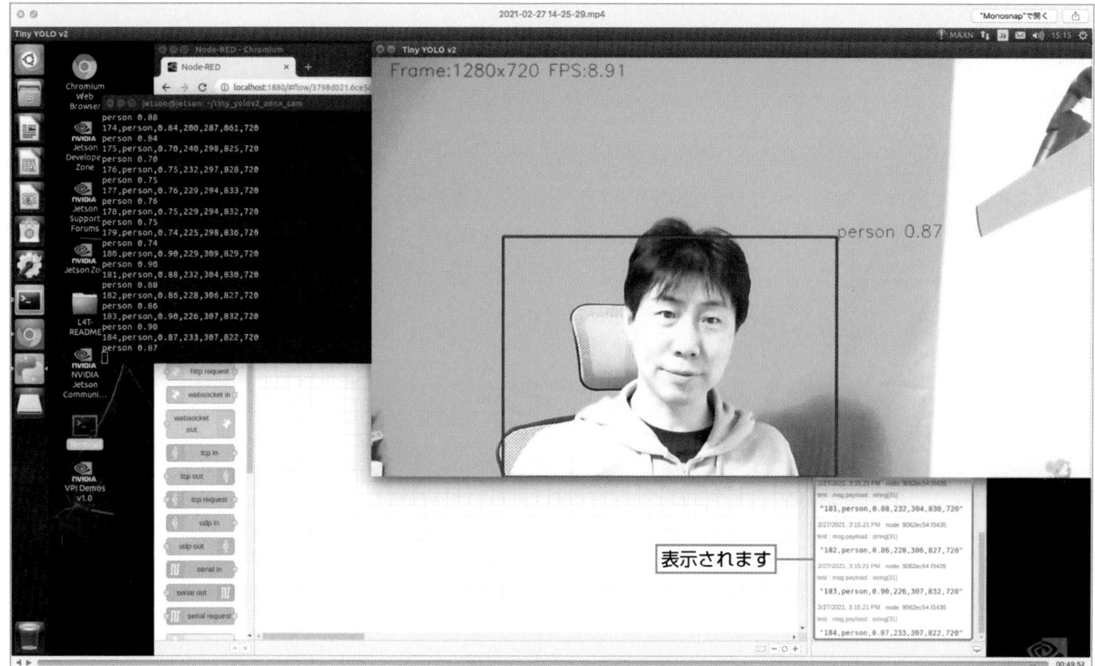

物体認識の結果を他の機器で制御するNode-REDフロー例

さきほどのNode-REDのフローではTiny YOLOV2からのデータを受けるだけでした。監視カメラの映像からJetson Nanoの人工知能を使って映っているものを認識し、その結果によって他の機器を制御するにはどうすればいいのでしょうか。このような運用の具体例を探している人へ、Node-REDフローの例を紹介します。

●人工知能と他の機器をNode-REDで繋ぐ

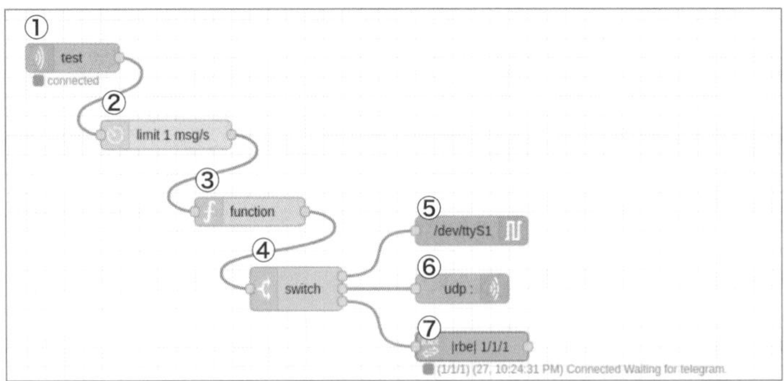

上記Node-REDのフローに使われているノードの解説です。

①mqtt outノード：Tiny YOLOV2の認識結果を受信する。
②Delayノード：mqtt outノードから受信するデータを制限する。
③functionノード：認識した物体の名前を抽出するJavaScriptのプログラムをここに書く。
④switchノード。認識した物体によって、異なる3つの通信手段に振り分ける
⑤シリアルoutノード：シリアル通信でデータを送信する。
⑥UDP outノード：UDP通信でデータを送信する。
⑦KNX Deviceノード：KNXのグループアドレス宛にデータを送信する。

上記フローは本書サポートサイトからサンプルコードをダウンロードできます。また「シリアル」「UDP」「KNX」は、外部機器を制御する場合にこのような通信方式があるという例です。それぞれ別途機器が必要になるので、本書の解説はここまでとします。Tiny YOLOV2の物体認識性能は高くないので現実的ではありませんが、少なくとも、外部機器との通信方法を理解している人であれば、Jetson Nanoの人工知能による物体認識と機器の制御を実現することができます。

その体験は、今後の人工知能が当たり前に使われる時代を前に、きっとみなさんの仕事や人生に役立つものになるでしょう。

DeepStream SDKの紹介

NVIDIA社から提供されている「DeepStream SDK」と呼ばれるツールキットを利用すると、本格的な物体検出システムが比較的容易に開発できます。このツールキットは物体検出をはじめとするビデオストリーム解析に広く対応します。

NVIDIA DeepStream SDKの概要

DeepStream SDKの適用範囲

NVIDIA社が無償提供する**NVIDIA DeepStream SDK**は、ビデオストリーム解析の完全なツールキットです。Jetsonに直接接続されたカメラ、ネットワークカメラ、ストレージから再生されるビデオストリーミングなどマルチセンサーに対応します。

組み込み用のJetsonシリーズとデータセンタ用のGPUカードに対応し、それぞれに最適化されており、物体検出、物体認識を応用した高スループットで低遅延なシステムを比較的容易に構築できます。

小売り店舗内の動線（導線）解析、インテリジェントな交通制御、自動化画像検査、商品追跡、駅など人が多く集まる場所における危険検知など、あらゆるアプリケーションに対応可能です。

Jetson Nanoへの対応

DeepStream SDKはJetPack 4.2.1からJetson Nanoに対応しています。NVIDIA社のウェブページによると、ResNetベースの物体検出アルゴリズムで、Jetson NanoはH.264形式またH.265形式で圧縮された1080p 30fpsビデオストリームを8ストリーム同時に処理可能とのことです。

Jetson向けDeepStream SDKの入手には、以下の方法があります。

- **DeepStream SDKのウェブページ（https://developer.nvidia.com/deepstream-sdk）よりダウンロード**
- **NVIDIA NGC（https://ngc.nvidia.com/）よりDockerイメージ（DeepStream-l4t）をプル**
- **NVIDIA SDK Manager（https://developer.nvidia.com/NVIDIA-sdk-manager）でJetPackと同時にインストール**

DeepStream SDKの使い方

GStreamer

DeepStream SDKは「GStreamer」というオープンソースのマルチメディアアプリケーションフレームワークをベースにしています。プラグインと呼ばれるビルディングブロックを用いてマルチメディアデータを処理するパイプラインを構築することによりアプリケーションを開発できます。ハードウェアで高速化されたGStreamerプラグインがDeepStream SDKで提供されると共に、検出、認識、セグメンテーションなど推論結果の形式をGStreamerメタデータとしてDeepStream SDKで定義しています。このように拡張可能な構造によって、DeepStream SDKエコシステムの広がりが期待できます。

DeepStreamプラグイン

DeepStream SDKは現在、次のようなプラグインを提供しています。この他にも、GStreamerプラグイン資産がほぼそのまま利用できます。

- **ハードウェアで高速化されたH.264、H.265ビデオデコーディング**
- **ストリームの集約とバッチ化（推論処理を効率化するために複数ストリームを1バッチにまとめる）、検出、認識、セグメンテーションを行うためのTensorRTベース推論**
- **物体トラッキングのリファレンス実装**
- **ハードウェアで高速化されたJPEG画像デコーディング**
- **検出結果を表示するためのオンスクリーンディスプレイAPI**
- **複数ビデオソースを2Dグリッドにレンダリング（タイル表示）**
- **ハードウェアで高速化されたX11/EGLベースのレンダリング**
- **画像の拡大／縮小、フォーマット変換、回転**
- **360度カメラの歪み補正**
- **メタデータ生成とそのエンコーディング**
- **クラウドへのメッセージ送信**

アプリケーション開発

DeepStream SDKを利用したアプリケーション開発は、GStreamerのプログラミングモデルに従います。つまり、GLib 2.0オブジェクトモデルに準拠します。DeepStream SDKをベースにしたアプリケーション開発には、プログラミング言語として、C言語またはPythonが利用できます。デバッグにはGStreamer用に開発されたツールが利用できます。

自分の身体を楽器にするソフトを使ってみよう

Jetson Nanoとディープラーニングを活用して、自分の身体を楽器にして遊ぶことのできる「Skeleton Sequencer」というオリジナルの楽器アプリを制作します。制作を通して、カーネルビルドや骨格検出といった技術を学んでいきます。

Jetson Nanoとディープラーニングで作るオリジナル楽器

本章では、Jetson Nanoとディープラーニングを活用して、自分の身体を楽器にして遊ぶことのできる「Skeleton Sequencer」というオリジナルの楽器アプリを制作します。制作を通して、カーネルビルドや骨格検出といった技術を学んでいきます。

Skeleton Sequencer

「**Skeleton Sequencer**」は、Jetson Nanoで動かすことができる、ディープラーニングを活用したオリジナルの楽器アプリです。自分の身体の形に応じたパターンの音楽を奏でることが可能です。

●Skeleton Sequencer

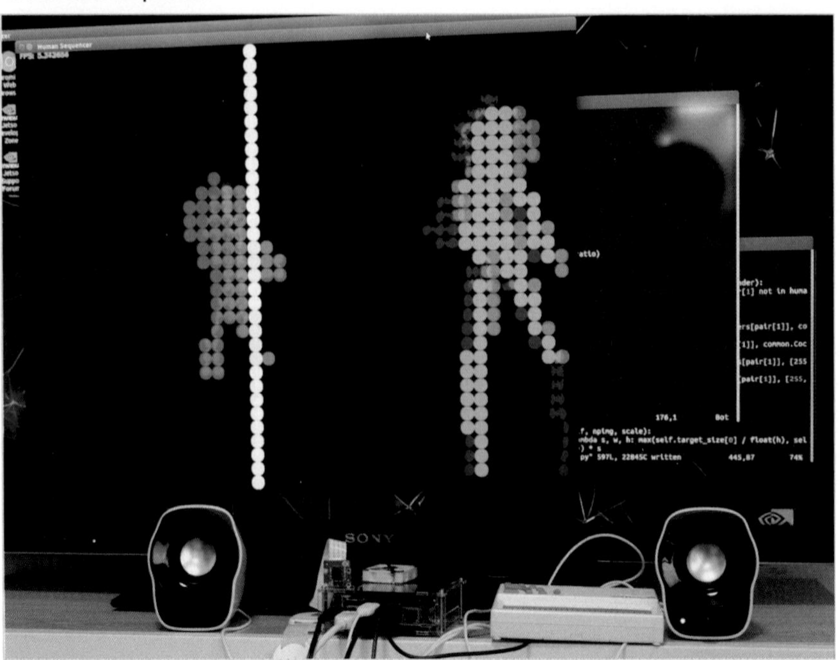

実際に演奏している様子は、筆者が作成した紹介動画で確認できます。次のページを参照してください。

● Skeleton Sequencer with Jetson Nano

https://www.youtube.com/watch?v=kARGPU8H4ls

Jetson Nanoを使えば、このようなオリジナル楽器を個人で制作することができます。

本章で学ぶこと

オリジナル楽器アプリの制作を通じて、次のことを実践しながら学べます。

- **OSのカーネルビルド（OSのコア部分をソースコードからコンパイルする）方法**
- **Pygameライブラリを用いてMIDI信号をコントロールする方法**
- **ディープラーニングによる骨格検出を行う方法**
- **オリジナルの楽器アプリの使い方**

必要なもの

本章のアプリを動かすためには、Jetson Nano本体とmicroSDカード（OS）、ディスプレイとキーボード、マウスなどの周辺機器の他に、次のものが必要です。

- **Raspberry Pi Camera Module V2（画像入力用）**
- **ポケット・ミク（音声出力用）**

Raspberry Pi Camera V2は、USB接続のWebカメラでも代用可能です。

ポケット・ミクは音声出力に必要なデバイスです。Chapter 6-2のカーネルビルド、Chapter 6-4の骨格検出では、ポケット・ミクは必須ではありません。

なお、本章の内容はJetson Nano A02／B01、およびJetson Nano 2GBで動作確認を実施しています。

カーネルビルドの方法

Jetson NanoでMIDI信号を扱えるようにするために、OSのカーネルビルドが必要です。カーネルビルドに必要な手順を、順を追って解説していきます。

カーネルビルドとは

「**カーネル**」は、Jetson Nanoで使用されているOSである**Linux**（**Ubuntu**）の核になる部分です。OSがどのような周辺機器に対応するかは、カーネルのもつ周辺機器のドライバによって決まります。

Jetson Nanoは、標準では**MIDI**（Musical Instrument Digital Interface、電子機器での演奏データ共有のための規格）コントロールを想定していないため、MIDI信号を出力することができません。Skeleton SequencerではMIDI信号を使うため、Jetson NanoのカーネルをMIDI対応に自分でビルドし直した上で、現在のカーネルと入れ替える必要があります。難しく考える必要はなく、カーネルビルドは基本的に「標準的なJetson Nanoで想定されること以外のことをするときに必要な作業」と捉えてください。

なお、本記事のカーネルビルド手順は、技術者の情報共有サービス「Qiita」(https://qiita.com/) の@yamamo-to氏の次の記事を参考にしています。大変わかりやすい記事で助けられました。感謝の意を述べさせていただきます。

●**「Jetson Nanoのカーネル再コンパイル」(@yamamo-to氏)**
https://qiita.com/yamamo-to/items/6fc622df7b5cce3eccfb

カーネルビルドの手順

カーネルビルドの大きな流れは次のとおりです。

- **事前準備**
- **カーネルソースのダウンロード**
- **設定ファイル（.config）の編集**
- **カーネルビルド**

事前準備

カーネルビルドは、マシンパワーと大量のスワップ容量を必要とします。事前準備として、Part3のChapter 3-6で解説したスワップの増大、Chapter 3-10で解説したパフォーマンスの最大化を行います。これを実施しないと、途中で失敗する恐れがあります。もしPart3でスワップの増大とパフォーマンスの最大化を行っていなければ、次の手順を実行してください。

スワップの増大は次のコマンドで行います。スワップファイルは、使われていないメモリ領域の内容を一時的に保存しておく場所です。スワップファイルを用意することで、メモリ不足によるエラーを防ぐことができます。

```
$ git clone https://github.com/JetsonHacksNano/installSwapfile ⏎
$ cd installSwapfile ⏎
$ ./installSwapfile.sh ⏎
```

パフォーマンス最大化は、次のコマンドで実行します。実行には管理者権限が必要です。

```
$ sudo nvpmodel -m 0 ⏎
$ sudo jetson_clocks ⏎
```

Jetson Nanoの性能最大化にはACアダプタからの電源供給（Jetson Nano 4GB）と、冷却ファンの取り付けが推奨されていますが、検証ではファンなしのJetson Nano 2GBでもカーネルビルドに成功しました。

カーネルのソースコードのダウンロード

最初に、次のコマンドでホームディレクトリ直下に「kernel」というディレクトリを作成します。以降、カーネルのビルド作業はkernelディレクトリ以下で行います。

```
$ cd && mkdir kernel && cd kernel ⏎
```

続いてJetson Nanoのカーネルのソースコードをダウンロードします。カーネルのソースコードは、NVIDIAの公式サイトの「L4T | NVIDIA Developer」（https://developer.nvidia.com/embedded/linux-tegra）のページの、「32.5.x Driver Details」の「SOURCES」項目の「Jetson Nano. Nano2GB and TX1」の「L4T Driver Packages [BSP] Sources」のリンク先に、圧縮ファイルで公開されています。

● **L4T | NVIDIA Developer**
https://developer.nvidia.com/embedded/linux-tegra

リンク先のソースコードをダウンロードします。「**wget**」コマンドを次のように実行するとダウンロードできます。

```
$ wget https://developer.nvidia.com/embedded/L4T/r32_Release_v5.0/sources/T210/publ
ic_sources.tbz2
```

ファイルは圧縮されています。まずダウンロードファイルをtarコマンドで展開し、cdコマンドで展開したディレクトリへ移動して、さらに展開されたファイル内にあるカーネルソースの圧縮ファイルを展開し、展開したディレクトリへ移動します。

```
$ tar -xvjf public_sources.tbz2
$ cd Linux_for_Tegra/source/public/
$ tar -xvjf kernel_src.tbz2
$ cd kernel/kernel-4.9
```

カーネルビルドの設定ファイル編集

ビルドの際の設定ファイル（.configファイル）を用意、編集します。.configファイルはビルドの際の設定を記述するファイルです。.configファイルを変更することで、Jetson NanoでMIDI信号のコントロールが可能になります。

「zcat」コマンド（圧縮ファイルの内容を表示するコマンド）を用いて、現在のカーネルの.configファイルの内容を.configファイルに書き出します。

```
$ zcat /proc/config.gz > .config
```

テキストエディターで.configファイルを編集します。次の例はnanoエディターで編集する場合です。

```
$ nano .config
```

MIDIを有効にするために必要な.configファイルの変更内容は次のとおりです。

●MIDI有効化のためのカーネルビルド設定変更内容

```
CONFIG_SOUND_OSS_CORE=y
CONFIG_SOUND_OSS_CORE_PRECLAIM=y
CONFIG_SND_SEQUENCER=y
CONFIG_SND_SEQ_DUMMY=y
CONFIG_SND_OSSEMUL=y
CONFIG_SND_MIXER_OSS=y
CONFIG_SND_PCM_OSS=y
CONFIG_SND_PCM_OSS_PLUGINS=y
CONFIG_SND_RAWMIDI_SEQ=y
```

なお、.configファイルの編集に自信がない方のために、編集済み.configファイルを用意（公開）しました。もし公開している.configファイルをそのまま利用する場合は、まず先程作成した.configファイルのバックアップを作成し、公開している.configファイルをwgetコマンドでダウンロードしてください。

```
$ mv .config .config_bakv ⏎
$ wget -O .config https://raw.githubusercontent.com/karaage0703/jetson-nano-tools/ma
ster/kernel_config/config_midi_v4.5 ⏎
```

カーネルのビルド

カーネルビルドを行います。次のようにmakeコマンドでビルドの準備をします。

```
$ make oldconfig ⏎
$ make prepare ⏎
$ make modules_prepare ⏎
```


make oldconfig実行途中に次のような質問が出たら、すべて「y」で回答してください。

```
OSS Sequencer API (SND_SEQUENCER_OSS) [N/y/?] (NEW)
Virtual MIDI soundcard (SND_VIRMIDI) [N/m/y/?] (NEW)
```

続いて、次のコマンドでビルドを実行します。なお、カーネルのビルドは数時間程度かかりますので、ゆっくり待ちましょう。

```
$ make -j4 Image && make -j4 modules ⏎
```

ビルドが完了したら、次のコマンドで現在のカーネルと新規ビルドしたカーネルを入れ替えます。

```
$ sudo make modules_install ⏎
$ sudo cp arch/arm64/boot/Image /boot/Image ⏎
```

これでカーネルビルドは完了です。次のコマンドで再起動して反映します。

```
$ sudo shutdown -r now ⏎
```

pygameを用いたMIDI信号コントロール

pygameライブラリを使ってJetson NanoでMIDI信号をコントロールします。MIDI信号を扱う場合はChapter 6-2でカーネルビルドをしていることが前提ですが、pygameを使用するだけであれば、カーネルビルドしないで本節のみの内容を実行することもできます。

Pythonゲーム用ライブラリ「pygame」

pygameとは

「**pygame**」はPythonでゲームを作るときに広く使われるライブラリです。pygameを使うことで、画面の描画から音楽の再生まで、ゲームに必要な幅広い機能が利用できます。Skeleton Sequencerは画面表示と音楽再生（MIDIコントロール）にpygameを使用しています。

pygameのインストール方法

pygame自体はpipでインストールしますが、Jetson NanoでPython3にpygameをインストールするには、事前に準備が必要です。

まず、次のようにaptコマンドで、pygameインストールに必要なライブラリをインストールしていきます。実行には管理者権限が必要です。途中、実行の確認を求められたら「y」を入力してください。

```
$ sudo apt update ↵
$ sudo apt install libsdl-dev libsdl-image1.2-dev libsdl-mixer1.2-dev libsdl-ttf2.0
-dev ↵
$ sudo apt install libsmpeg-dev libportmidi-dev libavformat-dev libswscale-dev ↵
$ sudo apt install libfreetype6-dev ↵
$ sudo apt install libportmidi-dev ↵
```

NOTE aptコマンドの-yオプション

aptコマンドを実行する際に「-y」オプションを付けると、実行中の質問にすべてy（Yes）を返します。

必要なライブラリをインストールしたら、pip3（python3-pip）でpygameをインストールします。なお、Part6までにpip3をインストールしている場合は、pip3のインストール作業自体は不要です。

```
$ sudo apt install python3-pip
$ pip3 install pygame==1.9.6
```

pygameの動作確認

pygameの動作確認をします。まずPython3を起動します。

```
$ python3
```

次のコマンドでpygameをインポートします。

```
>>> import pygame
（中略）
pygame 1.9.6
Hello from the pygame community. https://www.pygame.org/contribute.html
```


インポート実行して上記のように表示されたら、pygameは正しくインストールできています。もし、エラーが表示された場合は、インストールの途中エラーが出ていないかなど確認してください。

pygameで画面に絵を描いてみよう

インストールできたので、pygameを試すため、pygameを使う簡単なプログラムを作成して画面に絵を描いてみましょう。次のようなプログラムを用意して「pygame_test.py」という名前で保存します。

このプログラムは、画面に四角と丸を描くだけの簡単なプログラムです。

●pygameで画面に四角と円を描くプログラム

pygame_test.py

```
# coding: utf-8
# pygame test on jetson nano
import pygame
from pygame.locals import *
import sys

pygame.init()
screen = pygame.display.set_mode((640, 480))
pygame.display.set_caption('pygame test')

while True:
    screen.fill((255, 255, 255))
    pygame.draw.rect(screen, (0, 255, 0), Rect(10, 10, 100, 200))
    pygame.draw.circle(screen, (0, 0, 255), (320, 240), 100)

    pygame.display.update()
    for event in pygame.event.get():
        if event.type == QUIT:
            sys.exit()
```

なお、この内容と同じプログラムをダウンロード提供しています。wgetコマンドで次のように実行すると入手できます。

```
$ wget https://raw.githubusercontent.com/karaage0703/jetson-nano-tools/master/scrip
ts/pygame_test.py ⏎
```

プログラムを保存したら、次のようにコマンドを実行します。

```
$ python3 pygame_test.py ⏎
```

プログラムを実行して次のように四角や円が表示されたら、pygameのテストは完了です。

●pygameで画面に絵を表示（画面はJetson Nano 2GB）

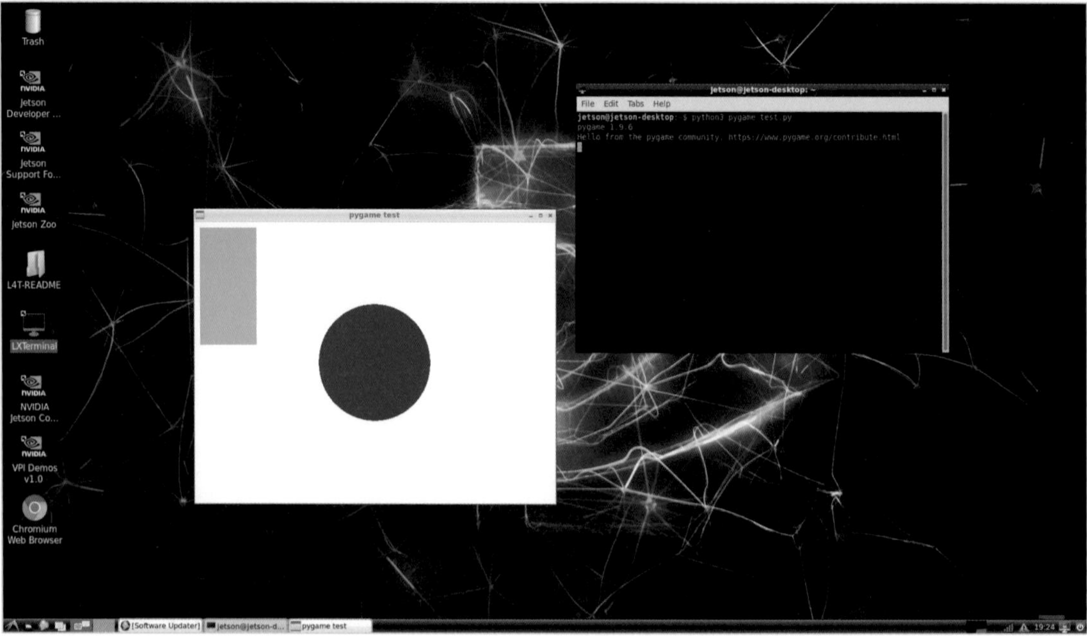

MIDIを使ってポケット・ミクを制御する

MIDIとは

pygameがインストールできたので、pygameからMIDIをコントロールします。

MIDI（Musical Instrument Digital Interface）は音楽用の通信規格で、1981年に制定されました。音声データそのものでなく、演奏情報（音の高さ・大きさ・音色等）をやりとりします。身近な例では、多くのカラオケの機器はMIDI信号によってコントロールされ、演奏しています。

「ポケット・ミク」をMIDI音源として使用

MIDIは演奏情報のみをやりとりするものなので、MIDIで音を出すためには「**MIDI音源**」と呼ばれる、演奏情報を元に音を生成する機器が必要です。MIDI音源には、大きく分けるとハードウェア的に音を生成する**ハードウェア音源**とソフトウェア的に音を生成する**ソフトウェア音源**があります。

最近はパソコンの高性能化に伴い、コスト面やサイズにメリットのあるソフトウェア音源が主流です。しかし、ソフトのセットアップを含めた設定が煩雑なので、今回はハードウェア音源を使用します。

個人向けのハードウェアMIDI音源は、手頃なものはかなり減っています。そこでお勧めなのが「大人の科学」（学研）の付録として発売された「**ポケット・ミク**」（http://otonanokagaku.net/nsx39/）です。ポケット・ミクは、人の歌声を手軽に演奏できるガジェットですが、USB経由でMIDI信号でコントロールできるハードウェアMIDI音源としての機能も実装されています。値段も5,000円程度で、個人向けのハードウェア音源としては、コストパフォーマンス的に非常に優れた機材です。

pygameでMIDIをコントロールしてポケット・ミクに歌わせる

pygameを使ってMIDIをコントロールします。ハードウェアMIDI音源としてポケット・ミクを使用します。

Jetson Nanoとポケット・ミクはUSBケーブル（microUSBケーブル）で接続します。ポケット・ミクのトグルスイッチを「USB」にして、USBで通信可能な設定にします。

●Jetson Nanoとポケット・ミクを接続した様子

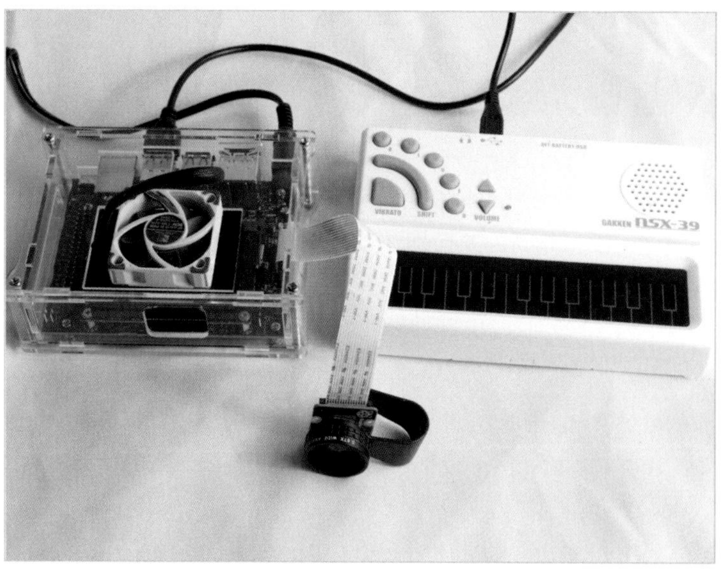

pygameからMIDI信号を出力して、ポケット・ミクでMIDIを再生します。ポケット・ミクを歌わせるには、公開されているポケット・ミクの仕様（ポケット・ミク カスタマイズガイド）に合わせたMIDI信号を出力する必要があります。

●ポケット・ミク カスタマイズガイド v1.03 r2.5

http://otonanokagaku.net/nsx39/data/nsx39midiguide.pdf

この仕様書を読んで理解するのはかなり大変ですし、本書の本筋ではないため、筆者が仕様を元に作成したプログラムをダウンロードしてテストします。

次のとおりwgetコマンドを実行して「pocket_miku_test.py」というテストプログラムをダウンロードしてください。ダウンロードしたら、python3コマンドで次のように実行します。

```
$ wget https://raw.githubusercontent.com/karaage0703/jetson-nano-tools/master/scrip
ts/pocket_miku_test.py ↵
$ python3 pocket_miku_test.py ↵
```

うまくいけば、ポケット・ミクが「変デジ研究所♪」と歌います。プログラムを変更すれば、好きに歌を歌わせることが可能です。もし興味あれば仕様書を見ながら、ポケット・ミクのプログラミングにチャレンジしてみてください。

ディープラーニングを使った骨格検出

ディープラーニングを使った骨格検出について解説したあと、Jetson Nano上で骨格検出を行う方法とモデルによる性能の違いを手を動かしながら理解していきます。

骨格検出技術とは

骨格検出技術とは、人の頭、首、手などの体の部位を認識して、それらを繋ぎ合わせて、人の骨格を検出する技術です。この技術を使うと、次の画像のように、人の骨格を検出することが可能です。

●骨格検出技術

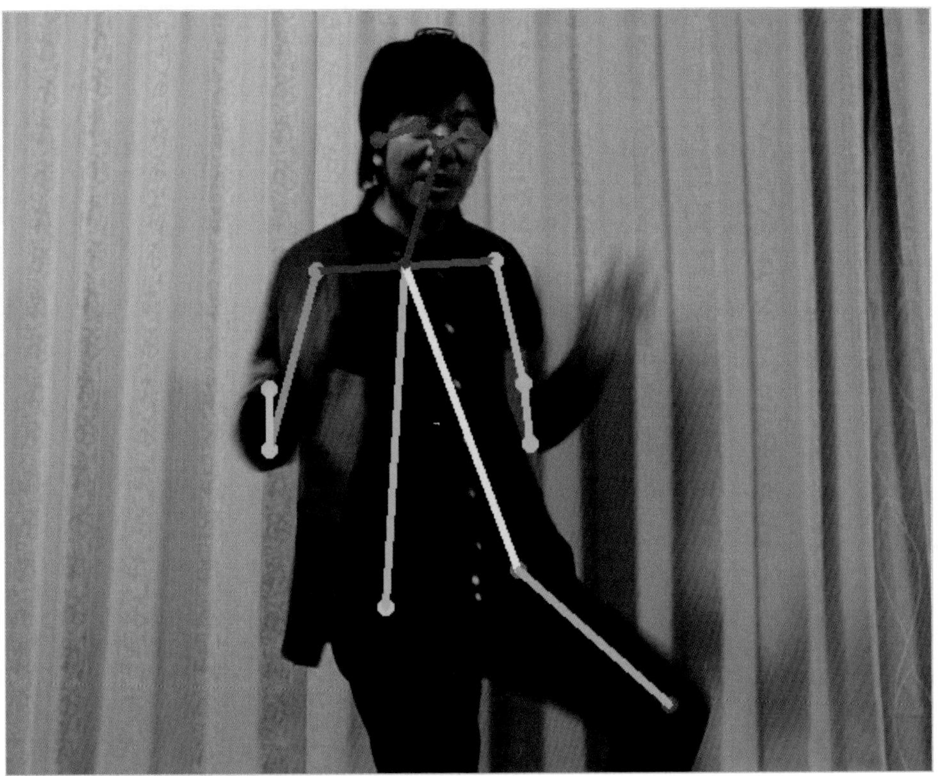

※ 素材提供「変デジ研究所」(https://lab.hendigi.com/)

この技術は、ひと昔前までは高価な3Dカメラを使わないと不可能でした。近年のディープラーニングの技術の進歩により、安価な単眼カメラを用いて実現することが可能となりました。

骨格検出は非常に計算量が多いため、リアルタイム検出には高性能なパソコンが必要です。Jetson Nanoにとっても骨格検出は非常に重い計算ですが、GPUを活用することでリアルタイムの骨格検出が可能です。

骨格検出アプリをセットアップする方法

Jetson Nanoでの骨格検出に取り組んでいきます。今回は「**tf-pose-estimation**」というOSS（オープンソースソフトウェア）のソフトウェアを使用します。このソフトウェアはパソコン向けのソフトウェアですが、少し工夫すればJetson Nanoで動かすことが可能です。

tf-pose-estimationのセットアップは必要なライブラリが多く手順が煩雑なので、筆者が自動でセットアップできるスクリプトを作成しました。tf-pose-estimationに加えて、ディープラーニングに必要な「TensorFlow」をはじめとした骨格検出に必要なライブラリを自動でインストールできます。

gitコマンドで次のように実行します。実行したディレクトリ内にjetson-nano-toolsディレクトリが作成されてそこにダウンロードされます。cdコマンドでディレクトリ内へ移動して、「install-tensorflow.sh」と「install-pose-estimation.sh」を実行します。実行の際には実行ユーザーのパスワード入力を求められます。

```
$ git clone https://github.com/karaage0703/jetson-nano-tools ⏎
$ cd jetson-nano-tools ⏎
$ ./install-tensorflow-v45.sh ⏎
$ ./install-pose-estimation-v45.sh ⏎
```

「tf-pose-estimation」で骨格検出

tf-pose-estimationで骨格検出をしてみましょう。画像入力はRaspberry Pi Camera Module V2を使用します。Jetson NanoにRaspberry Pi Camera Module V2を接続します。

ユーザーのホームディレクトリ内の「tf-pose-estimation」ディレクトリにcdコマンドで移動し、Python3でrun_jetson_nano.pyプログラムを次のように実行します。

```
$ cd ~/tf-pose-estimation ⏎
$ python3 run_jetson_nano.py --model=mobilenet_v2_small --resize=320x176 ⏎
```

カメラで人を写すと、前ページの画像のような骨格検出の結果が得られます。筆者の環境では7〜8fpsの速度で動作しました。複数人の同時検出も可能です。

USBカメラを使用する場合

Raspberry Pi Camera Module V2ではなくUSBカメラで実行する場合は、tf-pose-estimationディレクトリ内の「run_webcam.py」プログラムを使用します。同様の結果が得られるはずです。

```
$ python3 run_webcam.py --model=mobilenet_v2_small --resize=320x176 ↵
```

使用する学習モデルの変更

骨格検出に使用するディープラーニングの学習モデルを変更することで、どのように性能が変わるか試してみましょう。学習モデルの変更には、コマンドの --model オプションを変更します。

モデルは「mobilenet_thin」「mobilenet_v2_large」「mobilenet_v2_small」が選択可能です。これらのモデルは、ネットワークの構造が異なります。「mobilenet_v2_large」は、骨格の検出精度は高いものの、ネットワークが大きく検出に時間がかかります。一方「mobilenet_v2_small」はネットワークが小さく、検出の時間が速い代わりに検出精度は比較的低くなります。「mobilenet_thin」は両者の中間の性能のモデルです。

例えば、mobilenet_thinを使用する場合は、tf-pose-estimationディレクトリ内で次のようにコマンドを実行してください。

```
$ python3 run_jetson_nano.py --model=mobilenet_thin --resize=320x176 ↵
```

先ほどよりスピードは遅くなるものの、検出精度が向上しているのが体感できると思います。

このように、ディープラーニングの性能は、使用する学習モデルによって大きく変化します。用途によって適切なモデルを選んだり、場合によっては自分でモデルを作る必要があります。

オリジナル楽器アプリを動かしてみよう

今までの作業で楽器アプリに必要な「MIDIによる演奏」「骨格検出」の準備が整いました。Jetson Nanoとディープラーニングを使ったオリジナルの楽器アプリ「Skeleton Sequencer」を動かします。

Skeleton Sequencerのセットアップ方法

Chapter 5-4で接続済みかもしれませんが、Jetson Nanoにカメラを接続します。カメラはRaspberry Pi Camera Module V2、USBカメラいずれでも構いません。

Skeleton Sequencerのソフトウェア自体は、Chapter 6-4で解説した骨格検出のセットアップの際にインストールされています。

Skeleton Sequencerの動かし方

Skeleton Sequencerは、ホームディレクトリ内のtf-pose-estimationディレクトリにある「skeleton_sequencer.py」ファイルをpython3コマンドで実行します。

Raspberry Pi Camera Module V2を使用する場合は、次のようにコマンドを実行します。

```
$ python3 skeleton_sequencer.py -d=jetson_nano_raspi_cam ⏎
```

USBカメラの場合は、次のようにコマンドを実行します。

```
$ python3 skeleton_sequencer.py -d=normal_cam ⏎
```

起動すると、自分の身体に応じて音楽が奏でられます。身体の形の検出には、ディープラーニングによる骨格検出技術、音楽の演奏には、MIDIコントロールをそれぞれ用いています。

「Skeleton Sequencer」を改造してみよう

モデルを変更してみよう

骨格検出に使用する学習モデルを変更して、性能の変化を確認してみましょう。学習モデルの変更方法はp.228で解説した方法と同じで、コマンドの --model オプションを変更して行います。

例えば、mobilenet_v2_largeを使用する場合は、次のように指定します。

```
$ python3 skeleton_sequencer.py --model=mobilenet_v2_large -d=jetson_nano_raspi_cam ⏎
```

音階を変更してみよう

Skeleton Sequencerは、不協和音にならないように、決められた音階（ペンタトニック・スケール）のみを演奏するようになっています。この音階はskeleton_sequencer.pyのget_pentatonic_scaleという関数で生成されています。

この関数を変更すれば、好きな音階を奏でることが可能です。ソフトウェアを改造して、自分だけの音楽アプリを作ってみてください。

Part6の内容のサポートに関して

Jetson Nanoとその周囲を取り巻く環境・ソフトウェアは、とても速いスピードで進化を続けています。時間が経つと、本書の記述のとおりではソフトがセットアップできなくなる可能性も大いにあります。

そのため、Part6とPart7に関しては、次の専用のサポートサイトを設けています。万全のサポートは確約はできませんが、ソフトのバージョンアップなどで、本書の内容どおりでセットアップできなくなったときは、極力サポートしていく方針です。お困りの際は是非参考にしてください。また、書籍に関する感想なども歓迎しています。

● **Part6、Part7用サポートサイト**

https://karaage.hatenadiary.jp/jetson-nano-book

6

NOTE GANを使って実在しない人の画像を生成してみよう（Jetson Nano 4GB）

Part6ではディープラーニングを使った楽器アプリを作成しました。ここでは、ディープラーニングの応用例として、実在しない人の画像を生成してみましょう。
Jetson Nanoに必要なセットアップはChapter 6-4と同じです。簡単に実行できるので、Part 6を読み終えたらぜひ息抜きに試してみてください。
画像の生成には「**GAN**（Generative Adversarial Network）と呼ばれる技術を使います。GANのメカニズムはよく、「贋作者」と「鑑定士」の関係に例えられます。GANは、贋作者の役割をするニューラルネットワークと鑑定士の役割をするニューラルネットワークの2つのネットワークをもちます。贋作者ネットワークが、ランダムなノイズから本物と見間違えるような贋作を作る一方、鑑定士ネットワークは、贋作かどうかを判別する役割を果たします。
この2つのネットワークが競い合うように性能を向上させることで、GANは自動生成（贋作者としての役割）を実現します。
今回試したのは、「**StyleGAN**」（https://github.com/NVlabs/stylegan）というNVIDIA社が開発したGANを使ったソフトウェアを、筆者がデモ用に改造したものを使います。
gitコマンドでデモプログラムをダウンロードして、cdコマンドでダウンロードしたディレクトリへ移動し、pyhon3コマンドでgenerate_demo.pyを実行します。

```
$ git clone https://github.com/karaage0703/stylegan ↵
$ cd stylegan ↵
$ python3 generate_demo.py ↵
```

なお、上記を実行しても、プログラムから自動でAIモデルをダウンロードできないことがあるようです。その場合は、ブラウザで「https://drive.google.com/uc?id=1MEGjdvVpUsu1jB4zrXZN7Y4kBBOzizDQ」へアクセスし、手動でモデルをダウンロードして、styleganディレクトリ直下にモデルを置いてプログラムを実行してみてください。
ウィンドウに次々と人物画像が表示されます。ここのポイントは、これらの人物は実在の人物ではなく、学習したニューラルネットワークがノイズを元に生成した、実在しない人物画像ということです。ニューラルネットワークが自動生成したとは信じられないほどのクオリティです。
今後世の中で、ディープラーニングが作り出した、スキャンダルとは無縁のモデルが使われるケースがどんどん増えていくかもしれません。

●GANによって自動生成された人の画像

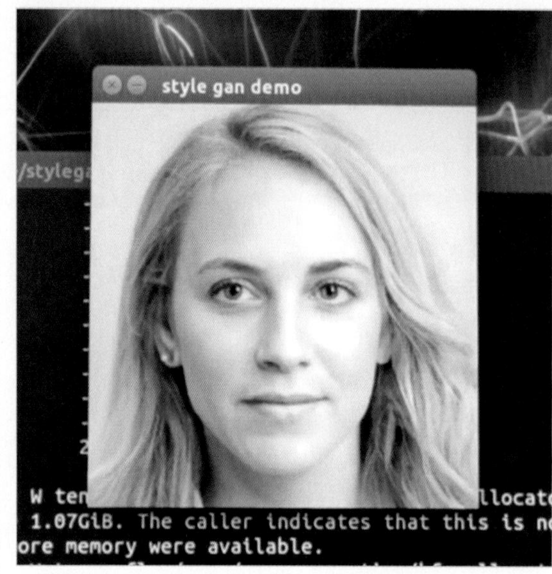

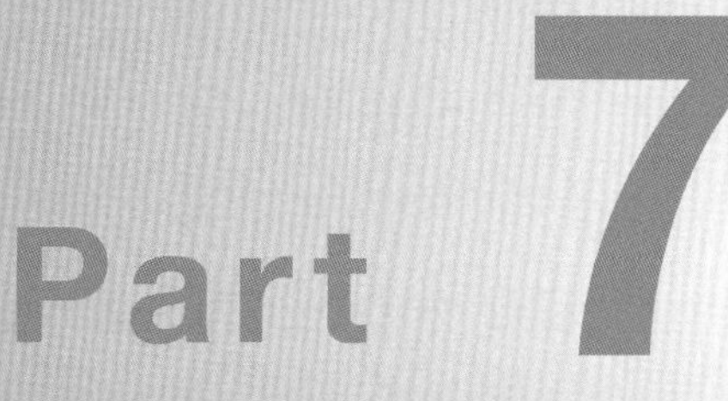

ROSを使ってロボットの眼を作ってみよう

ロボットアプリケーション開発のためのミドルウェア「ROS」と、安価な3Dカメラ「Intel RealSense D400シリーズ」と3次元画像処理を用いて、ロボットの眼を作っていきましょう。

ROSとRealSenseについて

本章では、ロボットアプリケーション開発のためのミドルウェア「ROS」と、安価な3Dカメラ「Intel RealSense D400シリーズ」と3次元画像処理を用いて、ロボットの眼を作っていきます。

必要なハードウェアに関して

本章の内容を最大限に楽しむためには、ハードウェアとして3Dカメラの「**RealSense**」が必要です。ただし、RealSenseがなくてもROSと3次元画像処理を体験できるように工夫しています。RealSenseを所有していない場合は、Chapter 7-3のRealSenseのセットアップは飛ばしてお楽しみください。

ROSとは

「**ROS**（Robot Operating System）」は、世界中で幅広く使用されている、ロボットアプリケーション開発のためのミドルウェアです。OSS（オープンソースソフトウェア）として公開されていて、誰でも無料で使用することができます。

ROSには、様々な分野の先駆者が開発したライブラリがあり、多くのロボットがROSに対応しています。シミュレータも付属しているため、高価なロボットのハードウェアがなくても、誰でも手軽にロボットのソフトウェア開発を行うことが可能なため大学の研究室や企業などでも多く使われています。例えば、家庭用掃除機のルンバも、メーカー非公式ですが500～800シリーズはROSで制御することが可能です。実際、筆者もパソコンからROSを使ってルンバを制御しています。

ROSには、記事執筆時点でROS1とROS2の2つのバージョンがあります。最新のROS2に移行が進んでいる状態ではありますが、まだ多くのライブラリはROS1で動いていることと、ROS2でのJetson Nanoでの動作例が少ないことから、本書ではROS1で解説します。

ROSの推奨OSはUbuntuです。Jetson NanoのOSはUbuntuベースですので、ROSとは非常に相性の良いデバイスです。

ロボットの眼として使う「Intel RealSense」

ロボットの眼として使うのは「**Intel RealSense D400シリーズ**」（以降、**RealSense**）です。RealSenseは「**Active IRステレオ**」方式のカメラです。通常のカメラと異なり、赤外線のパターン照射と、2つのカメラを使用することで、物体の3次元情報を取得できる3Dカメラです。

ロボットの眼としてカメラを使うとき、ロボットがターゲットに近づいたり掴んだりするのに、ターゲットとの距離やサイズなどの3次元情報が非常に重要です。そのため、このような3Dカメラがよく使われます。

RealSense D400シリーズには「D415」「D435」「D435i」「D455」等があります。それぞれ画角やセンサー有無等の違いがありますが、今回は広角で使いやすく、比較的安価なD435を用います。

本書では扱いませんが、RealSense以外の3Dカメラとしては、Stereolab社のZEDシリーズもあります。こちらは比較的高価なものの、メーカーとしてJetsonとROSへの対応をうたっており、Jetsonで使うロボットの眼として候補になるデバイスです。

●スイッチサイエンス Intel RealSense Depth Camera D435
（https://www.switch-science.com/catalog/3633/）

●Stereolab社ZEDシリーズのページ
（https://www.stereolabs.com/）

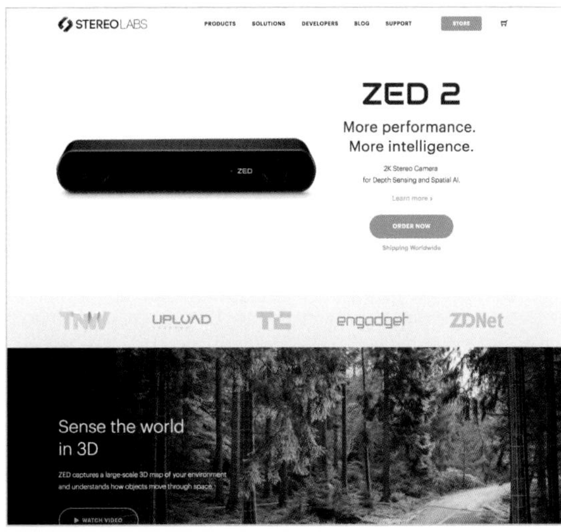

ROSをセットアップして使ってみよう

ロボット開発に使用されるアプリケーション開発のためのミドルウェアであるROSのセットアップ方法と、ROSの基本的な操作方法を解説します。

ROSのセットアップ方法

Jetson NanoへのROSのセットアップに関しては、次のURLでStereolabsが公開しているセットアップ方法がわかりやすいです。

● **Getting Started with ROS on Jetson Nano**
https://www.stereolabs.com/blog/ros-and-nvidia-jetson-nano/

ただし英語であることと、手順が多く煩雑なこともあるため、コマンドを実行するだけでインストールできるスクリプトを作成しました。gitコマンドでダウンロードします（Part6でjetson-nano-toolsを入手している場合はこの作業は不要です）。

ホームディレクトリ内の「jetson-nano-tools」ディレクトリへ移動して「install-ros-melodic.sh」を実行します。実行時には実行ユーザーのパスワード入力を求められます。これでインストールは完了です。

```
$ cd && git clone https://github.com/karaage0703/jetson-nano-tools ↵
$ cd ~/jetson-nano-tools ↵
$ ./install-ros-melodic.sh ↵
```

ROSを使ってみよう

カメのシミュレータを起動しよう

環境が整ったらROSを使ってみましょう。

端末アプリを1つ起動して「roscore」コマンドを実行します。

```
$ roscore ⏎
```

これでroscoreというROSの通信のマスターとなる基本ソフトが動き出します。

この状態で、先程起動した端末アプリとは別の端末アプリ（ウィンドウ）を起動します。ROSではこのように、複数の端末を開いてコマンドを実行していくのが基本スタイルです。2つ目の端末アプリで、rosrunコマンドでturtlesimパッケージ内のturtlesim_nodeを起動します。


```
$ rosrun turtlesim turtlesim_node ⏎
```

次の図のようにカメのイラストが表示されたら成功です。

●カメ画面

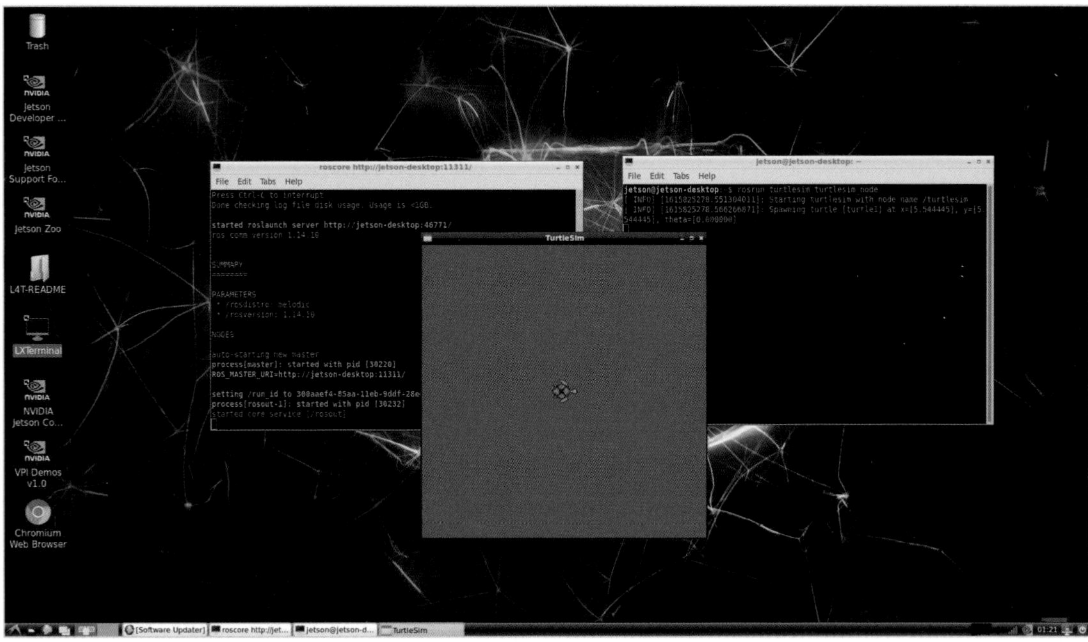

カメを動かしてみよう

次に、このカメを操作してみましょう。

新たな端末アプリを起動して、次コマンドでキーボード操作するソフトを起動します。

```
$ rosrun turtlesim turtle_teleop_key ↵
```

上記コマンドを実行した端末アプリ上でキーボードのカーソルキーを押すと、カメが動き回ります。このように、ROSでは目的に応じた複数のプログラムを組み合わせて、ロボットを動かすのが一般的な作法です。

今回操作したのはシミュレータのカメですが、ROS対応のロボットでもシミュレータのカメと同じ要領で、キーボードで操作をすることができます。このように、シミュレータと多くのROSのソフト群を活用することで、ロボットのソフト開発を加速することが可能です。

その他ROSの詳しい使い方に関しては、ROS公式のWiki（http://wiki.ros.org/ja）がチュートリアルをはじめ充実しています。興味ある人はぜひ自身で学習してみてください。

JetPack 4.5での対応

JetPack 4.5では、以下のコマンドを実行してシンボリックリンクを貼る必要があります。OpenCVが4.x系になったための対応です。

```
$ sudo ln -s /usr/include/opencv4/ /usr/include/opencv ↵
```

RealSenseをセットアップして動かしてみよう

ここでは、RealSenseをROSで使うためのセットアップを行い、RealSenseの3D画像をROS上で可視化します。

RealSenseのセットアップ方法

RealSenseをROSで使うためには次の3つのステップが必要です。順に説明していきます。

- **Librealsense（RealSenseドライバ）のインストール**
- **RealSenseのファームウェアアップデート**
- **RealSense ROSラッパープログラムのインストール**

本書ではD435を対象として扱います。D400シリーズは基本的にセットアップ方法が同じですが、本書ではD435以外の機種は動作確認していませんのでご了承ください。

Librealsense（RealSenseドライバ）のインストール

installLibrealsenseとは

RealSenseのドライバである「**Librealsense**」をインストールします。LibrealsenseはOSSとして次のURLでマニュアルを含めて公開されています。

● **GitHub - IntelRealSense/librealsense: Intel® RealSense™ SDK**
https://github.com/IntelRealSense/librealsense

Jetson Nanoの場合、Librealsenseのインストールはソースからビルドする必要があるため、非常に煩雑です。公式マニュアルもx86系のCPU搭載のPCを対象としており、Arm系CPU搭載のJetson Nanoではそのままの手順ではインストールできません。

そのため今回は「**JetsonHack**」というJetsonのコミュニティが公開する「**installLibrealsense**」というツールを使用します。このツールを使えば、比較的簡単にJetson NanoへLibrealsenseをインストールできます。

7

Librealsenseインストール

Librealsenseをインストールします。gitコマンドでinstallLibrealsenseのリポジトリをダウンロードします。ホームディレクトリ内のinstallLibrealsenseディレクトリにcdコマンドで移動し、installLibrealsense.shを実行してください。完了まで数時間かかります。

```
$ cd && git clone https://github.com/jetsonhacksnano/installLibrealsense ↵
$ cd ~/installLibrealsense ↵
$ ./installLibrealsense.sh ↵
```

Librealsenseの動作確認

Librealsenseのインストールが完了したら、次のコマンドで「**RealSense Viewer**」というソフトを起動して、RealSenseの動作確認をしましょう。

```
$ realsense-viewer ↵
```

RealSense Viewerを起動し、左のStereo ModuleとRGB Moduleのトグルスイッチをオンにして、次の図のように画像とデプスマップ（奥行き情報）が表示されたらOKです。

●RealSense Viewerで動作確認

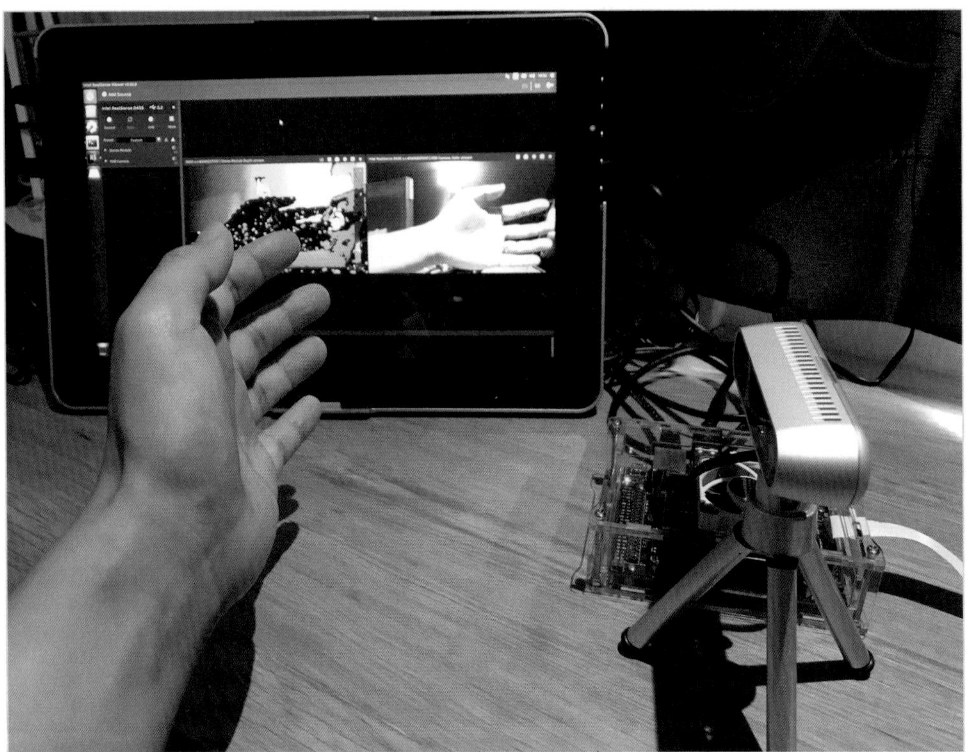

Realsenseのファームウェアアップデート

realsense-viewerを起動したとき、Realsenseのファームウェアのバージョンが古いと、ファームウェアのアップデートが促されます。ファームウェアが古いと問題が起きる可能性があるため、最新版にアップデートするのがお勧めです。

ここでは、執筆時点で最新バージョンの「05.12.10.00」のファームウェアの使用を前提に進めます。

●Realsenseのファームウェアアップデートを促すメッセージ

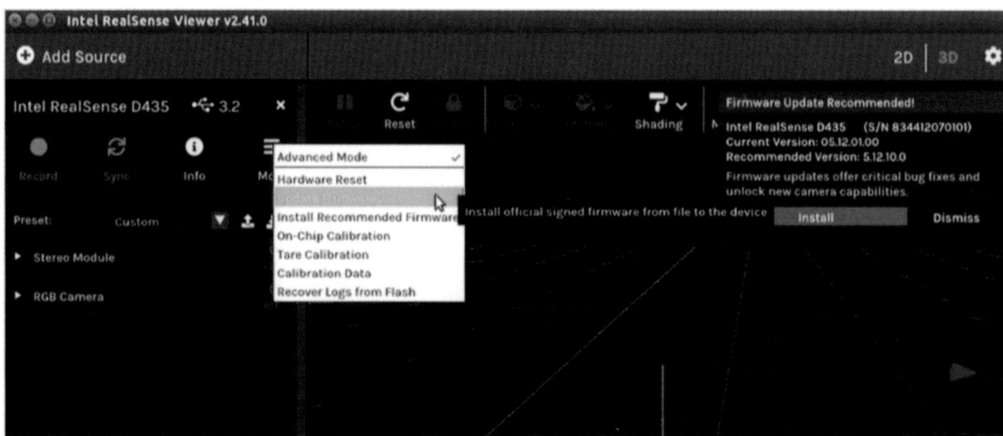

RealSense ROS ラッパープログラムのインストール

RealSenseをROSで動かします。次のようにコマンドを実行してRealSense ROSのラッパープログラムである「realsense-ros」をインストールします。

あらかじめ、以下コマンドで必要なライブラリをインストールしておきます。

```
$ sudo apt install -y ros-melodic-ddynamic-reconfigure ↵
```

cdコマンドでホームディレクトリのcatkin_ws/srcディレクトリへ移動し、gitコマンドでrealsense-rosをダウンロードします。

catkin buildコマンドでパッケージをビルドし、sourceコマンドでシェルに設定を反映します。

```
$ cd ~/catkin_ws/src ↵
$ git clone https://github.com/IntelRealSense/realsense-ros ↵
$ catkin build ↵
$ source ~/.bashrc ↵
```

これでrealsenseがROSで使えるようになります。

7

RealSenseを使ってみよう

ROS上でRealSenseを起動するために、次のコマンドを実行します。**roslaunch**は、ROSで使われる複数のプログラムを同時に立ち上げるためのコマンドです。 realsense2_cameraというパッケージ内にあるdemo_pointcloud.launchというファイルに、起動するプログラムや設定が記載されています。

```
$ roslaunch realsense2_camera demo_pointcloud.launch ↵
```

実行すると「**Rviz**」というROSでよく使用される可視化ソフトが自動起動して、次のように3D画像が表示されます。

●Rvizの起動

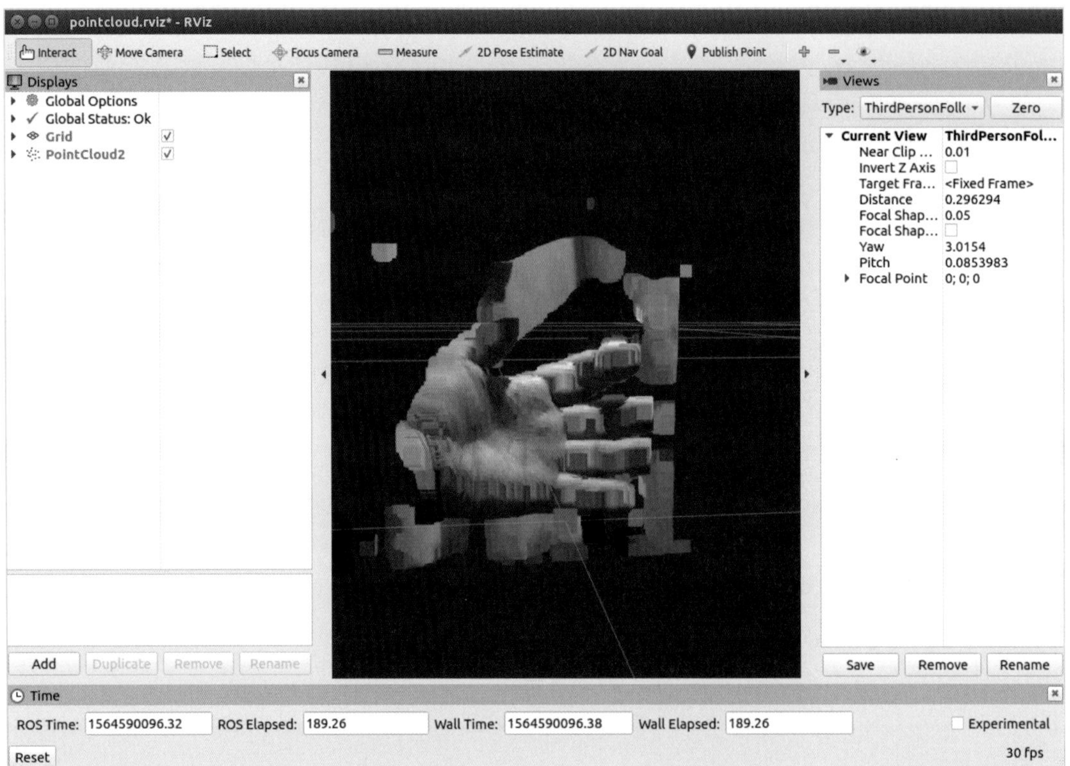

3次元ビューワー内でマウスをドラッグしたり、マウスホイールを操作することで、3次元画像を様々な方向から見ることができます。

ROS上でRealSenseを使えるようになったことで、ROSのコミュニティー上で開発された、多くの優良なOSSと組み合わせて、様々なアプリケーションを開発することができるようになります。

ROSとRealSenseで3次元画像処理をしよう

RealSenseをロボットの眼として使うために、3次元画像処理ライブラリ「PCL」のセットアップとPCLを使った3次元画像処理を行います。

3次元画像処理を試してみよう

3次元画像処理ライブラリ「PCL」

ここでは、RealSenseをロボットの眼として使うため、3次元画像処理を学んでいきます。

一般的に、2次元画像処理の画像処理ライブラリとしては「**OpenCV**」が有名です。一方、3次元画像処理の画像処理ライブラリとしては「**PCL**（Point Cloud Library）」が代表的です。PCLを使うことで、様々な3次元の画像処理が手軽に行えます。

ただし、PCLはセットアップが難しく、3Dカメラのデータを読み出すのも、カメラごとに方法が異なり大変です。そこで、PCLの利用にROSを活用します。

ROSとPCLはいずれも、米Willow Garage社（現OSRF）という会社で作られていたこともあり、非常に相性がよく次のような特徴があります。

- **ROS専用のPCLパッケージがあり手軽にインストールできる**
- **PCLの3次元情報をROSのRvizというソフトで簡単に可視化できる**
- **多数の市販の3DカメラがROSに対応している**

これらはすでにChapter 7-3で、ROSの可視化ソフト（Rviz）を用いたRealSenseの3D情報の表示などを通じて体験しています。ここからはさらに、PCLを用いて3次元画像処理を実施していきます。

PCLのセットアップ

PCLをセットアップします。Chapter 7-3でROSがセットアップ済みであれば、次のコマンドを実行するだけでPCLをセットアップできます。途中インストール実行の確認を求められたら「y」(Yes)を入力します。

```
$ sudo apt install ros-melodic-pcl-ros ↵
```

なお、(ROSなしで)PCLを単体でセットアップする方法は本書では解説しません。

PCLで3次元画像処理をしよう

pcl_ros_processingのセットアップ

PCLを使って、3次元画像処理を実施していきます。今回は筆者が作成した「pcl_ros_processing」という、PCLを用いて簡単な3次元画像処理を使用します。

以下のコマンドでセットアップできます。まずcdコマンドでホームディレクトリ内のcatkin_ws/srcディレクトリに移動します。次にgitコマンドでpcl_ros_processingをダウンロードします。catkin buildコマンドでパッケージをビルドし、sourceコマンドでシェルに設定を反映します。

```
$ cd ~/catkin_ws/src ↵
$ git clone https://github.com/karaage0703/pcl_ros_processing ↵
$ catkin build ↵
$ source ~/.bashrc ↵
```

pcl_ros_processingではいくつかの画像処理が可能ですが、今回は簡単な例として色のフィルタリングを実施していきます。

3次元情報の取得

画像処理するための3次元情報を取得します。3次元情報の取得には、3Dカメラ(RealSense)から取得する方法と、あらかじめ用意した3次元画像のログデータを利用する方法があります。

RealSenseで取得する場合は、Chapter 7-3でも解説しましたが、次のコマンドでrealsenseを起動します。

```
$ roslaunch realsense2_camera demo_pointcloud.launch ↵
```

RealSenseを使わない場合は、筆者があらかじめ用意した、3次元カメラで取得した3次元画像のログデータを使用します。このように、簡単にログデータを記録・再生できる仕組みがあるのがROSの利点です。

ログデータを再生する場合は、まずroscoreを立ち上げます。

```
$ roscore
```

roscoreが起動したら、次のコマンドでログを再生します。roscdコマンドでパッケージ内へ移動し、rosbag playコマンドでログを再生します。

```
$ roscd pcl_ros_processing
$ rosbag play -l rosbag_data/pcl_test.bag
$ roscd pcl_ros_processing
$ rosbag play -l rosbag_data/kinect_room.bag
```

色フィルタリングの実施

色のフィルタリングのプログラムを起動します。RealSenseを使用するか、ログデータを再生するかで、コマンドが一部変わりますので注意してください。

RealSenseを使用する場合は、次のようにコマンドを実行します。


```
$ rosrun pcl_ros_processing color_filter_rgb input:=/camera/depth/color/points
```

ログデータを再生している場合は、次のようにコマンドを実行します。

```
$ rosrun pcl_ros_processing color_filter_rgb input:=/camera/depth_registered/points
```

input:=の後の/camera/depth/color/pointsや/camera/depth_registered/pointsは「topic」と呼ばれるものです。topicは、センサー出力などのストリーミングデータを扱うときに用いられる、ROSでよく使われるメッセージ通信方式です。 /camera/depth_registered/pointsや/camera/depth_registered/pointsに、RealSenseで取得した3次元データが流れていると理解しておけば問題ありません。

実行した色フィルタのプログラムは、カメラから出力された3次元情報のtopicを入力として画像処理し、/color_filter というフィルタリングされた3次元情報のtopicを出力します。

フィルタリングされた3次元画像をRvizで確認します。確認するには、Rvizで購読する PointCloud2のtopicに、/color_filterを指定する必要があります。

ログデータを使用している場合も同様です。topicとして/color_filterを指定し、Global OptionsのFixed Frameにcamera_depth_frameを設定する必要があります。

設定操作は少し煩雑ですので、あらかじめ設定済みのconfigファイルを用意しました。次のコマンドで用意したconfigファイルをRvizで読み込み起動することができます。

```
$ rviz -d ~/catkin_ws/src/pcl_ros_processing/rviz/rosbag.rviz
```

Rviz上には、RealSenseの場合はRealSenseで撮影した場所が、ログデータの場合は筆者の部屋の3次元データが表示されているはずです。次の図はログデータを再生した例です。

●Rviz上に表示された3次元データ（ログデータ使用）

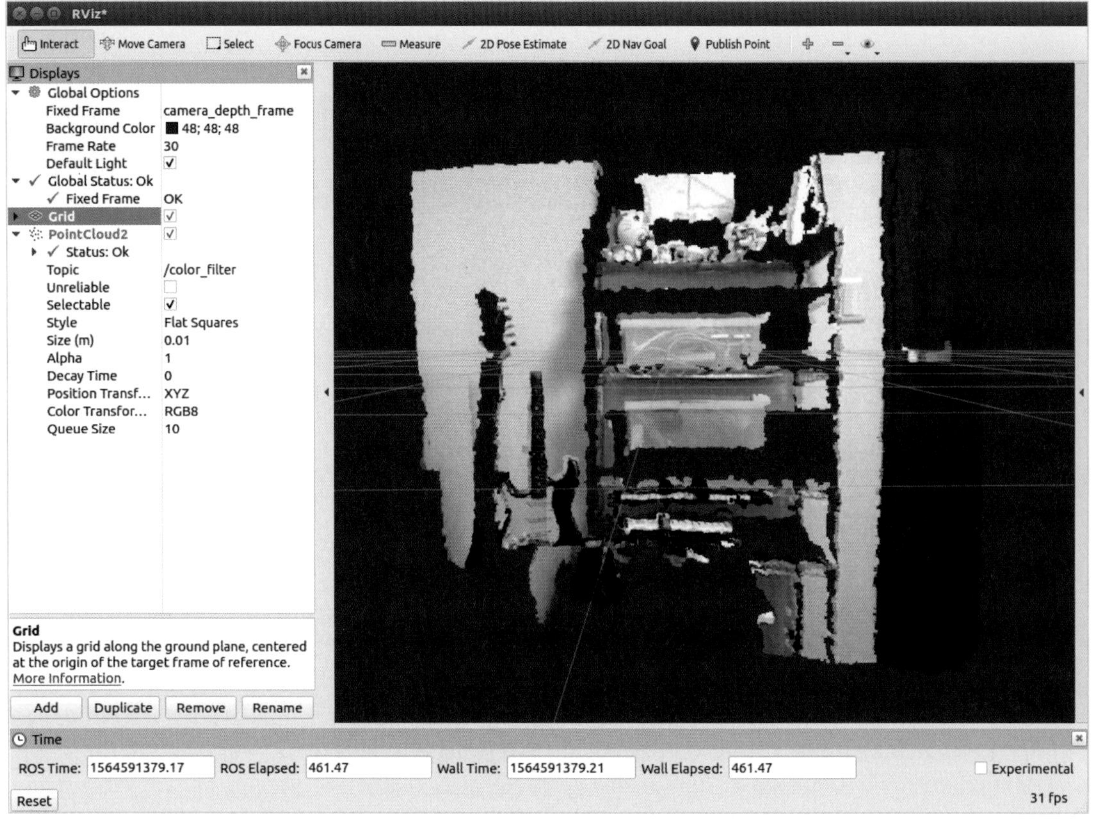

ここではまだ色フィルタがかかっていません。パラメータを変更します。

パラメータ変更のために**rosparam**コマンドを使用します。あらじめプログラムで定義されたパラメータを動的に変更します。

例として、次のコマンドで赤色を一部除去します。

```
$ rosparam set /max_r 100
```

設定すると、次の図のように、Rvizに赤に近い色が抜けた3次元情報が表示されます。

●赤に近い色が抜けた3次元情報

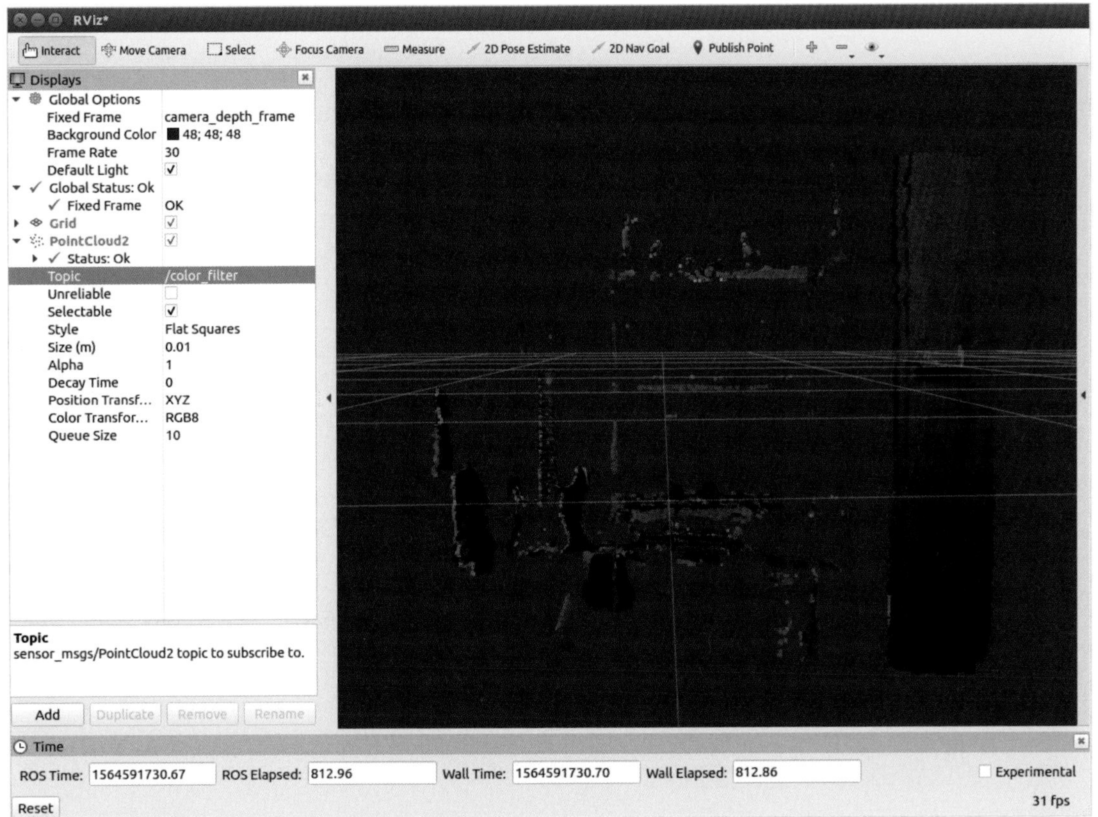

パラメータを変更し、3次元情報が変わる様子を確認してみてください。

7

3次元画像処理プログラムを自作するための参考サイト

pcl_ros_processingのリポジトリには、他にも様々なプログラムがあります。興味ある人はぜひ次のURLのREADMEやプログラムを元に、試したり改造したりして理解を深めてください。

● GitHub - karaage0703/pcl_ros_processing: pcl sample program on ROS(Robot Operating System)
https://github.com/karaage0703/pcl_ros_processing

次のROSのWikiやPCLの公式サイトにあるチュートリアルを進めていくと、3次元画像処理のプログラム学習の手助けになるでしょう。

● perception_pcl/Tutorials - ROS Wiki
http://wiki.ros.org/perception_pcl/Tutorials

● PCL - Point Cloud Library (PCL)
https://www.pointclouds.org

今回のように、簡単なプログラムの入力・出力を複数組み合わせて目的の結果を得るのが、ROSの基本的な使い方です。簡単なプログラムからはじめて、是非高度なロボットの眼を作ってみてください。

Part7の内容のサポートに関して

Part6のp.231でも説明しましたが、Part6とPart7に関しては専用のサポートサイトを設けています。万全のサポートは確約はできませんが、ソフトのバージョンアップなどで、本書の内容通りでセットアップできなくなったときは、極力サポートしていく方針です。お困りの際は是非参考にしてください。また、書籍に関する感想なども歓迎しています。

● Part6、Part7用サポートサイト
https://karaage.hatenadiary.jp/jetson-nano-book

電子工作をしてみよう

Jetson Nanoには、Raspberry Piと同じようにGPIOという40ピンの拡張ヘッダーが用意されています。GPIOはプログラムから入出力を制御したり、外部デバイスと通信を行うために使用されます。この章ではRaspberry Pi用のRPi.GPIOライブラリと同じAPIを持っているPythonライブラリ（Jetson GPIO Libraryパッケージ）を使用してデジタル入力と出力を制御したり、I^{2}C接続で外部デバイスとの通信を行ってみましょう。

Chapter 8-1

GPIO基本

Jetson Nano 4GB(A02、B01)には40ピンの拡張ヘッダー(J41)、Jetson Nano 2GBには40ピンの拡張ヘッダー(J6)が用意されています。この拡張ヘッダーは一般的に「GPIO」と呼ばれ、プログラムから入出力を制御したり、外部デバイスと通信を行うために使用されます。この節ではGPIOの概要と拡張ヘッダーの仕様について説明します。

GPIOとは

「**GPIO**(General-Purpose Input/Output)」は「**汎用入出力**」という意味です。集積回路やコンピュータボード上の一般的なピンで、入力または出力の動作をプログラムの実行によって制御できるのが特徴です。

Jetson Nano 4GB(A02、B01)とJetson Nano 2GBの拡張ヘッダーの名称(JXXまたはJXのX部分)は異なりますが、ピン番号と機能は同じです。拡張ヘッダーの40ピンのうち電源ピン(+3.3V、+5.0V、GND)、I^{2}Cピン、UARTピンはハードウェアに接続されているため、有効になっています。それ以外のすべてのピンはGPIOとして割り当てられています。

GPIOピンはあらかじめ定義された目的がなく有効になっていませんが、ラベルがついているGPIOピンはGPIOを使用する場合に推奨される機能です。

●Jetson Nano 4GB(A02、B01)の拡張ヘッダー(J41)

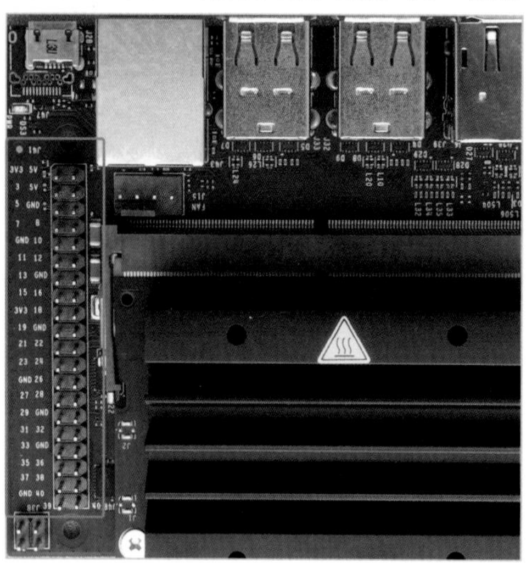

●Jetson Nano 2GB の拡張ヘッダー(J6)

GPIOの機能

GPIOには次のような機能があります。

- **GPIOピンは入力用・出力用に設定できます**
- **GPIOピンは有効・無効にできます**
- **入力値はプログラムから読み出しできます**
- **出力値はプログラムから書き込みと読み出しができます**
- **入力値はプログラムで割り込みとして使用できます**

KEYWORD **I²C**

I²C（Inter-Integrated Circuit）は「アイ・スクエアド・シー」または「アイ・アイ・シー」と読みます。I²C、またはIICなどと記述されたり、「アイ・ツー・シー」と読まれることもあります。フィリップス社で開発されたシリアルバスで、周辺機器をコンピュータボードへ接続する際に使用されます。

KEYWORD **UART**

Universal Asynchronous Receiver Transmitterの略で、シリアル信号をパラレル信号に変換したり、逆にパラレル信号をシリアル信号に変換したりする通信回路のことです。シリアルとは「連続的な」という意味で、1クロックで1ビットのデータが送られます。パラレルとは「同時進行の」という意味で、1クロックで2ビット以上のデータが送られます。ICなどの電子部品との内部通信だけでなく、コンピュータ同士やコンピュータと周辺機器との通信で使用されます。

8

拡張ヘッダーの仕様

Jetson Nanoの40ピンの拡張ヘッダーの用途を説明します。中央二列がJetson Nanoの40ピンのピン番号で、外側に向かって順に名前、Linux Sysfs GPIO番号、Raspberry Pi GPIO番号を記載しています。

●Jetson Nanoの40ピンの拡張ヘッダーのピン番号と機能

Raspberry Pi GPIO番号	Linux Sysfs GPIO番号	名前	ピン番号	ピン番号	名前	Linux sysfs GPIO番号	Raspberry Pi GPIO番号
		3.3V DC Power	1	2	5.0V DC Power		
2		I2C_2_SDA I2C Bus 1	3	4	5.0V DC Power		
3		I2C_2_SCL I2C Bus 1	5	6	GND		
4	gpio216	AUDIO_MCLK	7	8	UART_2_TX		14
		GND	9	10	UART_2_RX		15
17	gpio50	UART_2_RTS	11	12	I2S_4_SCLK	gpio79	18
27	gpio14	SPI_2_SCK	13	14	GND		
22	gpio194	LCD_TE	15	16	SPI_2_CS1	gpio232	23
		3.3V DC Power	17	18	SPI_2_CS0	gpio15	24
10	gpio16	SPI_1_MOSI	19	20	GND		
9	gpio17	SPI_1_MISO	21	22	SPI_2_MISO	gpio13	25
11	gpio18	SPI_1_SCK	23	24	SPI_1_CS0	gpio19	8
		GND	25	26	SPI_1_CS1	gpio20	7
		I2C_1_SDA I2C Bus 0	27	28	I2C_1_SCL I2C Bus 0		
5	gpio149	CAM_AF_EN	29	30	GND		
6	gpio200	GPIO_PZ0	31	32	LCD_BL_PWM	gpio168	12
13	gpio38	GPIO_PE6	33	34	GND		
19	gpio76	I2S_4_LRCK	35	36	UART_2_CTS	gpio51	16
26	gpio12	SPI_2_MOSI	37	38	I2S_4_SDIN	gpio77	20
		GND	39	40	I2S_4_SDOUT	gpio78	21

電源

3.3V（ピン番号1、17）は+3.3Vの電圧を、5.0V（ピン番号2、4）は+5.0Vの電圧を取り出せる端子です。外部の電子部品を動作させるための電源として使用したり、Jetson Nanoへの入力をHIGHにする場合に使用します。

GND

GND（ピン番号6、9、14、20、25、30、34、39）は電圧が0Vになる端子です。外部の電子部品に接続したり、Jetson Nanoへの入力をLOWにする場合に使用します。

GPIO

Linux Sysfs GPIO番号に「gpioXX」や「gpioXXX」（XXまたはXXXは数字）と表記されている端子は、デジタル入出力ができる端子です。LEDを点灯させたり、スイッチの状態を読み取ったり、電子部品を制御する場合に使用します。GPIOの後ろの数字はGPIOの番号で、プログラムから制御する際に指定します。Raspberry Pi GPIO番号は、Raspberry Pi用の**RPi.GPIO**ライブラリと同じAPIを持っているPythonライブラリ（**Jetson GPIO Library**パッケージ）を使用する際に使用します。

UART

UARTは電子部品や外部のコンピュータなどとデータのやり取りをする際に使用する端子です。UART_2_TX（ピン番号8）はデータの送信、UART_2_RX（ピン番号10）はデータの受信に使用されます。

I²C

I²Cは電子部品と通信する際に使用する端子です。センサーから計測した値を取得したり、ディスプレイに値を表示したり、モーターなどを制御する際に使用します。I2C_2_SDA（ピン番号3）はデータの送受信、I2C_2_SCL（ピン番号5）は接続した電子部品同士の同期に使用されます。

SPI

SPI（Serial Peripheral Interface）はI²Cと同様に電子部品と通信する際に使用する端子です。SPI_1_MOSI（Master Out Slave In、ピン番号19）はデータの送信、SPI_1_MISO（Master In Slave Out、ピン番号21）はデータの受信、SPI_1_SCK（Serial ClocK、ピン番号23）は接続した電子部品同士の同期に使用されます。SPIは複数の電子部品を接続できるため、対象の電子部品を選択するための端子としてSPI_1_CS0（Chip Select 0、ピン番号24）とSPI_1_CS1（Chip Select 1、ピン番号26）が用意されています。

Pythonライブラリ（Jetson GPIO Libraryパッケージ）のインストール

Pythonライブラリ（Jetson GPIO Libraryパッケージ）をダウンロードしてJetson Nanoにインストールします。その後にライブラリに付属しているサンプルプログラムを実行して、デジタル入出力の制御ができることを確認しましょう。

Jetson GPIO Library パッケージの導入

Jetson Nanoの40ピンの拡張ヘッダーでデジタル入力と出力を制御するため、Pythonライブラリ（**Jetson GPIO Library**パッケージ）をダウンロードしてJetson Nanoにインストールします。Jetson GPIOライブラリを使用するには、ユーザー権限とグループを設定する必要があります。

ダウンロードとインストール

gitコマンドを使用してPythonライブラリ一式をダウンロードします。

```
$ git clone https://github.com/NVIDIA/jetson-gpio.git
```

ダウンロードしたPythonライブラリに付属している「setup.py」スクリプトを使用してインストールします。cdコマンドでjetson-gpioディレクトリへ移動し、python3コマンドに続いてsetup.pyを実行します。実行には管理者権限が必要です。

```
$ cd jetson-gpio
$ sudo python3 setup.py install
```

グループの作成とユーザーの追加

Jetson GPIOライブラリを使用するための設定を行います。まず、**groupadd**コマンドでシステムに新規グループを作成します。groupaddの実行には管理者権限が必要です。

```
$ sudo groupadd -f -r gpio
```

作成したgpioグループに**usermod**コマンドでユーザーを追加します。「<ユーザー名>」部分には、Jetson Nano上で使用している自分のユーザー名を入力します。

```
$ sudo usermod -a -G gpio <ユーザー名> ⏎
```

udevルールの追加と反映

カスタムudevルールをインストールします。99-gpio.rulesファイルを/etc/udev/rules.dディレクトリにコピーします。/etcディレクトリ内にファイルをコピーするには管理者権限が必要です。

```
$ sudo cp lib/python/Jetson/GPIO/99-gpio.rules /etc/udev/rules.d/ ⏎
```

udevadmコマンドを使用して追加したudevルールを反映します。反映後にJetson Nanoを再起動しましょう。実行には管理者権限が必要です。

```
$ sudo udevadm control --reload-rules && sudo udevadm trigger ⏎
$ sudo reboot ⏎
```

これで準備が整いました。

サンプルプログラムの実行

Pythonライブラリに付属しているサンプルプログラムを実行して、実際にデジタル入出力の制御が可能か確かめましょう。

まず、付属しているサンプルプログラムファイルの機能を説明します。

simple_input.py

simple_input.pyはピン番号12（Raspberry Pi GPIO番号18）の入力値を読み取り、その値を画面に表示します。

simple_out.py

simple_out.pyはピン番号12（Raspberry Pi GPIO番号18）の出力値を2秒ごとに変化させ、HIGHとLOWを交互に出力します。

button_led.py

button_led.pyはボタンの状態を読み取り、LEDを点灯させます。ピン番号18とGNDに接続されたボタン、ピン番号18と+3.3Vに接続されたプルアップ抵抗、ピン番号12に接続されたLEDと電流制限抵抗が必要です。1秒ごとにボタンの状態を読み取り、ボタンが押されている間はLEDを点灯し続けます。

button_event.py

button_event.pyは、button_led.pyと同様にボタンの状態を読み取り、LEDを点灯させます。ピン番号18とGNDに接続されたボタン、ボタンを+3.3Vに接続するプルアップ抵抗、ピン番号12に接続されたLEDと電流制限抵抗が必要です。button_led.pyと機能は同じですが、CPU使用量を減らすためにピン番号の入力値を継続的にチェックする代わりにボタンを押すイベントにプログラムを変更しています。

button_interrupt.py

button_interrupt.pyは、ボタンの状態を読み取り、2つのLEDの点滅を制御します。ピン番号18とGNDに接続されたボタン、ピン番号18と+3.3Vに接続されたプルアップ抵抗、ピン番号12に接続された1つ目のLEDと電流制限抵抗、ピン番号13に接続された2つ目のLEDと電流制限抵抗が必要です。1番目のLEDが2秒ごとに遅く点滅し、ボタンが押されると2番目のLEDが0.5秒ごとに素早く連続して5回点滅します。

simple_pwm.py

simple_pwm.pyは、ピン番号33にPWM信号（周期: 20m秒（50Hz）、デューティ比: 0～100を0.25秒間隔で変化）を出力します。Jetson Nanoは2つのハードウェアPWMチャンネルをサポートしており、システムのpinmux構成を変更することでハードウェアPWMチャンネルをピン番号33に関連づける必要があります。Jetson-IO toolを使用してpinmux構成を変更します。PWM信号の詳細およびJetson-IO toolの使い方についてはChapter 8-5で説明します。

サンプルプログラムの実行

前ページで紹介したsimple_input.pyスクリプトを実行してみましょう。Pythonライブラリをダウンロードしたディレクトリ（jetson-gpio）内のsamplesディレクトリへcdコマンドで移動し、python3コマンドに続けてサンプルプログラムファイルを指定します。

```
$ cd jetson-gpio/samples
$ python3 simple_input.py
Starting demo now! Press CTRL+C to exit
Value read from pin 18 : LOW
```

ピン番号12（Raspberry Pi GPIO番号18）の入力値がLOWであることを表しています

上記の例では、ピン番号12（Raspberry Pi GPIO番号18）の入力値がLOWであることが表示されています。スクリプトを停止する場合はCtrl+Cキーを入力します。

入力値の変化

先の実行例では、ピン番号12からの入力がなかったのでLOWが表示されました。電子回路を組んで入力値をHIGHに変化させてみましょう。接続例を次に示します。

利用部品

- ブレッドボード……1個
- プッシュボタン……1個
- ジャンパー線（オス―メス）……2本

配線図の解説

①Jetson Nanoの40ピンの拡張ヘッダーです。

②ジャンパー線（メス）を拡張ヘッダーのピン番号1に挿します。ジャンパー線（オス）をブレッドボードに挿します。

③ジャンパー線（メス）を拡張ヘッダーのピン番号12に挿します。ジャンパー線（オス）をブレッドボードに挿します。

④プッシュボタンを、ピン番号1とピン番号12に繋がっているジャンパー線と繋ぐように、ブレッドボードに挿します。

●simple_input.pyの配線図

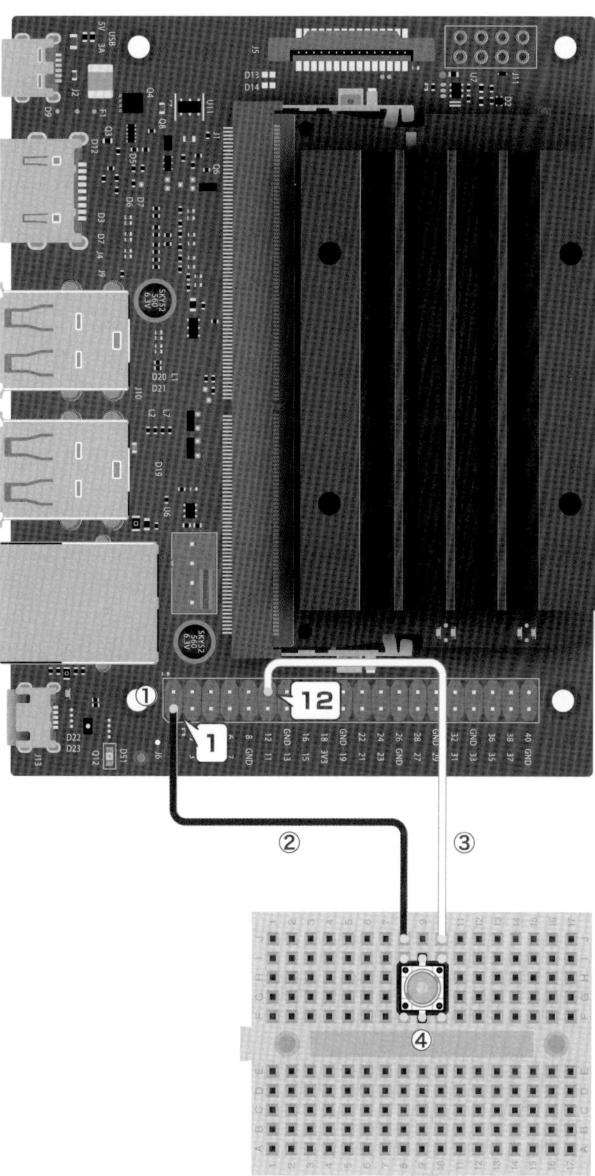

●電子回路の配線

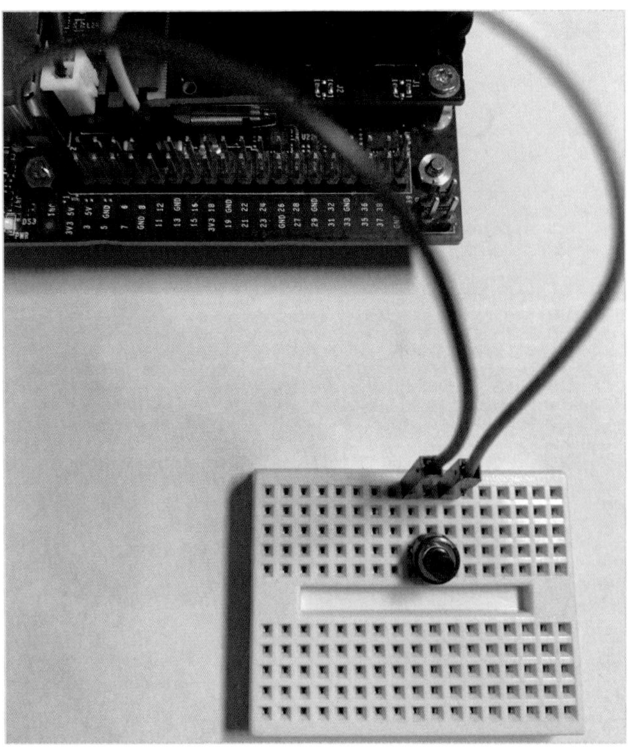

プッシュボタンを押す

配線が完了したら、プッシュボタンを押すと入力値がHIGHに変化することを確認しましょう。1秒ごとに入力値を読み取っていますので、少し長めにプッシュボタンを押してください。

```
$ python3 simple_input.py ⏎
Starting demo now! Press CTRL+C to exit
Value read from pin 18 : LOW
Value read from pin 18 : HIGH
```

プッシュボタンが押され、ピン番号12（Raspberry Pi GPIO番号18）がピン番号1（+3.3V）に接続されたことで入力値がHIGHに変化したことを表しています

プッシュボタンが押され、ピン番号12（Raspberry Pi GPIO番号18）がピン番号1（+3.3V）に接続されたことで入力値がHIGHに変化したことを表しています。

スクリプトを停止する場合は、Ctrl＋Cキーを入力します。

ピン番号12（Raspberry Pi GPIO番号18）の入力値がHIGHの場合

simple_input.pyスクリプトを実行すると「HIGH」と表示される場合があります。

```
$ python3 simple_input.py
Starting demo now! Press CTRL+C to exit
Value read from pin 18 : HIGH
```

ピン番号12（Raspberry Pi GPIO番号18）の入力値がHIGHであることを表しています

入力値の変化

電子回路を組んで入力値をLOWに変化させてみましょう。接続例を次に示します。

配線図の解説

①Jetson Nanoの40ピンの拡張ヘッダーです。

②ジャンパー線（メス）を拡張コネクタのピン番号6に挿します。ジャンパー線（オス）をブレッドボードに挿します。

③ジャンパー線（メス）を拡張ヘッダーのピン番号12に挿します。ジャンパー線（オス）をブレッドボードに挿します。

④プッシュボタンを、ピン番号1とピン番号12に繋がっているジャンパー線と繋ぐように、ブレッドボードに挿します。

●simple_input.pyの配線図

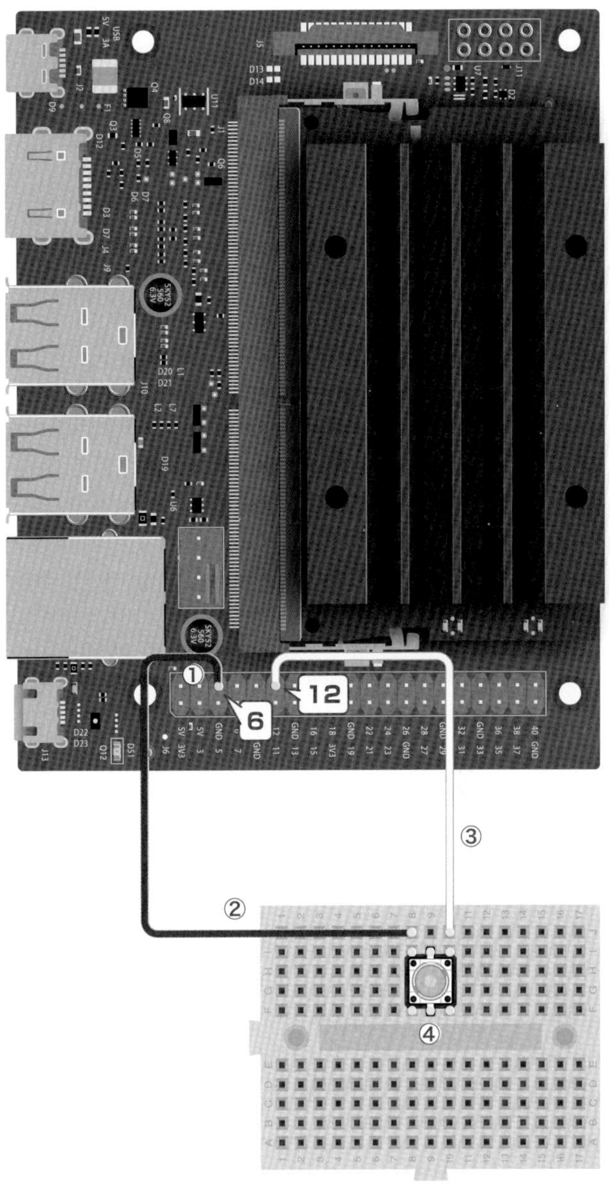

●電子回路の配線

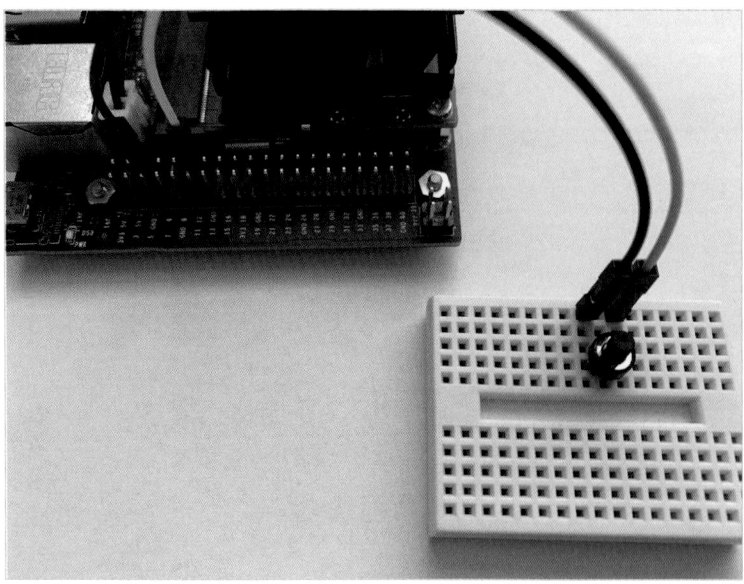

プッシュボタンを押す

配線が完了したら、プッシュボタンを押すと入力値がLOWに変化することを確認しましょう。1秒ごとに入力値を読み取っていますので、少し長めにプッシュボタンを押してください。

```
$ python3 simple_input.py
Starting demo now! Press CTRL+C to exit
Value read from pin 18 : HIGH
Value read from pin 18 : LOW
```

プッシュボタンが押され、ピン番号12（Raspberry Pi GPIO番号18）がピン番号6（GND）に接続されたことで、入力値がLOWに変化したことを表しています

プッシュボタンが押され、ピン番号12（Raspberry Pi GPIO番号18）がピン番号6（GND）に接続されたことで入力値がLOWに変化したことを表しています。

スクリプトを停止する場合は、Ctrl＋Cキーを入力します。

LEDの点灯と制御

前節Chapter 8-2で紹介したサンプルプログラムを使用して、Jetson NanoにLEDと抵抗を接続し、LEDの点灯と制御を試してみましょう。

LEDの点灯

Jetson NanoにLEDと抵抗を使った電子回路を作成して、simple_out.py（ピン番号12の出力値を2秒ごとに変化させ、HIGHとLOWを交互に出力するサンプル）スクリプトを実行してみましょう。出力値がLOWとHIGHとに交互に変化することによって、LEDが1秒ごとに点滅を繰り返します。

電子回路の作成

まず電子回路を作成します。必要な部品と配線図は次のとおりです。

利用部品

- ブレッドボード……………………1個
- LED……………………1個
- 抵抗（220Ω）……………………1個
- ジャンパー線（オス―メス）……………………2本

● simple_out.pyの配線図

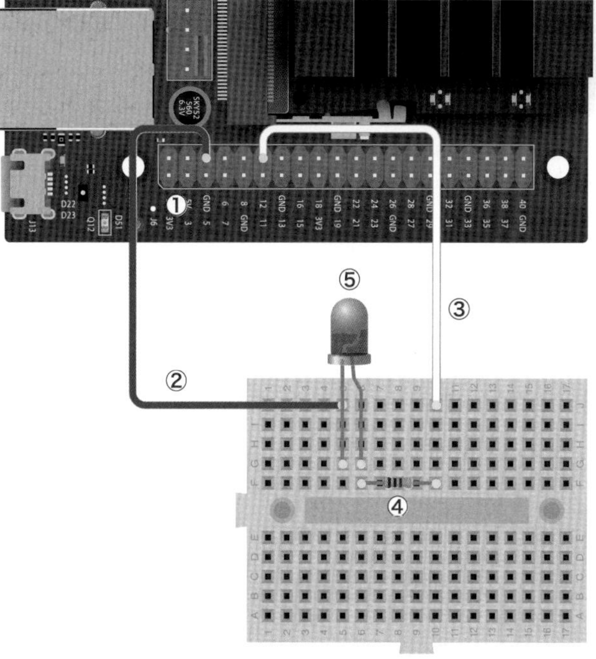

配線図の説明

①Jetson Nanoの40ピンの拡張ヘッダーです。

②ジャンパー線（メス）を拡張ヘッダーのピン番号6に挿します。ジャンパー線（オス）をブレッドボードに挿します。

③ジャンパー線（メス）を拡張ヘッダーのピン番号12に挿します。ジャンパー線（オス）をブレッドボードに挿します。

④抵抗（220Ω）を、拡張ヘッダーのピン番号12と繋がっているジャンパー線と、LEDのアノード（+）に繋げます。

⑤LEDのカソード（−）と、拡張ヘッダーのピン番号6へ繋がっているジャンパー線とを繋ぎます。

●電子回路の配線

サンプルプログラムの実行

配線が完了したら、simple_out.pyスクリプトを実行してみましょう。次のようにpython3コマンドに続けてsimple_out.pyファイルを指定します。LEDが1秒ごとに点滅することを確認します。

スクリプトを停止する場合は、Ctrl＋Cキーを入力します。

```
$ python3 simple_out.py ⏎
Starting demo now! Press CTRL+C to exit
Outputting 1 to pin 18
Outputting 0 to pin 18
Outputting 1 to pin 18
Outputting 0 to pin 18
（後略）
```

●LEDが一秒ごとに点滅

LEDの制御 ①

button_led.py（ボタンの状態を読み取り、LEDを点灯させるサンプル）スクリプトを実行してみましょう。

電子回路の作成

電子回路を作成しましょう。必要な部品と配線図は次のとおりです。

●button_led.pyの配線図

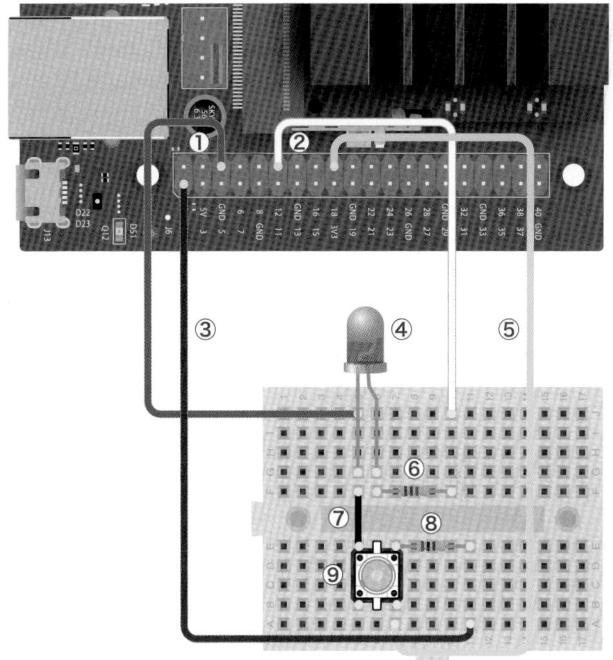

利用部品

- ブレッドボード……1個
- LED……1個
- プッシュボタン……1個
- 抵抗（220Ω）……1個
- 抵抗（1kΩ）……1個
- ジャンパー線（オス―メス）……4本
- ジャンパー線（オス―オス）……1本

①ジャンパー線（メス）を拡張ヘッダーのピン番号6に挿します。ジャンパー線（オス）をブレッドボードに挿します。

②ジャンパー線（メス）を拡張ヘッダーのピン番号12に挿します。ジャンパー線（オス）をブレッドボードに挿します。

③ジャンパー線（メス）を拡張ヘッダーのピン番号1に挿します。ジャンパー線（オス）をブレッドボードに挿します。

④LEDをブレッドボードに挿します。カソード（－）を拡張ヘッダーのピン番号6に繋がるジャンパー線と繋ぎ、アノード（＋）を拡張ヘッダーのピン番号12と繋がる220Ω抵抗に繋ぎます。

⑤ジャンパー線（メス）を拡張ヘッダーのピン番号18に挿します。ジャンパー線（オス）をブレッドボードに挿します。

⑥抵抗（220Ω）をブレッドボードに挿します。LEDのアノード（＋）と拡張ヘッダーのピン番号12を繋ぐジャンパー線の間に配置します。

⑦ジャンパー線（オスーオス）をブレッドボードに挿します。LEDのカソード（－）とプッシュボタンの間に配置します。

⑧抵抗（1kΩ）をブレッドボードに挿します。プッシュボタンと、拡張ヘッダーの3.3V（ピン番号1）との間に配置します。

⑨プッシュボタンをブレッドボードに挿します。LEDのカソード（−）と電源とその間に入る220Ω抵抗の間に入るように配置します。

●button_led.pyの電子回路の配線

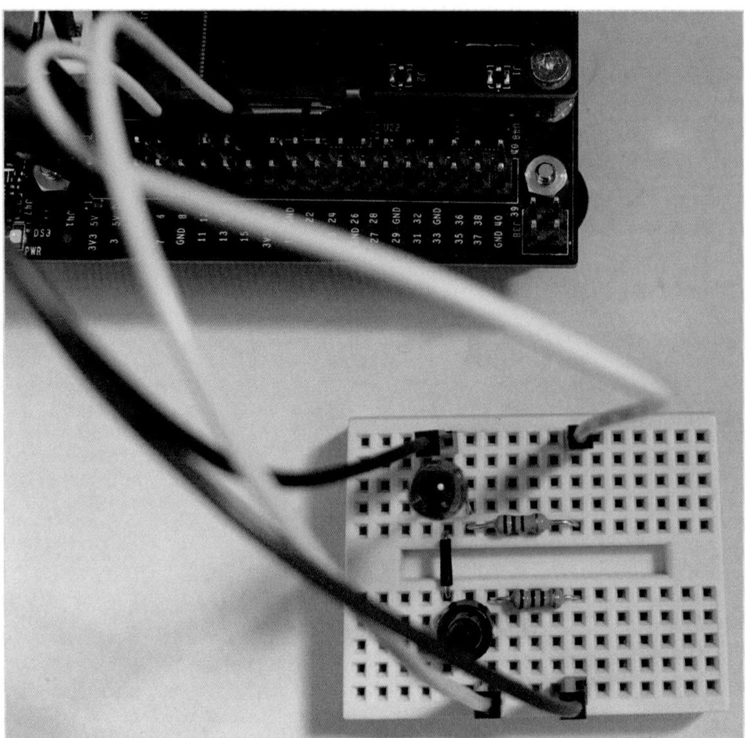

サンプルプログラムの実行

button_led.pyを実行して、プッシュボタンを押すとLEDが点灯し、プッシュボタンを離すとLEDが消灯することを確認しましょう。次のようにpython3コマンドに続けてbutton_led.pyファイルを指定します。

プッシュボタンを押している間はLEDが点灯し続けます。1秒ごとにプッシュボタンの状態を読み取ってLEDの点滅を制御していますので、少し長めにプッシュボタンを押してください。

スクリプトを停止する場合は、Ctrl＋Cキーを入力します。

プッシュボタンを離した状態です。LEDは消灯します

```
$ python3 button_led.py
Starting demo now! Press CTRL+C to exit
Outputting 1 to Pin 12
Outputting 0 to Pin 12
Outputting 1 to Pin 12
Outputting 0 to Pin 12
...
```

プッシュボタンを押した状態です。LEDは点灯します

LEDの制御 ②

LEDの制御①と同じ電子回路で、button_event.pyスクリプトを実行してみましょう。次のようにpython3コマンドに続けてbutton_event.pyファイルを指定します。

LEDの制御①では1秒ごとにプッシュボタンの状態を読み取ってLEDの点滅を制御していますので、プッシュボタンを押すタイミングによってはLEDの点灯・消灯が少し遅れて反応する場合がありますが、button_event.pyはプッシュボタンが押されるイベントを検知してLEDを点灯しますので、反応が遅れることはありません。

スクリプトを停止する場合は、Ctrl+Cキーを入力します。

プッシュボタンが押されるイベントを待っている状態です

```
$ python3 button_event.py
Starting demo now! Press CTRL+C to exit
Waiting for button event
Button Pressed!
Waiting for button event
...
```

プッシュボタンが押されたタイミングでログが出力され、LEDが1秒間点灯します

LEDの制御 ③

電子回路を作成し、配線したあとにbutton_interrupt.pyスクリプトを実行してみましょう。

このスクリプトは2つのLEDを使用します。1番目のLEDが2秒ごとに遅く点滅し、ボタンが押されると2番目のLEDが0.5秒ごとに素早く連続して5回点滅します。

電子回路の作成

電子回路を作成しましょう。必要な部品と配線図は次のとおりです。

●button_interrupt.pyの配線図

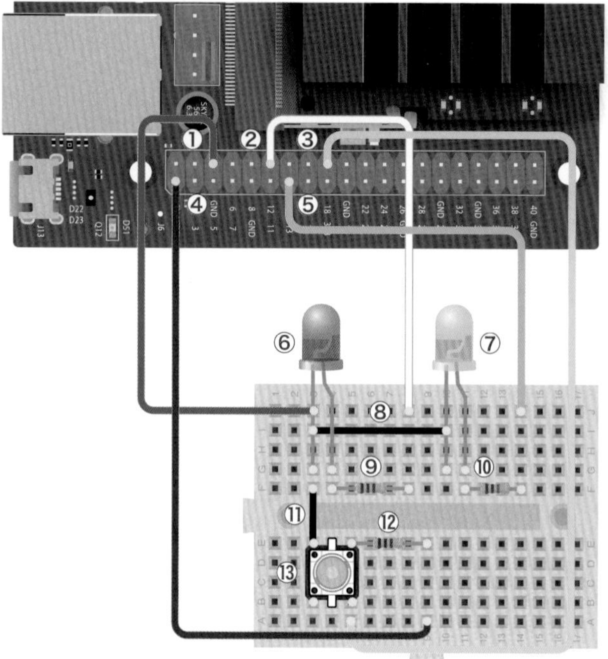

利用部品

- ブレッドボード……1個
- LED……2個
- プッシュボタン……1個
- 抵抗（220Ω）……2個
- 抵抗（1kΩ）……1個
- ジャンパー線（オスーメス）……5本
- ジャンパー線（オスーオス）……2本

①ジャンパー線（メス）を拡張ヘッダーのピン番号6に挿します。ジャンパー線（オス）を、LED（赤・緑）のカソード（−）へ繋ぐように、ブレッドボードに挿します。

②ジャンパー線（メス）を拡張ヘッダーのピン番号12に挿します。ジャンパー線（オス）を、LED（赤）のアノード（+）と繋がる抵抗（220Ω）と繋げるように、ブレッドボードに挿します。

③ジャンパー線（メス）を拡張ヘッダーのピン番号18に挿します。ジャンパー線（オス）を、プッシュボタンの片側へ繋げるようにブレッドボードに挿します。

④ジャンパー線（メス）を拡張ヘッダーのピン番号1に挿します。ジャンパー線（オス）を、プッシボタンの片側に繋がる抵抗（1kΩ）へ繋げるようにブレッドボードに挿します。

⑤ジャンパー線（メス）を拡張ヘッダーのピン番号13に挿します。ジャンパー線（オス）を、LED（緑）のアノード（+）と繋がる抵抗（220Ω）と繋げるように、ブレッドボードに挿します。

⑥LED（赤）をブレッドボードに挿します。カソード（−）は拡張ヘッダーのピン番号6およびプッシュボタンの片側と繋げるように、アノード（+）は抵抗（220Ω）に繋げるように挿します。

⑦LED（緑）をブレッドボードに挿します。カソード（−）は拡張ヘッダーのピン番号6と繋がるように、アノード（+）は抵抗（220Ω）に繋げるように挿します。

⑧ジャンパー線（オスーオス）を、拡張ヘッダーのピン番号6およびLED（赤・緑）のカソードを繋ぐように挿します。

⑨抵抗（220Ω）をブレッドボードに挿します。LED（赤）のアノード（+）と、拡張ヘッダーのピン番号12に繋がるように挿します。

⑩抵抗（220Ω）をブレッドボードに挿します。LED（緑）のアノード（+）と、拡張ヘッダーのピン番号13

に繋がるように挿します。

⑪ジャンパー線（オスーオス）をブレッドボードに挿します。LED（赤）のカソード（−）とプッシュボタンの片側を繋ぐように接続します。

⑫抵抗（1kΩ）をブレッドボードに挿します。拡張ヘッダーのピン番号18とプッシュボタンの片側を繋ぐように接続します。

⑬プッシュボタンをブレッドボードに挿します。LED（赤）のカソード（−）と拡張ヘッダーのピン番号18を繋ぐように接続します。

●button_interrupt.pyの電子回路の配線①

●button_interrupt.pyの電子回路の配線②（ブレッドボード上）

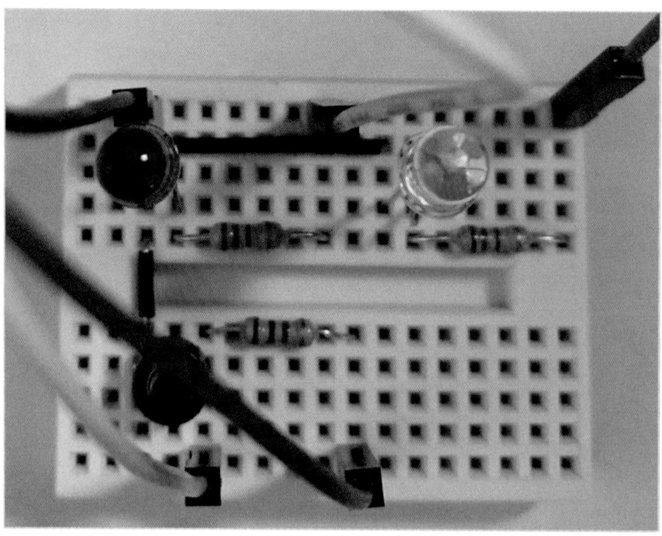

サンプルプログラムの実行

button_interrupt.pyを実行して、プッシュボタンを押すとLEDが点灯し、プッシュボタンを離すとLEDが消灯することを確認しましょう。次のようにpython3コマンドに続けてbutton_interrupt.pyファイルを指定します。ボタンが押されると2番目のLEDが0.5秒ごとに素早く連続して5回点滅します。

スクリプトを停止する場合は、Ctrl+Cキーを入力します。

```
$ python3 button_interrupt.py ↵
Starting demo now! Press CTRL+C to exit
Blink LED 2
```

ボタンが押されると2番目のLEDが0.5秒ごとに素早く連続して5回点滅します

●1番目のLED点灯

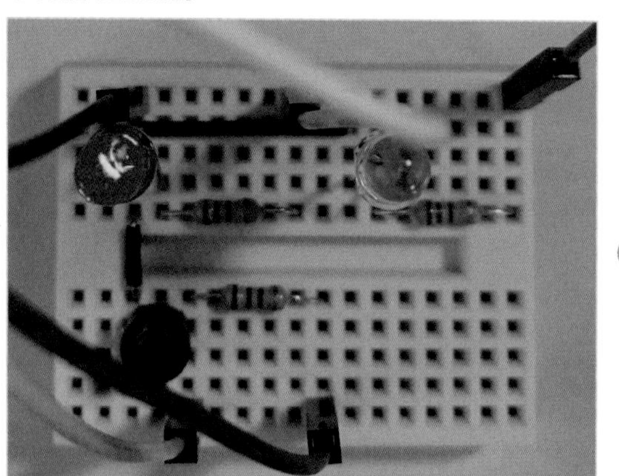

➜

●2番目のLED点灯

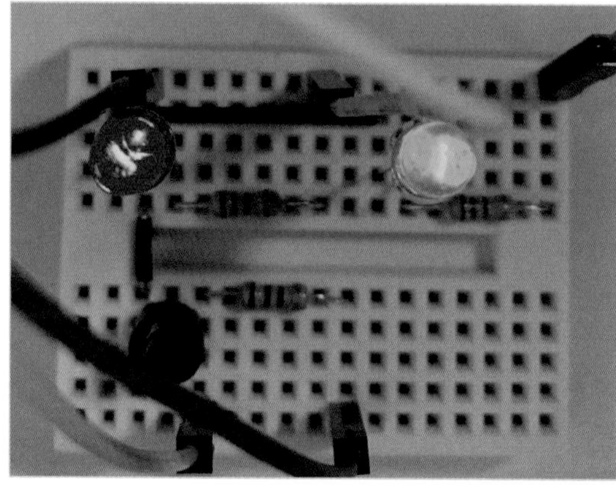

I²C通信方式

Chapter 8-1で解説した「**I²C**」通信方式を、Jetson Nanoで利用してみましょう。Seeed Technology社のGroveモジュールを用いてJetson Nanoと外部デバイスとの間で通信する方法を解説します。

Groveモジュール

Groveモジュールは、モジュール方式のコネクタが特徴のSeeed Technology社のGroveシステム（挿すだけで使えるシステム）です。ハンダ付けが不要なためプロトタイピングに向いたデバイスです。

ここではI²C通信方式に対応したGroveモジュールを使用して、Jetson Nanoから通信を行います。温湿度・気圧センサー（**BME280**）を搭載したGroveモジュールからデータを受信し、OLEDディスプレイを搭載したGroveモジュールへデータを送信して表示させます。

Groveモジュールが1つの場合は、GroveモジュールとJetson NanoをGrove－ジャンパーケーブル（Groveコネクタージャンパー線メス）を使用して接続します。複数のGroveモジュールをJetson Nanoへ接続する場合は、「**Grove I²C Hub**」を経由して接続します。なおGroveモジュールが1つの場合でもGrove I²C Hubを経由して接続することも可能です。

●Groveモジュールの例（1）「Temperature, Humidity, Pressure Sensor（BME280）」

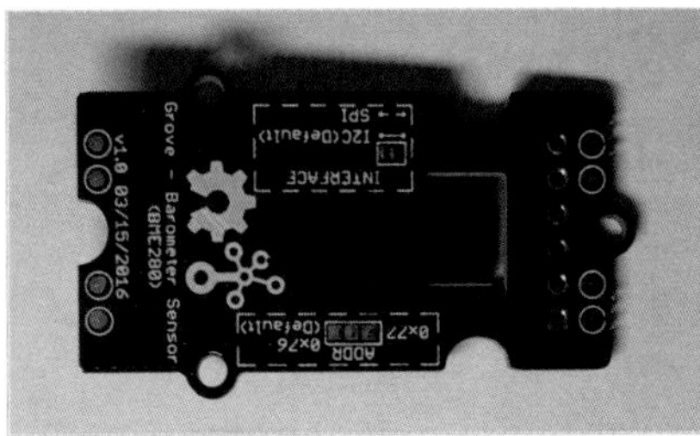

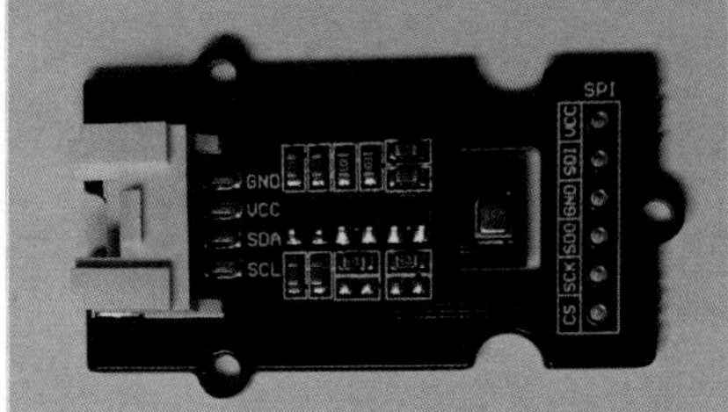

●Groveモジュールの例（2）「OLED Display 0.96" 128 x 64」

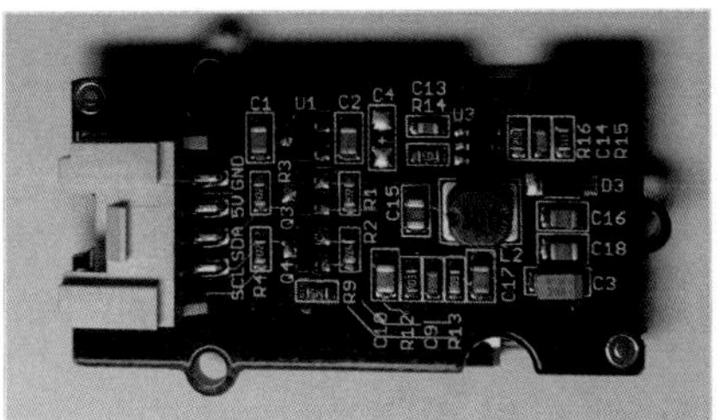

●Grove I2C Hubモジュール表（左）、裏（右）

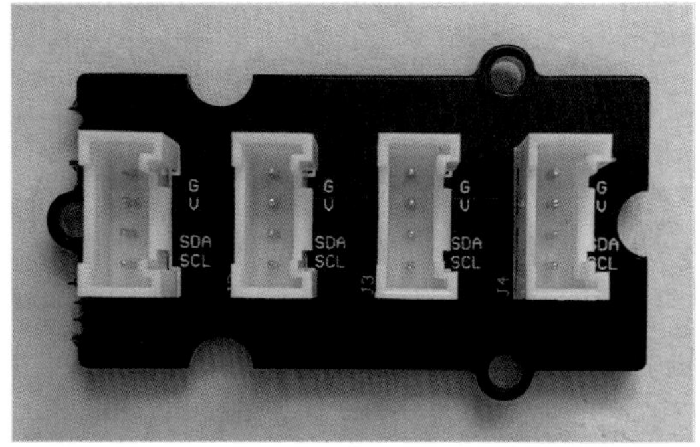

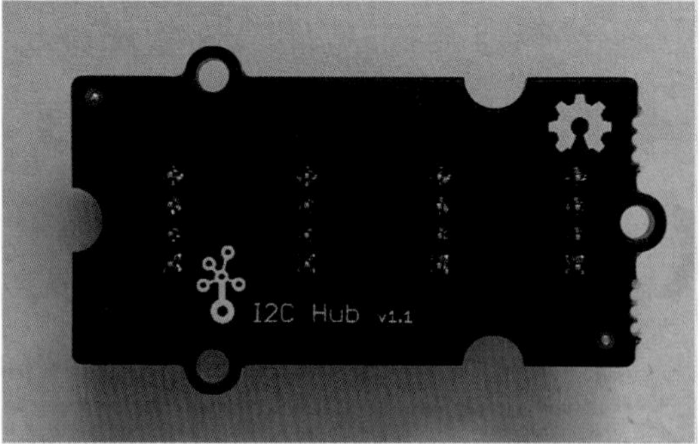

●GroveモジュールとGrove I2C Hubモジュールの接続例

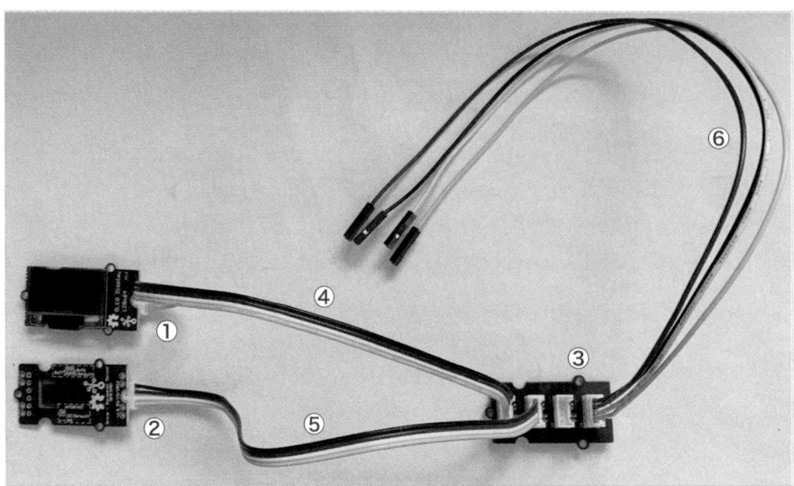

①Groveモジュール　OLED Display 0.96" 128 x 64

②Groveモジュール　Temperature, Humidity, Pressure Sensor（BME280）

③Groveモジュール　Grove I²C Hub

④Groveケーブル（Groveコネクター Groveコネクタ）

⑤Groveケーブル（Groveコネクター Groveコネクタ）

⑥Grove - ジャンパーケーブル（Groveコネクタージャンパー線メス）

●Groveケーブルと Jetson Nanoとの接続

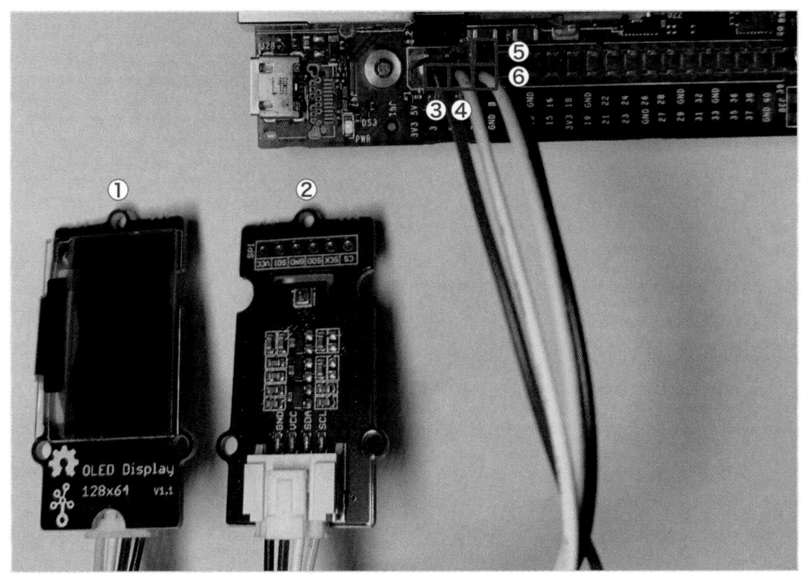

①Groveモジュール　OLED Display 0.96" 128 x 64
②Groveモジュール　Temperature, Humidity, Pressure Sensor（BME280）
③ジャンパー線（赤）を拡張ヘッダーのピン番号1に挿します。
④ジャンパー線（白）を拡張ヘッダーのピン番号3に挿します。
⑤ジャンパー線（黒）を拡張ヘッダーのピン番号6に挿します。
⑥ジャンパー線（黄）を拡張ヘッダーのピン番号5に挿します。

NOTE I^{2}C通信方式の特徴

I^{2}C通信の大きな特徴は、データのやり取りを行う「**SDA**（シリアルデータ）」とI^{2}Cデバイス間でタイミングを合わせるために利用する「**SCL**（シリアルクロック）」の2本の信号線で動作することです。実際にはデバイスを動作させる電源（+3.3V）とGNDを接続するため、合計4本の線を接続する必要があります。I^{2}Cはデバイスを制御するマスター（Jetson Nano）とマスターからの命令によって制御されるスレーブ（OLEDディスプレイ、BMEセンサー）に分かれます。スレーブは複数接続できます。スレーブの通信対象のデバイスを区別するため、それぞれのデバイスには「**I^{2}Cアドレス**」が割り当てられています。マスターはスレーブの「I^{2}Cアドレス」を指定して通信を行います。

●2本の信号線で動作するI^{2}Cデバイス

I^{2}Cマスター
(Jetson Nano)

SDA（シリアルデータ）

SCL（シリアルクロック）

I^{2}Cスレーブ
(OLEDディスプレイ)
I^{2}Cアドレス：0x3c

I^{2}Cスレーブ
(BME280センサー)
I^{2}Cアドレス：0x76

I²C通信デバイスの確認

I²C通信デバイスはそれぞれアドレスを持っており、**i2cdetect**コマンドで、Jetson Nanoに接続されているI²Cデバイスを確認することができます。i2cdetectコマンドの実行には管理者権限が必要です。

次の実行例の場合は「3c」がOLED Display 0.96" 128 x 64、「76」がTemperature, Humidity, Pressure Sensor（BME280）です。

```
$ sudo i2cdetect -r -y 1
     0  1  2  3  4  5  6  7  8  9  a  b  c  d  e  f
00:          -- -- -- -- -- -- -- -- -- -- -- -- --
10: -- -- -- -- -- -- -- -- -- -- -- -- -- -- -- --
20: -- -- -- -- -- -- -- -- -- -- -- -- -- -- -- --
30: -- -- -- -- -- -- -- -- -- -- -- -- 3c -- -- --
40: -- -- -- -- -- -- -- -- -- -- -- -- -- -- -- --
50: -- -- -- -- -- -- -- -- -- -- -- -- -- -- -- --
60: -- -- -- -- -- -- -- -- -- -- -- -- -- -- -- --
70: -- -- -- -- -- -- 76 --
```

●画面出力例

```
jetson@jetson:~$ sudo i2cdetect -r -y 1
     0  1  2  3  4  5  6  7  8  9  a  b  c  d  e  f
00:          -- -- -- -- -- -- -- -- -- -- -- -- --
10: -- -- -- -- -- -- -- -- -- -- -- -- -- -- -- --
20: -- -- -- -- -- -- -- -- -- -- -- -- -- -- -- --
30: -- -- -- -- -- -- -- -- -- -- -- -- 3c -- -- --
40: -- -- -- -- -- -- -- -- -- -- -- -- -- -- -- --
50: -- -- -- -- -- -- -- -- -- -- -- -- -- -- -- --
60: -- -- -- -- -- -- -- -- -- -- -- -- -- -- -- --
70: -- -- -- -- -- -- 76 --
```

ライブラリのインストール

PythonからGroveモジュールを使用するため、Grove.pyライブラリをインストールします。Grove.pyライブラリをインストールする際にcurlコマンドを利用します。まずcurlをaptコマンドでインストールしてから、次のように実行します。aptコマンドの実行には管理者権限が必要です。

```
$ sudo apt install curl
$ curl -sL https://github.com/Seeed-Studio/grove.py/raw/master/install.sh | sudo bash -s -
$ git clone https://github.com/Seeed-Studio/grove.py
```

ディスプレイに文字を表示するサンプルプログラムの実行

ダウンロードしたサンプルプログラムを実行してみましょう。「grove_oled_display_128x64.py」を実行すると、OLEDディスプレイに文字を表示できます。

cdコマンドでサンプルプログラムをダウンロードしたディレクトリへ移動して、pythonコマンドに続けてサンプルプログラムを実行します。実行には管理者権限が必要です。「hello world」と表示されれば正常に稼働しています。

```
$ cd grove.py/grove/ ↵
$ sudo python grove_oled_display_128x64.py ↵
```

●OLEDディスプレイの表示例

温度、気圧、湿度センサーからデータを取得するサンプルプログラムの実行

次に、サンプルプログラムを実行して温湿度・気圧センサー（BME280）からデータを取得して表示します。wgetコマンドでサンプルプログラムをダウンロードし、pythonコマンドに続けてプログラムファイル（bme280.py）を指定します。実行には管理者権限が必要です。温度、気圧、湿度の情報が表示されれば正常です。

```
$ wget -O bme280.py http://bit.ly/bme280py ↵
$ sudo python bme280.py ↵
Chip ID   : 96
Version   : 0
Temperature :  27.05 C
Pressure :  997.963232973 hPa
Humidity :  60.0290369649 %
```

●画面出力例

```
[jetson@jetson:~/grove.py/grove$ sudo python bme280.py
 Chip ID      : 96
 Version      : 0
 Temperature :   27.96 C          温度
 Pressure :  998.382131482 hPa    気圧
 Humidity :  67.4354413204 %      湿度
```

センサーの情報をディスプレイに表示するサンプルプログラムの実行

前ページで実行したサンプルプログラムを組み合わせて、温湿度・気圧センサー（BME280）からデータを取得して、OLEDディスプレイに温度、気圧、湿度の情報を表示するプログラムを実行します。wgetコマンドでサンプルプログラムをダウンロードし、pythonコマンドに続けてプログラムファイル（bme280_oled.py）を指定します。実行には管理者権限が必要です。

```
$ wget https://github.com/kitazaki/jetson_nano_grove/raw/master/bme280_oled.py ↵
$ sudo python bme280_oled.py ↵
```

●OLEDディスプレイの表示例

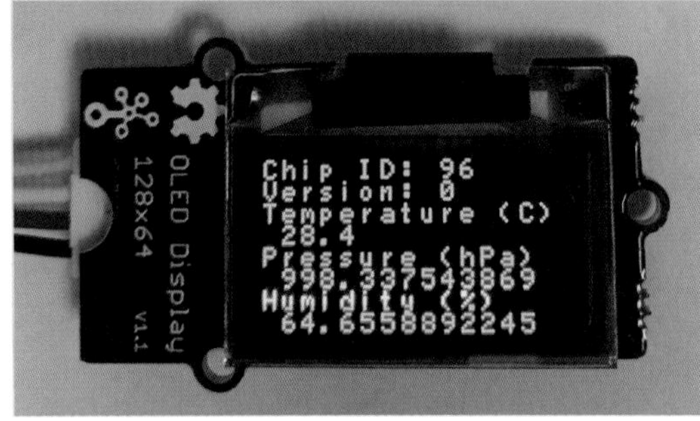

NOTE bme280_oled.pyの説明

bme280_oled.pyは、grove_oled_display_128x64.pyをもとに、bme280.pyで使用したbme280ライブラリをインポートし、main関数の中で温湿度・気圧センサー（BME280）からデータを取得しています。OLEDディスプレイへの表示は「hello world」の文字を表示する部分を削除し、温湿度・気圧センサー（BME280）から取得したチップ情報、温度、気圧、湿度の情報を表示しています。

```
$ cp grove_oled_display_128x64.py bme280_oled.py ↵
$ vi bme280_oled.py ↵
```

次ページへ

● bme280_oled.pyの修正（35行目に追加）

bme280_oled.py

```
import bme280 ①
```

①bme280ライブラリをインポートします。

● bme280_oled.pyの修正（246、247行目に追加）

bme280_oled.py

```
(chip_id, chip_version) = bme280.readBME280ID() ②
temperature,pressure,humidity = bme280.readBME280All() ③
```

②チップ情報を取得します。
③温度、気圧、湿度の情報を取得します。

● bme280_oled.pyの修正（251 ～ 268行目に追加）

bme280_oled.py

```
display.set_cursor(0, 0)
display.puts('Chip ID: ')
display.puts(str(chip_id))
display.set_cursor(1, 0)
display.puts('Version: ')
display.puts(str(chip_version))
display.set_cursor(2, 0)
display.puts('Temperature (C)')
display.set_cursor(3, 1)
display.puts(str(temperature))
display.set_cursor(4, 0)
display.puts('Pressure (hPa)')
display.set_cursor(5, 1)
display.puts(str(pressure))
display.set_cursor(6, 0)
display.puts('Humidity (%)')
display.set_cursor(7, 1)
display.puts(str(humidity))
```

● bme280_oled.pyの修正（削除）

simpletest.py

```
display.puts('hello')
display.set_cursor(1, 4)
display.puts('world')
```

8

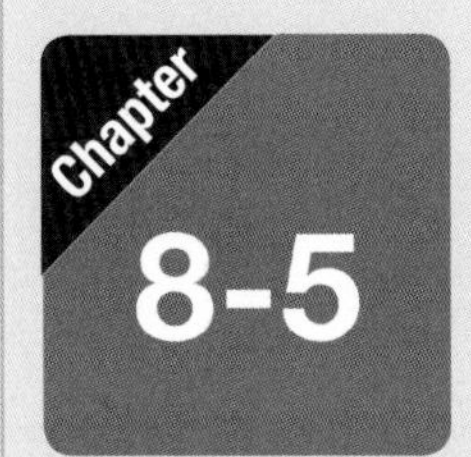

PWM（パルス幅変調）信号

Chapter 8-2で説明したサンプルプログラムsimple_pwm.pyを実行してサーボモーターの制御を行ってみましょう。
また、Chapter 8-4で説明したI²C通信方式で、NXP社のPCA9685（16チャンネル、12ビットPWMコントローラー）を用いてサーボモーターの制御を行ってみましょう。

PWM（パルス幅変調）とは

「**PWM**（Pulse Width Modulation　**パルス幅変調**）」とは、変調方式（電気信号の振幅、周波数、位相を変化させること）の1つで、パルス波（矩形波）のデューティ比（周期に占めるパルス幅の割合）を変化させて変調することです。

デューティ比は「τ（パルス幅）÷T（周期）」で定義されます。一般的にT（周期）は一定で、τ（パルス幅）を変えることでデューティ比が変化します。デューティ比を変化させることで、サーボモーターの角度を変えることができます。

●デューティ比

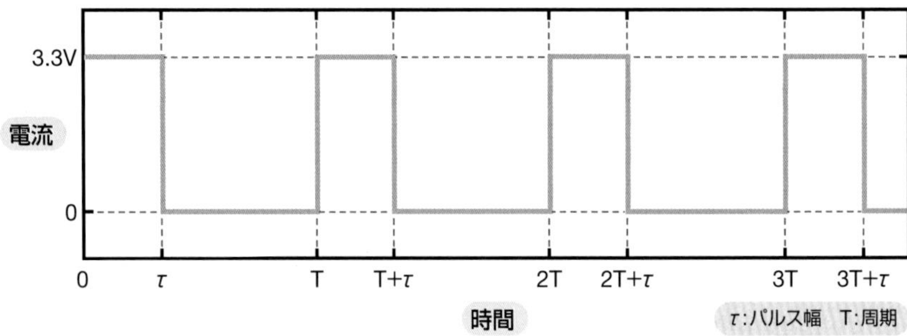

サンプルプログラムの実行

Chapter 8-2で説明したサンプルプログラムsimple_pwm.pyを実行してサーボモーターの制御を行ってみましょう。サンプルプログラムを実行する前にシステムのpinmux構成を変更する必要があります。

pinmuxとは

pinmuxはpin multiplex（ピン・マルチプレックス）の略で、Jetson Nanoのプロセッサーの内部信号を多重化して40ピンの拡張ヘッダーなどの外部ピンへ関連づけを行います。

Jetson Nanoは2つのハードウェアPWMチャンネルをサポートしていますが、デフォルトではハードウェアPWMチャンネルは40ピンの拡張ヘッダーへ関連づけされていません。

Jetson-IO toolを使用してpinmux構成を変更しましょう。

Jetson-IO toolの実行

システムのpinmux構成を変更するためにJetson-IO toolを実行します。

Jetson-IO toolを実行するには、「jetson-io.py」プログラムを実行します。

プログラムを実行すると、テキストベースの「Jetson Expansion Header Tool」の画面が表示されます。

```
$ sudo /opt/nvidia/jetson-io/jetson-io.py ↵
```

「Jetson Expansion Header Tool」の画面では、現在のpinmux構成の情報と操作画面が表示されます。上下のカーソルキー（↑↓）を押して「Configure 40-pin expansion header」を選択します。

● Jetson Expansion Header Toolの画面

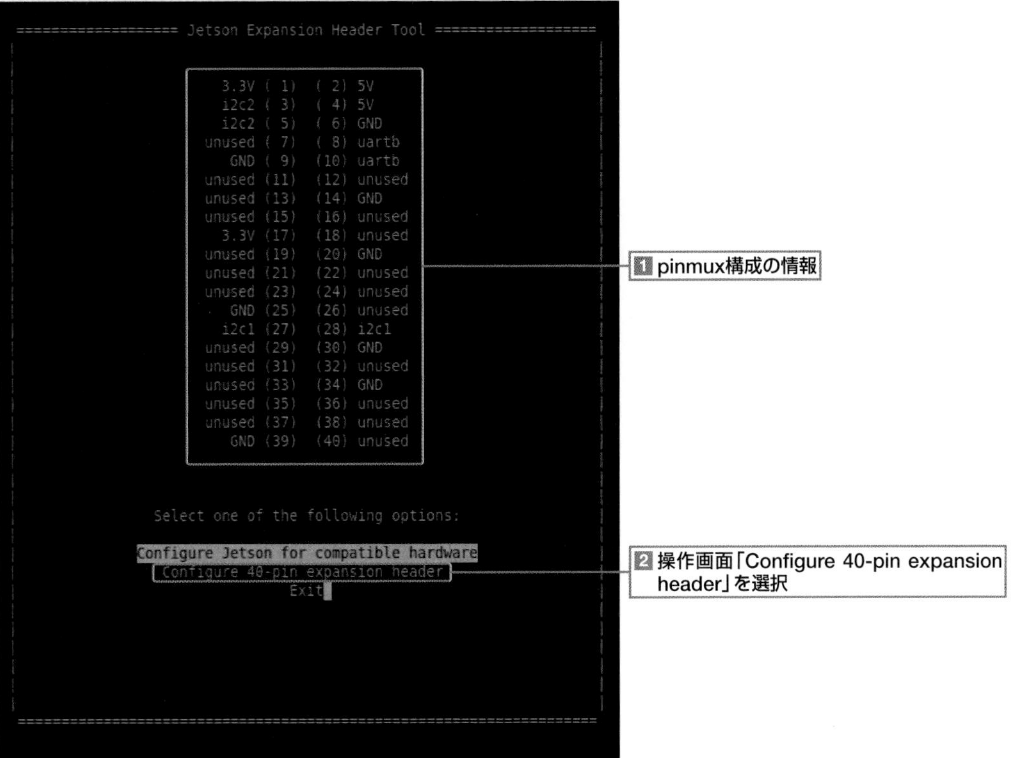

Enterキーを押すと設定画面が表示されます。

●設定画面

```
=================== Jetson Expansion Header Tool ===================

               Select desired functions (for pins):

                [ ] aud_mclk      (7)
                [ ] i2s4          (12,35,38,40)
                [ ] pwm0          (32)
                [ ] pwm2          (33)
                [ ] spi1          (19,21,23,24,26)
                [ ] spi2          (13,16,18,22,37)
                [ ] uartb-cts/rts (11,36)

                              Back
```

上下のカーソルキー（↑↓）を押して「pwm2（33）」を選択します。スペースキーを押すと、先頭に「*」マークが付きます。

●「pwm2（33）」を選択した画面

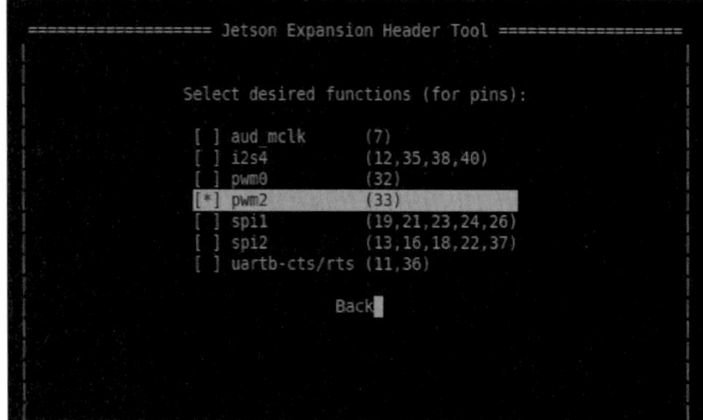

上下のカーソルキー（↑↓）を押して「Back」を選択します。Enterキーを押すと前の画面に戻ります。

●Jetson Expansion Header Toolの画面（設定変更後）

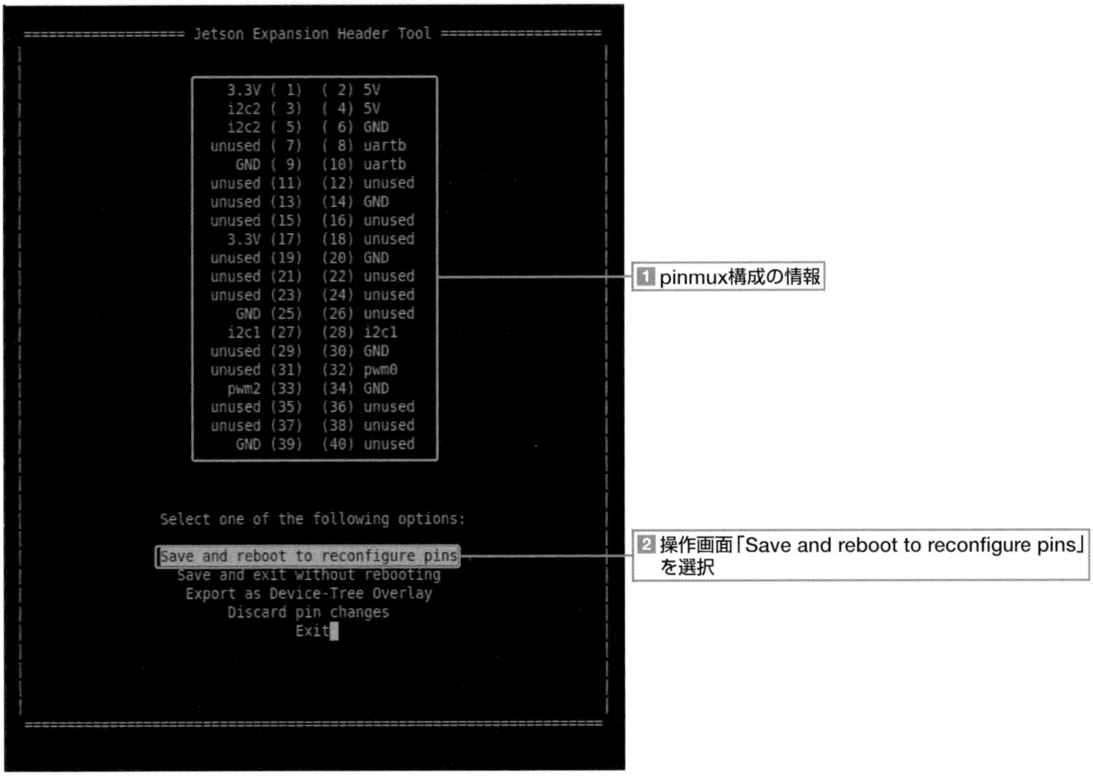

```
================== Jetson Expansion Header Tool ==================

            3.3V ( 1)  ( 2) 5V
            i2c2 ( 3)  ( 4) 5V
            i2c2 ( 5)  ( 6) GND
          unused ( 7)  ( 8) uartb
             GND ( 9)  (10) uartb
          unused (11)  (12) unused
          unused (13)  (14) GND
          unused (15)  (16) unused
            3.3V (17)  (18) unused
          unused (19)  (20) GND
          unused (21)  (22) unused
          unused (23)  (24) unused
             GND (25)  (26) unused
            i2c1 (27)  (28) i2c1
          unused (29)  (30) GND
          unused (31)  (32) pwm0
            pwm2 (33)  (34) GND
          unused (35)  (36) unused
          unused (37)  (38) unused
             GND (39)  (40) unused

        Select one of the following options:

        Save and reboot to reconfigure pins
        Save and exit without rebooting
        Export as Device-Tree Overlay
        Discard pin changes
        Exit

==================================================================
```

1 pinmux構成の情報

2 操作画面「Save and reboot to reconfigure pins」を選択

pinmux構成の情報で、ピン番号33の関連づけが「unused」から「pwm2」に変わったことを確認できます。上下のカーソルキー（↑↓）を押して「Save and reboot to reconfigure pins」を選択します。

Enterキーを押すと、変更したpinmux構成をシステムに反映するため設定ファイルが保存されます。もう一度Enterキーを押して再起動します。

●設定ファイルの保存画面

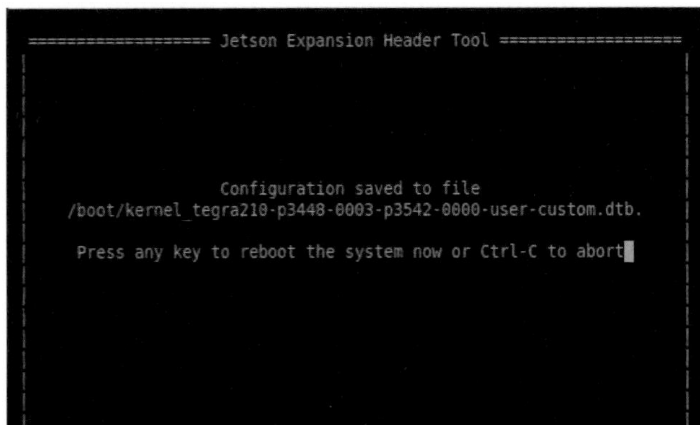

「サーボモーター「SG90」

サーボモーターは、制御信号によって指定した角度へ軸を回転させ停止させることができるモーターです。TowerPro社のサーボモーター「SG90」は小型・安価でホビー用途（ラジコンのステアリング：操舵装置など）で使用されています。

SG90はPWM信号のデューティ比によって角度を制御することができます。サーボモーター（SG90）を1個使用してサンプルプログラムから制御してみましょう。

●サーボモーター SG90の仕様

PWMサイクル（周期）	20m秒（50Hz）
制御パルス幅	0.5 ～ 2.4m秒
制御角	±90°（180°）
トルク	1.8 kgf・cm
動作速度	0.1秒/60°
動作電圧	4.8 ～ 5V

●Jetson Nanoの拡張ヘッダーとサーボモーター（SG90）の接続配線図

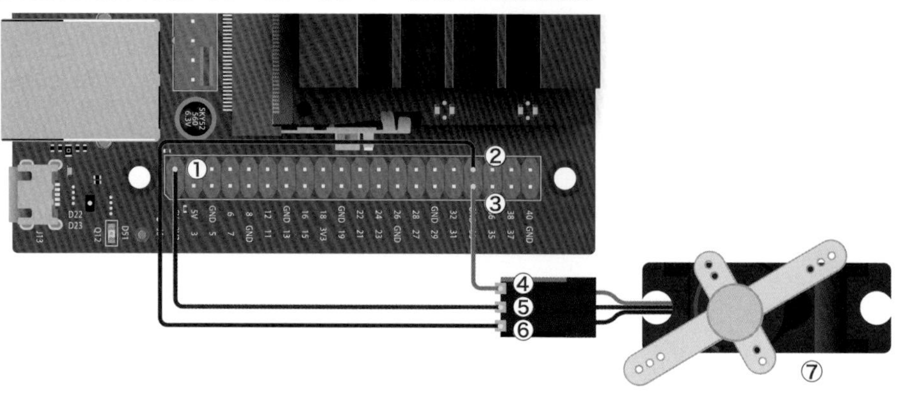

①ジャンパー線（赤）を拡張ヘッダーのピン番号2（5V）に挿します。
②ジャンパー線（黒）を拡張ヘッダーのピン番号34（GND）に挿します。
③ジャンパー線（橙）を拡張ヘッダーのピン番号33に挿します。
④ジャンパー線（橙）をサーボモーターに挿します。
⑤ジャンパー線（赤）をサーボモーターに挿します。
⑥ジャンパー線（黒）をサーボモーターに挿します。
⑦SG90

サンプルプログラムの実行

配線が完了したら、サンプルプログラムを実行してサーボモーター（SG90）を動かしてみましょう。

cdコマンドで、Chapter 8-2でダウンロードしたサンプルプログラムが格納されているディレクトリへ移動します。

次にpython3コマンドでサンプルプログラム（simple_pwm.py）を実行します。

SG90が回転と停止の動作を繰り返せば正常です。

サンプルプログラムを停止する場合は、Ctrl＋Cキーを入力します。

```
$ cd ~/jetson-gpio/samples
$ python3 simple_pwm.py
PWM running. Press CTRL+C to exit.
```

NOTE サンプルプログラムの変更

サンプルプログラムのままでもサーボモーター（SG90）は動作しますが、厳密にはSG90の仕様に合わせて周期とデューティ比を変更する必要があります。
サンプルプログラムの周期（42行目）は50Hzで、SG90の仕様も50Hzですので、変更する必要はありません。
サンプルプログラムのデューティ比の初期値（43行目）は25%、変化量（44行目）は5%で、最小デューティ比（53行目）は0%、最大デューティ比（51行目）は100%ですが、SG90の仕様は最小デューティ比が2.5%（＝0.5m秒÷20m秒）、最大デューティ比が12%（＝2.4m秒÷20m秒）ですので、それぞれ変更します。

```
$ vi simple_pwm.py
```

●simple_pwm.pyの42行目

simple_pwm.py

```
p = GPIO.PWM(output_pin, 50)
```

●simple_pwm.pyをSG90の仕様に合わせて変更（43、44行目）

simple_pwm.py

```
val = 25
incr = 5
```

```
val = 7.25
incr = 0.25
```

●simple_pwm.pyをSG90の仕様に合わせて変更（51行目）

simple_pwm.py

```
if val >= 100:
```

```
if val >= 12:
```

●simple_pwm.pyをSG90の仕様に合わせて変更（53行目）

simple_pwm.py

```
if val <= 0:
```

```
if val <= 2.5:
```

PWMコントローラー「PCA9685」

「PCA9685」はPWMコントローラーです。I²C通信で16個のサーボモーターを個別に制御可能で、12ビット（4,096ステップ）の解像度を持っています。

サーボモーター（SG90）を2個使用してカメラのパン（水平方向の回転）・チルト（垂直方向の回転）機構を制御してみましょう。

●PCA9685

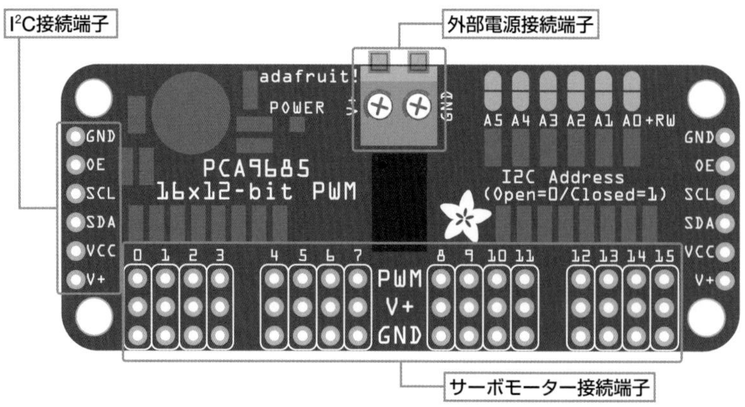

●Jetson NanoとPCA9685、サーボモーター（SG90）の接続配線図

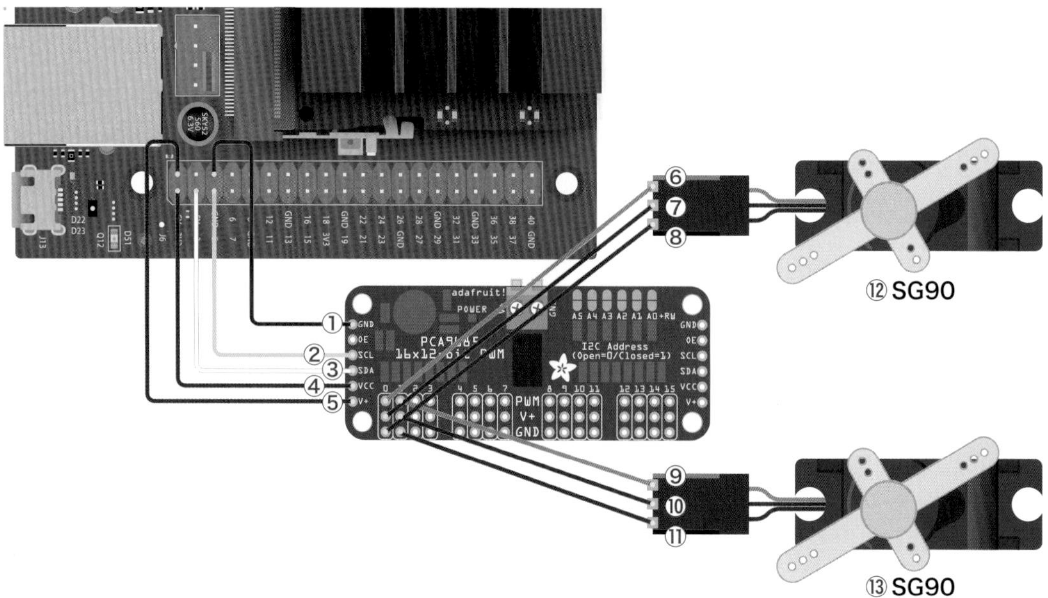

①I^2C接続端子GNDピンと拡張ヘッダーのピン番号6をジャンパー線（黒）で接続します。
②I^2C接続端子SCLピンと拡張ヘッダーのピン番号5をジャンパー線（黄）で接続します。
③I^2C接続端子SDAピンと拡張ヘッダーのピン番号3をジャンパー線（白）で接続します。
④I^2C接続端子VCCピンと拡張ヘッダーのピン番号1をジャンパー線（赤）で接続します。
⑤I^2C接続端子V+ピンと拡張ヘッダーのピン番号2をジャンパー線（赤）で接続します。
⑥ジャンパー線（橙）をサーボモーター接続端子PWMピン番号0に挿します。
⑦ジャンパー線（赤）をサーボモーター接続端子V+ピン番号0に挿します。
⑧ジャンパー線（茶）をサーボモーター接続端子GNDピン番号0に挿します。
⑨ジャンパー線（橙）をサーボモーター接続端子PWMピン番号1に挿します。
⑩ジャンパー線（赤）をサーボモーター接続端子V+ピン番号1に挿します。
⑪ジャンパー線（茶）をサーボモーター接続端子GNDピン番号1に挿します。
⑫SG90（パン用サーボモーター）。
⑬SG90（チルト用サーボモーター）。

●カメラのパン・チルト機構

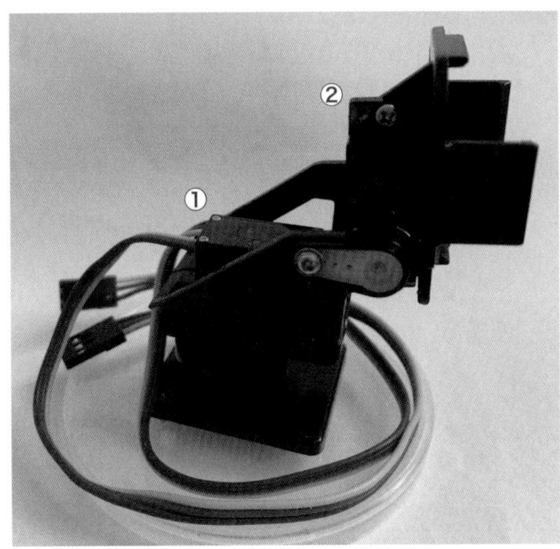

①SG90（パン用）
②SG90（チルト用）

I²C通信デバイスの確認

Jetson NanoとPCA9685、サーボモーター（SG90）を接続したら、i2cdetectコマンドでPCA9685が接続されていることを確認してみます。i2cdetectコマンドの実行には管理者権限が必要です。

次の実行例の場合は「40」がPCA9685、「70」がPCA9685のALL CALLアドレス（I²C接続機器に一斉送信する特殊なアドレス）です。

```
$ sudo i2cdetect -r -y 1
     0  1  2  3  4  5  6  7  8  9  a  b  c  d  e  f
00:          -- -- -- -- -- -- -- -- -- -- -- -- --
10: -- -- -- -- -- -- -- -- -- -- -- -- -- -- -- --
20: -- -- -- -- -- -- -- -- -- -- -- -- -- -- -- --
30: -- -- -- -- -- -- -- -- -- -- -- -- -- -- -- --
40: 40 -- -- -- -- -- -- -- -- -- -- -- -- -- -- --
50: -- -- -- -- -- -- -- -- -- -- -- -- -- -- -- --
60: -- -- -- -- -- -- -- -- -- -- -- -- -- -- -- --
70: 70 -- -- -- -- -- -- --
```

●画面出力例

```
jetson@jetson:~$ sudo i2cdetect -r -y 1
     0  1  2  3  4  5  6  7  8  9  a  b  c  d  e  f
00:          -- -- -- -- -- -- -- -- -- -- -- -- --
10: -- -- -- -- -- -- -- -- -- -- -- -- -- -- -- --
20: -- -- -- -- -- -- -- -- -- -- -- -- -- -- -- --
30: -- -- -- -- -- -- -- -- -- -- -- -- -- -- -- --
40: 40 -- -- -- -- -- -- -- -- -- -- -- -- -- -- --
50: -- -- -- -- -- -- -- -- -- -- -- -- -- -- -- --
60: -- -- -- -- -- -- -- -- -- -- -- -- -- -- -- --
70: 70 -- -- -- -- -- -- --
```

ライブラリのインストール

PythonからPCA9685を使用するため、Adafruit Python PCA9685ライブラリをインストールします。インストールはpip3コマンドで行います。

```
$ pip3 install Adafruit_PCA9685
```

Adafruit Python PCA9685ライブラリはRaspberry PiまたはBeagleBone blackというシングルボードコンピュータ向けのライブラリです。Jetson Nanoで使用するためには「I2C.py」ファイルを修正する必要があります。テキストエディターでI2C.pyファイルを編集します。

```
$ vi ~/.local/lib/python3.6/site-packages/Adafruit_GPIO/I2C.py
```

●I2C.pyファイルをJetson Nano用に編集（62、63行目をコメントアウトし、64行目の「busnum」を「1」に修正）

I2C.py

```
    if busnum is None:
        busnum = get_default_bus()
    return Device(address, busnum, i2c_interface, **kwargs)
```

```
#   if busnum is None:
#       busnum = get_default_bus()
    return Device(address, 1, i2c_interface, **kwargs)
```

サンプルプログラムのダウンロード

Adafruit Python PCA9685ライブラリに付属しているサンプルプログラムをダウンロードします。gitコマンドで次のように実行します。

```
$ git clone https://github.com/adafruit/Adafruit_Python_PCA9685.git
```

サンプルプログラムの実行

サンプルプログラムを実行してサーボモーター（SG90）を動かします。パン用SG90が水平方向（左右）に動けば正常です。cdコマンドでダウンロードしたサンプルプログラムが格納されているディレクトリへ移動して、python3コマンドでサンプルプログラム（simpletest.py）を実行します。実行には管理者権限が必要です。

サンプルプログラムを停止する場合は、Ctrl＋Cキーを入力します。

```
$ cd Adafruit_Python_PCA9685/examples
$ sudo python3 simpletest.py
```

NOTE サンプルプログラムの変更

筆者の環境ではサンプルプログラムのままでもサーボモーター（SG90）は動作しましたが、厳密にはSG90の仕様に合わせて周期とデューティ比を変更する必要があります。

サンプルプログラムの最小デューティ比（23行目）は3.6%（＝150÷4096）、最大デューティ比（24行目）は14.6%（＝600÷4096）ですが、SG90の仕様は最小デューティ比が2.5%（＝0.5m秒÷20m秒）、最大デューティ比が12%（＝2.4m秒÷20m秒）ですので、150を102（＝2.5%×4096）、600を492（＝12%×4096）にそれぞれ変更します。

また、サンプルプログラムの周期（38行目）は60Hzですが、SG90の仕様は50Hzですので、60を50に変更します。

```
$ vi bme280_oled.py
```

次ページへ

●simpletest.pyをSG90の仕様に合わせて変更（23、24行目）

simpletest.py

```
servo_min = 150  # Min pulse length out of 4096
servo_max = 600  # Max pulse length out of 4096
```

↓

```
servo_min = 102  # Min pulse length out of 4096
servo_max = 492  # Max pulse length out of 4096
```

●simpletest.pyをSG90の仕様に合わせて変更（38行目）

simpletest.py

```
pwm.set_pwm_freq(60)
```

↓

```
pwm.set_pwm_freq(50)
```

パン・チルト機構（SG90を2個）を動かすプログラムの実行

PythonでGUIを扱うための**tkinter**ライブラリを使用して、スライダーの動きに合わせてパン・チルト機構（SG90を2個）を動かしてみましょう。

まず、プログラムの実行に必要なtkinterライブラリ（python3-tk）をaptコマンドでインストールします。インストールには管理者権限が必要です。

```
$ sudo apt install python3-tk ⏎
```

次にパン・チルト機構を動かすプログラム（pan_tilt.py）をwgetコマンドでダウンロードします。ダウンロードできたら、python3コマンドで実行します。プログラムの実行には管理者権限が必要です。

```
$ wget https://github.com/kitazaki/jetson_nano_grove/raw/master/pan_tilt.py ⏎
$ sudo python3 pan_tilt.py ⏎
```

次のような画面が表示されます。パン用スライダーを動かしてパン用SG90が水平方向（左右）に動き、チルト用スライダーを動かしてチルト用SG90が垂直方向（上下）に動けば正常です。

プログラムを終了する場合は、⊗マークをクリックします。

●pan_tilt.pyプログラムの実行画面

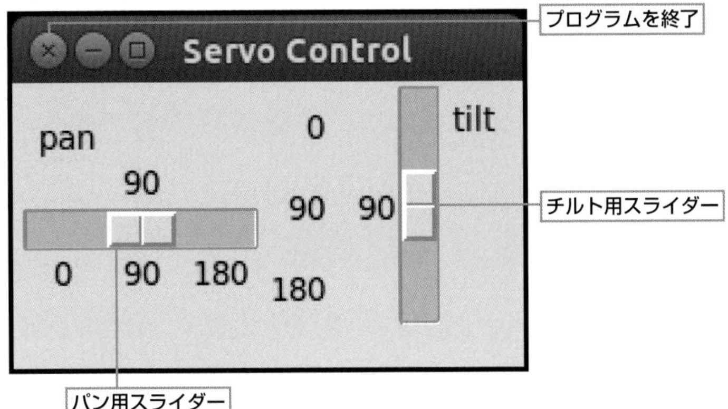

NOTE プログラム(pan_tilt.py)の説明

kinterライブラリのウィジェット(GUIの部品)でScale(スライダー)を使用しています。スライダーの動きに合わせてデューティ比を変更してサーボモーターを動かしています。

●pan_tilt.pyの解説

pan_tilt.py

```
from __future__ import division
import time
import Adafruit_PCA9685①

from tkinter import *②

pwm = Adafruit_PCA9685.PCA9685()
pwm.set_pwm_freq(50)③

class App:

    def __init__(self, master):
    frame = Frame(master)
    frame.pack()
    scale_pan = Scale(frame, label="pan", from_=0, to=180, tickinterval=90,⮐
orient=HORIZONTAL, command=self.update_pan)④
    scale_pan.set(90)⑤
    scale_pan.grid(row=0, column=0)
    scale_tilt = Scale(frame, label="tilt", from_=0, to=180, tickinterval=90,⮐
orient=VERTICAL, command=self.update_tilt)
    scale_tilt.set(90)
    scale_tilt.grid(row=0, column=1)
```

次ページへ

```
    def update_pan(self, angle):
    duty = int( float(angle) * 2.17 + 102 )⑥
    pwm.set_pwm(0, 0, duty)⑦
    time.sleep(0.1)

    def update_tilt(self, angle):
    duty = int( float(angle) * 2.17 + 102 )⑧
    pwm.set_pwm(1, 0, duty)⑨
    time.sleep(0.1)

root = Tk()
root.wm_title('Servo Control')⑩
app = App(root)
root.geometry("220x120+0+0")⑪
root.mainloop()
```

①Adafruit Python PCA9685ライブラリの読み込み
②tkinterライブラリの読み込み
③周期を50Hzに設定
④パン用スライダーを設定（スライダーの動きに合わせてupdate_panコマンドを実行）
⑤パン用スライダーの初期値を90に設定
⑥パン用スライダーの値からデューティ比を計算（0°➡102、90°➡297、180°➡492になる）
⑦パン用サーボモーターのデューティ比を設定
⑧チルト用スライダーの値からデューティ比を計算（0°➡102、90°➡297、180°➡492になる）
⑨チルト用サーボモーターのデューティ比を設定
⑩GUIのタイトル（Servo Control）を設定
⑪GUIのサイズ（X＝220×Y＝120）と表示位置（X＝0, Y＝0）を設定

NOTE JetBotで使用されているPCA9685

JetBotはNVIDIA社が開発したオープンソースのロボットカーです。JetBotではDCモータードライバ（TB6612）を制御するためにPCA9685が使用されています。TB6612は2つのモーターを独立して制御可能で、3つの入力信号により正転・逆転・ショートブレーキ・ストップのモードを選択することができます。PCA9685のPWM信号をTB6612の入力信号に使用しています。

●JetBot

●JetBotで使用されているAdafruit社Stepper + DC Motor FeatherWing

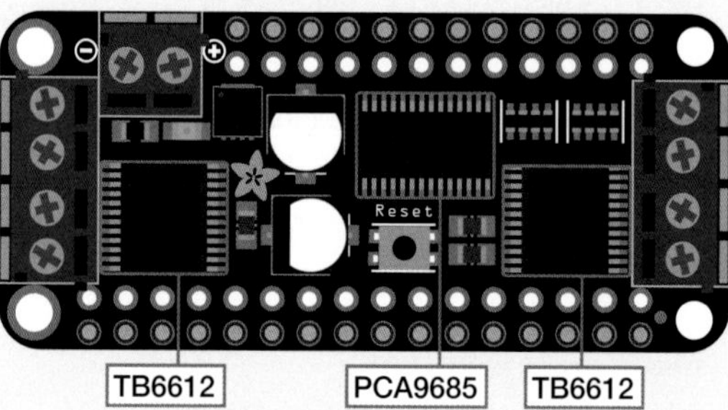

Dockerで簡単デプロイメント

Dockerと呼ばれるコンテナ型仮想化技術をご存知でしょうか。Dockerを使えば、環境を「コンテナ」と呼ぶ仮想的な入れ物に丸ごと隔離できます。そのイメージファイルを配布することで、アプリケーションを容易にデプロイする（ソフトウェアシステムを利用可能にする）ことも可能です。

Jetson NanoのOSであるJetPackには、標準でDockerがインストールされ、Dockerイメージとして配布されている数々のソフトウェアを利用できます。さらに、NVIDIA社からは、Jetson固有のハードウェアアクセラレーションが有効になったDockerイメージも配布されています。

本パートでは、Dockerの基本的な使い方を解説するとともに、Jetson NanoでDockerを便利に使う方法を紹介します。

Dockerを使ってみよう

Dockerがどんなものかは、言葉では説明しづらいところがあります。Dockerを理解するには、まず使ってみるのが一番です。その便利さを知ってしまったら、Dockerなしの環境には戻れません。JetPackにはDockerを利用するためのソフトウェアが標準でインストールされています。Jetson Nanoがインターネットに接続されていれば、すぐにDockerイメージをダウンロードして、コンテナとして実行することが可能です。

NVIDIA社が提供するDockerコンテナイメージ

NVIDIA社が運用する**NVIDIA NGC**サイト（https://ngc.nvidia.com）では、NVIDIA社製GPUで利用可能なDockerイメージを提供しています。その中には、Jetsonで利用可能なDockerイメージもあります。

NVIDIA機械学習コンテナ

まず手始めに、NVIDIA機械学習コンテナ（NVIDIA L4T MLコンテナ）を使ってみましょう。JetPack 4.5（L4T R32.5.0）向けのバージョン（記事執筆時点ではl4t-ml:r32.5.0-py3）では次のとおり、機械学習に必要なソフトウェアが一通り含まれています。

l4t-ml:r32.5.0-py3（NVIDIA L4T MLコンテナ）の内容物

TensorFlow 1.15	PyTorch v1.7.0
torchvision v0.8.0	torchaudio v0.7.0
onnx 1.8.0	CuPy 8.0.0
numpy 1.19.4	numba 0.52.0
OpenCV 4.4.1	pandas 1.1.5
scipy 1.5.4	scikit-learn 0.23.2
JupyterLab 2.2.9	

Jetson NanoのTerminalを起動して、次ページのコマンドを実行してみましょう。「r32.5.0-py3」はJetsonのオペレーティングシステムとして、JetPack 4.5（L4T r32.5.0）を使っている場合です。それ以外のバージョンの場合は、以下のウェブページから手元環境に合ったタグを選んでください。

https://ngc.nvidia.com/catalog/containers/nvidia:l4t-ml

```
$ sudo docker run -it --rm --runtime nvidia --network host nvcr.io/nvidia/l4t-ml:r
32.5.0-py3 ⏎
```

以下のようなメッセージが表示され、Dockerコンテナが起動します。

```
Unable to find image 'nvcr.io/nvidia/l4t-ml:r32.5.0-py3' locally
r32.5.0-py3: Pulling from nvidia/l4t-ml
5000a6c32c5a: Pulling fs layer
8e855b69096a: Pulling fs layer
8db8dbbd4bb9: Pulling fs layer
833dc3235950: Waiting
f79d264135a3: Waiting
1c40f77bb35b: Waiting
1990ecf0bfb7: Waiting
c8ffbfd7f0aa: Waiting
ba785779122a: Waiting
024ce79b6790: Waiting
9b09da3b5483: Waiting
17f974a43cf9: Pulling fs layer
17f974a43cf9: Waiting
211b56b73ff1: Waiting
95f34310bbda: Pull complete
678c9d1557e9: Pull complete
ec17ad7cab01: Pull complete
08fb1eee5328: Pull complete
df804e245232: Pull complete
4f9a01a0e955: Pull complete
a44515425a95: Pull complete
cf055aaf10ad: Pull complete
844538a014b9: Pull complete
159036d408be: Pull complete
ae321b977e2f: Pull complete
ae4d2ced71ce: Pull complete
1bc11ebf8522: Pull complete
ef6ff4fc67ed: Pull complete
3b45df8b8d80: Pull complete
a1a094c74107: Pull complete
7400833e9fab: Pull complete
21608f9f63e2: Pull complete
50b80108db64: Pull complete
800ad6d6d249: Pull complete
a5297af96097: Pull complete
5d3a862a0013: Pull complete
418524dee780: Pull complete
Digest: sha256:af8155d948946e76fb398a93a726ee4e4f06a69574284a8bc8929f0731efdc61
Status: Downloaded newer image for nvcr.io/nvidia/l4t-ml:r32.5.0-py3
allow 10 sec for JupyterLab to start @ http://localhost:8888 (password nvidia)
JupterLab logging location:  /var/log/jupyter.log  (inside the container)
```

9

Dockerコンテナ内部で、JupyterLabが自動的に起動していますので、Jetson Nano上のChromium Web Browserを起動し、http://localhost:8888へアクセスしてください。アクセス時にパスワードの入力を求められるので「nvidia」と入力します。

●JupyterLabログイン画面

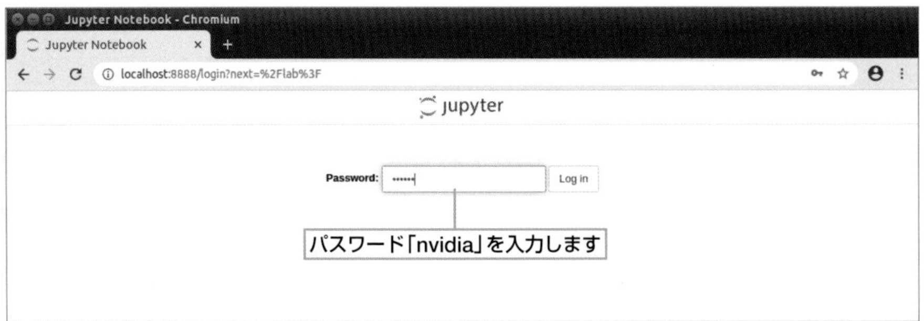

JupyerLabのユーザーインターフェースが表示されたら「Notebook」欄にある「Python 3」ボタンをクリックして、Jupyter Notebookを新規作成します。

●JupyterLabのユーザーインターフェース画面

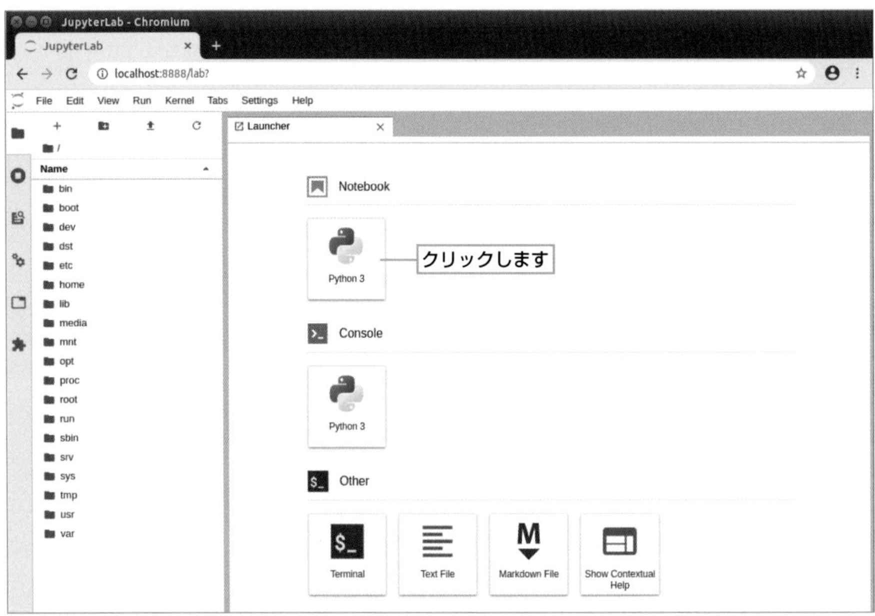

新規Jupyter Notebookが生成されます。セルに入力したPythonコードを実行していくことで、いろいろな機械学習のコードを試すことができます。次の例は、MNISTデータセットで手書き数字を認識するニューラルネットワークモデルを訓練する、おなじみのコードを実行したものです。

●JupyterLabでニューラルネットワークの訓練

```
Untitled.ipynb
Code                                                  Python 3

[1]: import tensorflow as tf
     print(tf.__version__)

     WARNING:tensorflow:Deprecation warnings have been disabled. Set TF_ENABLE_DEPRECATION_WARNINGS
     =1 to re-enable them.
     1.15.4

[2]: mnist = tf.keras.datasets.mnist
     (x_train, y_train), (x_test, y_test) = mnist.load_data()
     x_train, x_test = x_train / 255.0, x_test / 255.0

     Downloading data from https://storage.googleapis.com/tensorflow/tf-keras-datasets/mnist.npz
     11493376/11490434 [==============================] - 7s 1us/step

[3]: model = tf.keras.Sequential([
         tf.keras.layers.Flatten(input_shape=(28, 28)),
         tf.keras.layers.Dense(128, activation='relu'),
         tf.keras.layers.Dense(10, activation='softmax')
     ])

[4]: model.compile(
         optimizer='adam',
         loss=tf.keras.losses.SparseCategoricalCrossentropy(from_logits=True),
         metrics=['accuracy']
     )

[5]: model.fit(x_train, y_train, epochs=5)

     Train on 60000 samples
     Epoch 1/5
     60000/60000 [==============================] - 30s 492us/sample - loss: 1.5696 - acc: 0.9097
     Epoch 2/5
     60000/60000 [==============================] - 27s 449us/sample - loss: 1.5163 - acc: 0.9497
     Epoch 3/5
     60000/60000 [==============================] - 23s 386us/sample - loss: 1.5028 - acc: 0.9619
     Epoch 4/5
     60000/60000 [==============================] - 23s 388us/sample - loss: 1.4956 - acc: 0.9682
     Epoch 5/5
     60000/60000 [==============================] - 23s 389us/sample - loss: 1.4903 - acc: 0.9736
[5]: <tensorflow.python.keras.callbacks.History at 0x7f67217e80>

[6]: model.evaluate(x_test, y_test)

     10000/10000 [==============================] - 3s 266us/sample - loss: 1.4960 - acc: 0.9673
[6]: [1.4959590814590453, 0.9673]

[ ]:
```

NVIDIA社が提供するその他のDockerコンテナイメージ

NVIDIA機械学習コンテナを始めとするJetson向けコンテナイメージは、NGCサイトで提供されています（https://ngc.nvidia.com/catalog/containers）。DeepStream SDKやTensorFlow、PyTorchなどのDockerコンテナイメージがあります。それぞれ複数のバージョンが存在しますが、手元環境のL4Tバージョンに合致したものを選択してください（Dockerの概念から考えると、OSバージョンの合致が必要なことは奇妙に感じられるかもしれません。OSバージョンの合致が必要な理由はp.308で解説します）。

Jetson向け以外に、NVIDIA社のGPUカードで利用できるDockerコンテナイメージが多数提供されています。NVIDIA NGCサイトの検索フィールドにキーワード「L4T」と入力すると、Jetson向けが見つかります。

Docker Hubで提供されるDockerコンテナイメージ

Docker社が運営する公式レジストリである**Docker Hub**（https://hub.docker.com/）で提供されているDockerコンテナイメージのうち、ARM 64に対応しているものはJetsonでも動作すると考えられます。なお、ほとんどのものはCPUのみで動作し、GPUによる高速化は利用できません。

Jetson Nano上にWebサーバーを立ち上げる

Docker Hubでは、いろいろなWebサーバーソフトウェアがDockerコンテナイメージとして公開されています。今回はWebサーバーの**nginx**を試してみましょう。

Jetson NanoのTerminalを起動して次のコマンドを実行します。mkdirコマンドでユーザーのホームディレクトリ直下にWebサーバーで公開するコンテンツを格納するhtmlディレクトリを作成し、dockerコマンドでnginxコンテナを起動します。

```
$ mkdir ~/html
$ sudo docker run -d --rm -p 80:80 -v ${HOME}/html:/usr/share/nginx/html nginx
```

次のようなメッセージが表示され、Dockerコンテナ内にnginx Webサーバーが起動します。

```
Unable to find image 'nginx:latest' locally
latest: Pulling from library/nginx
83c5cfdaa538: Pull complete
c726e1730075: Pull complete
aa6dd1e2e983: Pull complete
6a97cb7580c2: Pull complete
2087b94271be: Pull complete
79ea2c0f0ebc: Pull complete
Digest: sha256:f3693fe50d5b1df1ecd315d54813a77afd56b0245a404055a946574deb6b34fc
Status: Downloaded newer image for nginx:latest
03df362a7f669706913ea20775d00d321c1ce6c4c468231a84970ee50cf628a0
```

Webサーバーで公開するコンテンツを用意します。~/htmlディレクトリに次のような内容で、index.htmlというファイルを作成します。

●Webサーバーで公開するコンテンツ

index.html

```
<!DOCTYPE html>
<html>
<body>
<h1>Hello, Jetson Nano!</h1>
</body>
</html>
```

Jetson Nano上のChromium Web Browserを起動してhttp://localhostへアクセスしてください。次のようなページが表示されれば成功です。

●Dockerコンテナ内で動作するnginx Webサーバーにアクセス

実行中のDockerコンテナの確認と停止

ここで起動したDockerコンテナはバックグラウンドで実行を続けています。
以下のコマンドで、実行中のDockerコンテナを確認できます。

```
$ sudo docker ps
```

以下のように表示され、今回は、nginxコンテナに名前を付けなかったので、任意の名前がDockerにより付けられています。次の例では、「silly_germain」がDockerコンテナ名です。

```
CONTAINER ID        IMAGE               COMMAND                  CREATED
STATUS              PORTS                NAMES
03df362a7f66        nginx               "/docker-entrypoint.…"   14 minutes ago
Up 14 minutes       0.0.0.0:80->80/tcp   silly_germain
```

Dockerコンテナ名を指定してDockerコンテナを停止できます。指定するコンテナ名は上記の方法で確認してください。

```
$ sudo docker stop silly_germain
```

Chapter 9-2

Dockerの使い方

Chapter 9-1ではDockerの便利さを体験しました。ここでは、Dockerの基本を解説します。なお、Docker自体の詳細な解説は本書の目的ではないので、Jetson Nano上でDockerを使う際の必要最小限の知識に留めることをご承知おきください。

Dockerとは？

DockerはDocker社が開発した仮想化技術です。アプリケーションとその実行環境を丸ごと「**コンテナ**」と呼ぶ仮想的な入れ物に隔離して利用できます。Docker社の「What is a Container?」ページで使われている図に倣い、Jetson上でのDockerの位置づけを図示すると次のようになります。

●Dockerのイメージ図

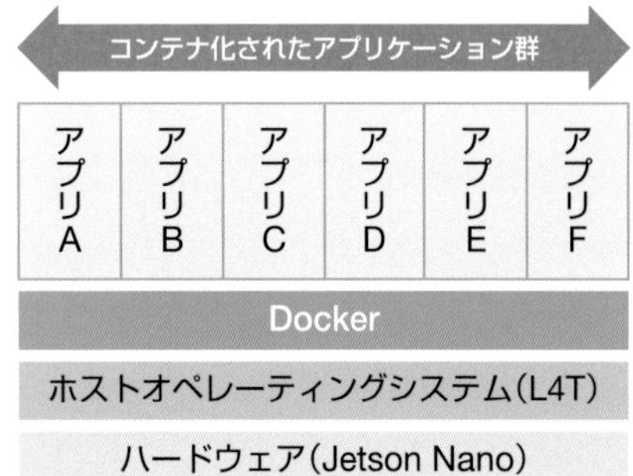

DockerコンテナとDockerイメージ

Dockerによって実際にアプリケーションが動作する場所は「**Dockerコンテナ**」の内部です。しかし、Dockerコンテナそのもので、コンテナ化されたアプリケーションの配布ができるわけではありません。アプリケーションの配布は「**Dockerイメージ**」で行います。Dockerイメージには、オペレーティングシステムのファイルシステムと、アプリケーション、およびアプリケーションが依存するデータ類すべてが含まれています。Dockerイメージは、Dockerコンテナを生成するひな型の役割をします。1つのDockerイメージから、複数のDockerコンテナを生成することが可能です。

上記のとおり、Dockerコンテナにファイルシステムは含まれていますが、オペレーティングシステムのカーネル（Linuxカーネル）は含まれていません。オペレーティングシステムのカーネルは、ホスト側のカーネルが各Dockerコンテナで共有されます。そこが、ハイパーバイザー方式の仮想マシンよりも、コンテナ方式のDockerが軽量と言われる主な理由です。

Dockerレジストリと Dockerリポジトリ

Dockerレジストリ

先ほど述べたとおり、Dockerコンテナは Dockerイメージとして配布されます。Dockerイメージを配布するインターネット上の場所を「**Dockerレジストリ**」と呼びます。もっとも代表的なDockerレジストリが、Docker社が運営する「**Docker Hub**」(https://hub.docker.com/) です。NVIDIA社が運営する「**NVIDIA NGC**」(https://ngc.nvidia.com) もDockerレジストリの役割を持ち、Jetson向けDockerイメージを配布しています。

Dockerリポジトリ

Dockerイメージをアプリケーションごとにまとめたものを「**Dockerリポジトリ**」と呼びます。Chapter 9-1で試したNVIDIA機械学習Dockerイメージ「l4t-ml」や、Webサーバー「nginx」がリポジトリです。それぞれのリポジトリでは、複数のバージョンが管理され、バージョンを示す管理用のタグが付けられています。

なお、本書では以降、Dockerに関する用語と判断できる場合は、次のとおり「Docker」を付けず表現します。

- **Dockerコンテナ → コンテナ**
- **Dockerイメージ → イメージ**
- **Dockerレジストリ → レジストリ**
- **Dockerリポジトリ → リポジトリ**

●Dockerレジストリの構成

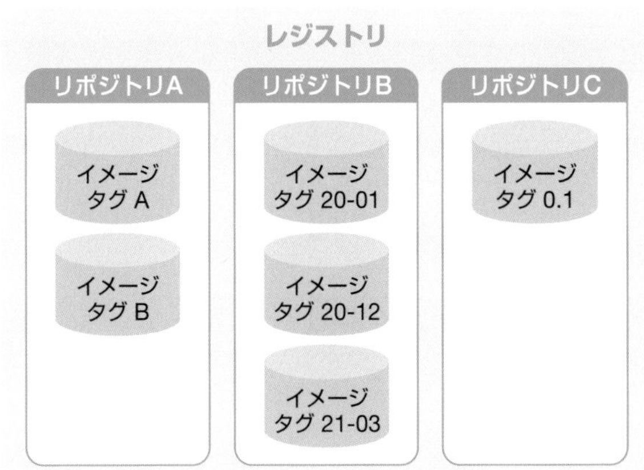

Dockerコマンド

Dockerの機能を使うために**dockerコマンド**が用意されています。コマンドラインインターフェースなので、Terminalを起動して実行する必要があります。

sudoなしでdockerコマンドを実行する方法

記事執筆時点、JetPackの初期状態ではdockerコマンドの実行はルート権限で行う必要があります。そのためdockerコマンドはsudoを付けて実行します。しかし、毎回、sudoを付けて実行するのは面倒です。また、エディタの拡張機能からDockerを使う場合（Visual Studio CodeのRemote-Containers拡張機能など）、ルート権限が必要であるとうまく動作しません。

そこで、dockerグループにユーザーを所属させることで、sudoなしでdockerコマンドを実行できるようになります。自己責任ですが、次のコマンドを実行後、Jetson Nanoを再起動するとsudoなしでdockerコマンドを実行できるようになります。

```
$ sudo gpasswd -a $USER docker ⏎
```

以降の説明では、sudoを省いてコマンドの使い方を示します。上記のようにユーザーをdockerグループに所属させるか、その設定をしない場合はdockerコマンドを実行する際にsudoを付けてください。

dockerコマンドの使い方

ここでは、Jetson NanoでDockerを使うときに、特に使用頻度が高いコマンドに限定して解説します。dockerコマンドは次のように実行します。

```
$ docker [オプション] コマンド [コマンドオプション] ⏎
```

dockerで利用可能なコマンドを確認するには、オプションを付けずに「docker」コマンドを実行するか、「docker help」コマンドを実行します。

各コマンドの詳細を確認するには、コマンドに続けて--helpオプションを付けて実行します。

```
$ docker コマンド --help ⏎
```

イメージの取得

レジストリからイメージを取得するには「docker pull」コマンドを用います。ただし、次ページの「docker run」コマンド発行時、指定したイメージがローカルに存在しない場合、自動的にイメージの取得が行われるため、必ずこのコマンドの実行が必要なわけではありません。

```
$ docker pull [オプション] 名前[:タグ] ⏎
```

-aオプションにより、リポジトリ内のタグ付けされたすべてのイメージを取得します。

●例：

```
$ docker pull nvcr.io/nvidia/l4t-ml:r32.5.0-py3 ⏎
```

新規コンテナの実行

新しいコンテナを実行するには、「docker run」コマンドを用います。

```
$  docker run [オプション] イメージ [コマンド] [引数...] ⏎
```

●例：

```
$  docker run --name=my-l4t-ml -d -v $HOME/workspace:$HOME/workspace --runtime nvi
dia --network host nvcr.io/nvidia/l4t-ml:r32.5.0-py3 ⏎
```

上記の例で使われているオプションの意味は次のとおりです。

オプション	意味
--name	コンテナに名前を割り当てます。
-d	コンテナをバックグラウンドで実行します。
-v	ボリュームをマウントします。「[ホスト側ディレクトリ:]コンテナ側ディレクトリ」でボリュームを指定します。 上記の例では、ホスト側のユーザーディレクトリが/home/jetsonだと仮定すると、ホスト側の/home/jetson/workspaceが、コンテナ側の/home/jetson/workspaceにマウントされます。 ホスト側とコンテナ側でデータの共有を行うのに便利な機能ですが、コンテナ側から、ホスト側のデータを、予期せず変更、削除してしまう危険性があるので、注意して使用してください。
--runtime	コンテナで使うランタイムを指定します。 NVIDIA NGCで提供されるJetson向けイメージを利用する場合は、ランタイムにnvidiaを指定します。そのほかの場合は特に必要ないようです。
--network	コンテナをネットワークに接続します。hostを指定するとホスト側のネットワークに接続します。コンテナ間の仮想的なネットワークを作成して、それに接続するよう指定することもできます。

コンテナアプリケーションからホストのXディスプレイに表示したり、コンテナアプリケーションがホストのカメラデバイスから画像を取り込むときの例は次のとおりです。

```
$ xhost +
$ docker run -it --rm --net=host --runtime nvidia  -e DISPLAY=$DISPLAY -w
/opt/nvidia/deepstream/deepstream-5.1 --device /dev/video0 -v /tmp/.X11-unix/:/
tmp/.X11-unix -v /tmp/argus_socket:/tmp/argus_socket nvcr.io/nvidia/deepstream-
l4t:5.1-21.02-samples ⏎
```

9

オプション	意味
-it	疑似TTY(pseudo-TTY)をコンテナの標準入力に接続します(コンテナ内でインタラクティブなbashシェルを作成します)。
--rm	コンテナ終了時、自動的にコンテナを削除します。
-e	環境変数を指定します。
-w	コンテナ内の作業ディレクトリを指定します。
--device	ホストデバイスをコンテナに追加します。 この例では、/dev/video0のカメラデバイスがコンテナからも利用可能になります。 /tmp/argus_socketのマウントにより、Raspberry Pi Camera Module V2のようなMIPI-CSI接続のカメラでもコンテナ内から利用可能となります。

実行中のコンテナでコマンドを実行

実行中のコンテナでコマンドを実行するには「docker exec」コマンドを用います。

```
$ docker exec [オプション] コンテナ コマンド [引数...]
```

●実行例：my-l4t-mlコンテナにbashシェルをアタッチする

```
$ sudo docker exec -it my-l4t-ml /bin/bash
```

コンテナを停止する

実行中のコンテナを停止するには「docker stop」コマンドを用います。

```
$ docker stop [オプション] コンテナ [コンテナ...]
```

●実行例

```
$ docker stop my-l4t-ml
```

コンテナの一覧表示

実行中のコンテナを一覧表示するには「docker ps」コマンドを用います。

```
$ docker ps [オプション]
```

●実行例：実行中のコンテナを表示

```
$ docker ps
CONTAINER ID        IMAGE                                   COMMAND
CREATED             STATUS              PORTS                          NAMES
840b2cd3427b        nvcr.io/nvidia/l4t-ml:r32.5.0-py3       "/bin/sh -c '/bin/ba…"
2 hours ago         Up 2 hours                                         my-l4t-ml
69722912564b        codercom/code-server:latest             "/usr/bin/entrypoint…"
2 hours ago         Up 2 hours          0.0.0.0:8080->8080/tcp
```

```
optimistic_hamilton
b42693442ad9        nginx:latest                        "/docker-entrypoint.…"
2 hours ago         Up 2 hours          0.0.0.0:80->80/tcp       kind_mendeleev
```

●実行例：停止中のコンテナも含めて表示

```
$ docker ps --all
CONTAINER ID        IMAGE                               COMMAND
CREATED             STATUS                    PORTS                   NAMES
840b2cd3427b        nvcr.io/nvidia/l4t-ml:r32.5.0-py3   "/bin/sh -c '/bin/ba…"
2 hours ago         Up 2 hours                                        my-l4t-ml
69722912564b        codercom/code-server:latest         "/usr/bin/entrypoint…"
2 hours ago         Up 2 hours                0.0.0.0:8080->8080/tcp
optimistic_hamilton
b42693442ad9        nginx:latest                        "/docker-entrypoint.…"
2 hours ago         Up 2 hours                0.0.0.0:80->80/tcp
kind_mendeleev
8b4db152beea        nodered/node-red                    "npm --no-update-not…"
21 hours ago        Exited (0) 19 hours ago                           mynodered
944b3d0ce5e4        eclipse-mosquitto                   "/docker-entrypoint.…"
22 hours ago        Exited (0) 19 hours ago                           mymos
```

コンテナを再起動

実行中のコンテナを再起動するには「docker restart」コマンドを用います。

```
$ docker restart [オプション] コンテナ [コンテナ...]
```

●例：

```
$ docker restart my-l4t-ml
```

コンテナの削除

実行中のコンテナは削除できません。停止中のコンテナは削除できます。コンテナの削除には「docker rm」コマンドを用います。なお、このコマンドでイメージは削除されません。

```
$ docker rm [オプション] コンテナ [コンテナ...]
```

●例：

```
$ docker rm my-l4t-ml
```

イメージの一覧表示

取得済みイメージを一覧表示するには「docker images」コマンドを用います。

```
$ docker images
```

●例：

```
$ docker images ⏎
REPOSITORY              TAG              IMAGE ID           CREATED
SIZE
nginx                   latest           1e8387edf43d       3 days ago
126MB
codercom/code-server    latest           83946d10eb85       8 days ago
729MB
eclipse-mosquitto       latest           7d49c7d6e027       2 weeks ago
9.5MB
nodered/node-red        latest           650432902a8b       2 weeks ago
446MB
nvcr.io/nvidia/l4t-ml   r32.5.0-py3      b2944895855d       2 months ago
3.98GB
```

イメージの削除

イメージの削除は「docker rmi」コマンドで行います。

```
$ docker rmi [オプション] イメージ [イメージ...] ⏎
```

●例：

```
$ docker rmi nvcr.io/nvidia/l4t-ml:r32.5.0-py3 ⏎
```

参考サイト

本稿執筆にあたり参考にしたサイトは次のとおりです。Dockerの使いこなしにお役立てください。

●What is a Container?

https://www.docker.com/resources/what-container

●Docker ドキュメント日本語化プロジェクト

http://docs.docker.jp/index.html

Dockerイメージを作る

前節までで、既存のイメージからコンテナを生成して利用する方法を解説しました。ここではさらに進んで、オリジナルDockerイメージの作成方法を解説します。なお、前節で述べたとおりdockerコマンドのsudoは省略しています。

イメージの作成フロー

「**docker build**」コマンドを実行すると、Dockerは「**Dockerfile**」から命令を読み込んで、自動的にイメージをビルドします。Dockerfileはイメージを作成するためのレシピのようなものと考えるとわかりやすいと思います。

通常、一からイメージを作成するということはなく、ベースとなるイメージに必要なソフトウェアを追加していきます。そのためdocker buildコマンド実行中は、apt-getコマンドや、pipコマンドでインターネットからダウンロードおよび、ベースイメージへのインストールが行われます。そのため、docker buildコマンド実行時はJetson Nanoがインターネットに接続している必要があります。

●イメージの作成フロー

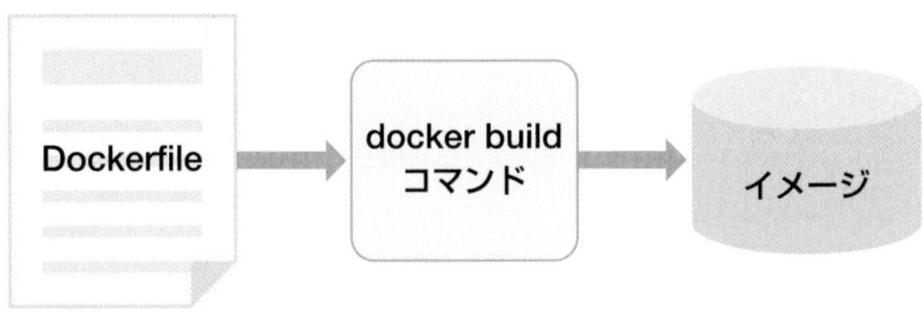

Dockerfileの作成

試しに、簡単なDockerfileを書いてみましょう。Dockerfileはテキストファイルですので、geditやvi、nanoなどのテキストエディタで編集できます。

例としてここでは、NVIDIA NGCで公開されているJetson向けTensorFlow 2.3イメージに、JupyterLabを追加したDockerfileを作成してみます。先に紹介したNVIDIA機械学習イメージは、PyTorchやいろいろなモジュールが最初から組み込まれていてとても便利ですが、JetPack 4.5（L4T r32.5.0）用は、TensorFlowのバージョンが1.15です。そのため、TensorFlowの使用が目的であれば、より新しいバージョンのJetson向けTensorFlowイメージを使いたくなります。しかし、このイメージには、Jupyter NotebookやJupyterLabはインストールされていません。そこで、TensorFlowイメージにJupyterLabを追加して、自分用のイメージを作成しようと思います。

●ベースとなるイメージ

NVIDIA L4T TensorFlow
https://ngc.nvidia.com/catalog/containers/nvidia:l4t-tensorflow

Dockerfileの編集

次の内容で「Dockerfile」という名前のファイルをJetson上に作成してください。ファイルを置くディレクトリはどこでも構いません。「ARG L4T_VERSION=32.5.0」で指定するバージョンは、自分の環境（L4Tバージョン）に合わせてください。

●Dockerfileの編集

Dockerfile

```
#
# Jetson用TensorFlowイメージにJupyterLabを加える
#

ARG L4T_VERSION=32.5.0                                                    ①
ARG TF_VERSION=2.3
ARG BASE_IMAGE=nvcr.io/nvidia/l4t-tensorflow:r${L4T_VERSION}-tf${TF_VERSION}-py3
FROM ${BASE_IMAGE} ②

ENV DEBIAN_FRONTEND=noninteractive  ③
ENV LANG C.UTF-8

RUN apt-get update \
    && apt-get install -y --no-install-recommends \
        python3-cffi \
        python3-dev \
        python3-pip \                                ④
        python3-matplotlib \
    && rm -rf /var/lib/apt/lists/*

RUN pip3 install jupyter jupyterlab --verbose

WORKDIR / ⑤

CMD /bin/bash -c "jupyter lab --ip 0.0.0.0 --port 8888 --allow-root" & \  ⑥
   /bin/bash
```

Dockerfileの内容を順に見ていきましょう。

①ARG命令は変数を定義して、ビルド時にその値を受け渡します。ここではL4Tのバージョンと、TensorFlowのバージョンを定義し、さらにベースとなるイメージのリポジトリ名とタグを定義しています。ARG命令で定義

した変数は、docker buildコマンドにおいて--build-arg <varname>=<value> オプションで値を引き渡すことができます。例ではデフォルトのL4Tバージョンと、TensorFlowバージョンを定義していますが、docker buildコマンド実行時に変更することができます。

②FROM命令はベースイメージを指定します。

③ENV命令は環境変数を定義します。この環境変数はDockerfile内の環境で有効で、かつ、そのDockerfileで生成されたイメージから実行されたコンテナでも維持されます。例では、DEBIAN_FRONTEND環境変数をnoninteractiveに設定して、docker buildコマンド実行中の処理において、インタラクティブな動作を行わないようにしています。イメージのビルドは自動的に行われ、ユーザーが関与する手段がないためです。もう一方のLANG環境の設定は、イメージビルド時にユニコードデコード関連のエラーを避ける目的で、念のために施した設定です。

④RUN命令で、あらゆるコマンドを実行できます。

RUN命令で実行する代表的なコマンドはapt-getとpipです。apt-get updateとapt-get installを1つのRUN命令で行っていることに注意してください。docker buildコマンドではDockerfile内の命令単位でキャッシュします。一度キャッシュすると、キャッシュした命令よりも下に記述されている命令が変更になっても、キャッシュしたものが再利用されるので、イメージのビルドが短時間に完了します。apt-get updateとapt-get installを別々のRUN命令で実行すると、apt-get install部分を修正してもapt-get updateの方はキャッシュされた古い情報が有効なので、apt-get installでは古いバージョンのパッケージがインストールされる恐れがあります。

apt-get installでは-yオプションを付けて、確認に対して常にYesで返すようにしています。イメージのビルドは自動的に完了するので、Yesの入力ができないためです。

apt-get installの後には、/var/lib/apt/lists/*を削除してaptのキャッシュがイメージに残らないようにしています。イメージのサイズを可能な限り小さくするためです。

なお、Dockerfileではaptではなくapt-getが推奨されています。

2番目のRUN命令では、pip3によりPythonパッケージのインストールを行います。

⑤WORKDIR命令はワーキングディレクトリを指定します。

⑥CMD命令はコンテナ実行時のデフォルトの処理を指定します。例では、コンテナ内にJupyterLabをバックグラウンドで起動し、さらに、インタラクティブなbashシェルを起動します。

イメージのビルド

docker buildコマンドでイメージをビルドします。Dockerfileが置いてあるディレクトリで実行する必要があります。

```
$ docker build -t my-tf2-container:0.1 . ⏎
```

Dockerfileの書き間違いなどでビルドが失敗した場合、ビルドのキャッシュで期待通りにビルドできないことがあります。そのときは次のように、--no-cacheフラグを付けて実行すると、最初からビルドし直します。

```
$ docker build --no-cache -t my-tf2-container:0.1 . ⏎
```

最後に「Successfully tagged my-tf2-container:0.1」と表示されれば成功です。

ビルドしたイメージでコンテナを実行

作成したイメージでコンテナを実行してみましょう。コンテナの実行はdocker runコマンドで行います。

```
$ docker run -it --rm --net=host --runtime nvidia my-tf2-container:0.1 ⏎
```

JupyterLabサーバーが自動的に起動して、次のようなメッセージが出力されるはずです。最後に表示されている2通りのURLのどちらかをJetson NanoのChromium Web Browserで開けば、JupyterLabの画面が表示されます。（Ctrlキーを押しながら、URLをマウスでクリックすれば、Chromium Web Browserが自動的にJupyterLabの画面を開きます。）

```
[I 2021-02-23 04:32:28.626 ServerApp] nbclassic | extension was successfully load
ed.
[I 2021-02-23 04:32:28.627 ServerApp] Serving notebooks from local directory: /
[I 2021-02-23 04:32:28.627 ServerApp] Jupyter Server 1.4.1 is running at:
[I 2021-02-23 04:32:28.628 ServerApp] http://jetson-desktop:8888/lab?token=cd37fd2
0554c77af7e2f44fe59fce7e3c5634f262712b8da
[I 2021-02-23 04:32:28.628 ServerApp]  or http://127.0.0.1:8888/lab?token=cd37fd20
554c77af7e2f44fe59fce7e3c5634f262712b8da
[I 2021-02-23 04:32:28.628 ServerApp] Use Control-C to stop this server and shut
down all kernels (twice to skip confirmation).
[W 2021-02-23 04:32:28.646 ServerApp] No web browser found: could not locate runnab
le browser.
[C 2021-02-23 04:32:28.646 ServerApp]

    To access the server, open this file in a browser:
        file:///root/.local/share/jupyter/runtime/jpserver-6-open.html
    Or copy and paste one of these URLs:
        http://jetson-desktop:8888/lab?token=cd37fd20554c77af7e2f44fe59fce7e3c5634
f262712b8da
     or http://127.0.0.1:8888/lab?token=cd37fd20554c77af7e2f44fe59fce7e3c5634f2627
12b8da
```

Notebook作成ボタンをクリックして、Jupyter Notebookを新規作成してください。

●Notebook作成ボタン

Jupyter NotebookでTensorFlowのバージョンを確認してみましょう。

●TensorFlowバージョンの確認

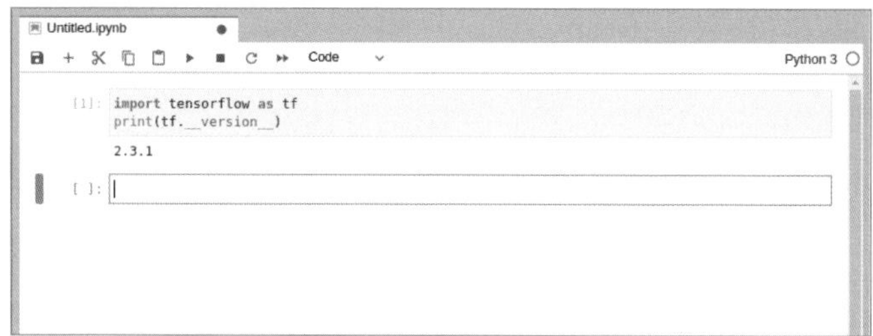

以上で、イメージの作成と、そのイメージでコンテナの実行を確認できました。

Terminal内で何らかのキー入力を行うと、コンテナ内に起動しているシェルのプロンプトが現れます。exitコマンドでコンテナを停止して、ホスト側のシェルに戻ります。

```
# exit ↵
```

NVIDIA L4T Base

NVIDIA NGCでは、NVIDIA L4T Baseというイメージを提供しています。このイメージはL4T部分のみの機能を提供するもので、Jetson用イメージのベースとなります。上記の例で、ベースとしたNVIDIA L4T TensorFlowイメージも、このNVIDIA L4T Baseイメージをベースとしています。アプリケーションをコンテナ化する場合も、このNVIDIA L4T Baseイメージをベースとして始めることになると思います。

●NVIDIA L4T Base

https://ngc.nvidia.com/catalog/containers/nvidia:l4t-base

NVIDIA社によるDockerの機能拡張

ライブラリファイルの共有

Jetsonで動作するDockerは、NVIDIA社により拡張が施されています。これに関して2点注意が必要です。

もっとも注意すべき点は、CUDAなどNVIDIA社固有のライブラリおよびヘッダファイルはイメージに含めず、コンテナ内からホスト側に存在するファイルを読み出せるようにできていることです。これはイメージの巨大化を防ぐためです。ホスト側の/etc/nvidia-container-runtime/host-files-for-container.d ディレクトリに以下のCSVファイルが配置され、このCSVファイルがコンテナ内から読み出せるファイルを指定しています。

- **cuda.csv**
- **cudnn.csv**
- **l4t.csv**
- **tensorrt.csv**
- **visionworks.csv**

上記の方法で指定されたファイルに読み出しは可能ですが、書き込みは不可能なため、それらのファイルに変更が発生するような、ライブラリのインストールをコンテナ内で行うことはできません。

こうしたホスト側ファイルをコンテナ側と共有する仕組みのため、ホスト側のL4Tバージョンと、コンテナ側のL4Tバージョンを一致させる必要があります。

そのため、NVIDIA NGCで公開しているJetson向けイメージは、L4Tのバージョンごとに用意されています。

イメージビルド時のCUDAコンパイラ利用

次の注意点は、イメージのビルド時に、CUDAコンパイラを利用する場合に関するものです。この場合は/etc/docker/daemon.jsonファイルに、次のとおり "default-runtime": "nvidia" を追加する必要があります。

●CUDAコンパイラ利用

/etc/docker/daemon.json

```
{
    "runtimes": {
        "nvidia": {
            "path": "nvidia-container-runtime",
            "runtimeArgs": []
        }
    },
    "default-runtime": "nvidia"
}
```

追記します

詳細は次のページを参照してください。

●GitHub dusty-nv/jetson-containers - Docker Default Runtime

https://github.com/dusty-nv/jetson-containers#docker-default-runtime

Dockerを利用したデプロイメント

ここでは、複数のDockerコンテナを組み合わせて1つのアプリケーションを構築する例を紹介します。例として選んだのは、Chapter 5-4で紹介した物体検出アプリケーションを拡張して、検出結果をダッシュボードに表示するアプリケーションです。

サンプルアプリケーションの構成

本アプリケーションは次の3個のコンテナから構成されます。

Messagingサービス

Messagingサービスは、コンテナ間のメッセージングサービスを担当します。通信プロトコルにはIoT分野で一般的なMQTTを使用します。実際に使用するイメージは、Docker Hubで公開されているEclipse Mosquittoイメージ（https://hub.docker.com/_/eclipse-mosquitto）です。

Dashboardサービス

Dashboardサービスは、データの可視化を担当します。ウェブブラウザで検出結果を表示できるようにします。実際に使用するイメージは、Docker Hubで公開されているNode-REDイメージ（https://hub.docker.com/r/nodered/node-red）です。本サンプルでは、人が検出されるたびにカウントアップするカウンタを表示します。なお、Node-REDは可視化に留まらず、かなり複雑なデータ処理をする機能もあります。

Inferenceサービス

Inferenceサービスは、Chapter 5-4で紹介した物体検出アプリケーションにMQTTプロトコルで結果を送信する機能を追加してコンテナ化したものです。送信するメッセージはコンマ区切りのテキストデータで、次の情報を含んでいます。

1. フレーム番号
2. 検出されたクラス
3. スコア
4. バウンディングボックス x_min
5. バウンディングボックス y_min
6. バウンディングボックス x_max

7. バウンディングボックス y_max

●例：

2312,tvmonitor,0.61,480,4,627,176

2312,person,0.60,82,103,547,480

●サンプルアプリケーションの構成（各コンテナの下に示した語句は、MQTTプロトコルにおける役割）

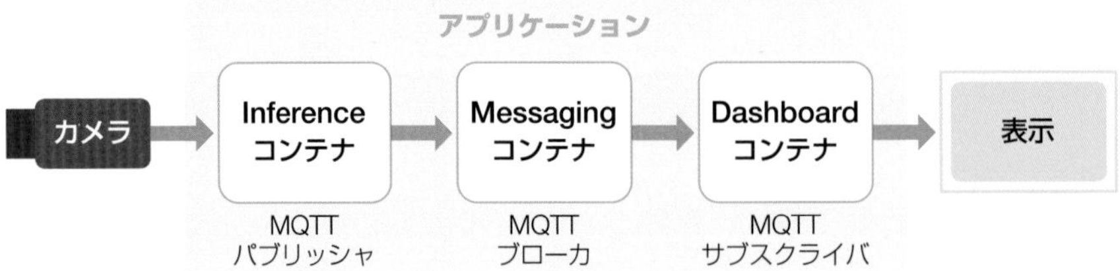

物体検出アプリケーションのコンテナ化

イメージのビルド

まずはイメージをビルドしてみましょう。ホスト側のL4Tバージョンと、ベースイメージ（NVIDIA L4T Base）のバージョンを合わせる必要があるので、docker_build.shシェルスクリプトの内部でNVIDIA L4T Baseイメージのタグを自動選択しています。

ビルドには約30分間を要します。途中、エラーではないメッセージでも赤色に表示されるものがあります。

```
$ git clone https://github.com/tsutof/tiny_yolov2_onnx_cam ↵
$ cd tiny_yolov2_onnx_cam ↵
$ chmod +x ./scripts/*.sh ↵
$ ./scripts/docker_build.sh ↵
```

動作確認

このイメージから起動したコンテナを単独でテストしてみましょう。docker_run.shシェルスクリプトの中で、/dev/video0カメラデバイスをコンテナに追加しています。カメラデバイスに応じて変更または追加してください。

```
$ ./scripts/docker_run.sh ↵
```

次のように、コンテナ内で実行されたシェルのプロンプトが表示されます。

```
reading L4T version from /etc/nv_tegra_release
L4T BSP Version:  L4T R32.5.0
l4t-base image:  nvcr.io/nvidia/l4t-base:r32.5.0
access control disabled, clients can connect from any host
[sudo] password for jetson:
root@jetson-desktop:/tiny_yolov2_onnx_cam#
```

Chapter 5-4で説明した方法でアプリケーションを起動してみましょう。/dev/video0のUSBカメラの場合は引数なしでも起動できます。

```
# python3 tiny_yolov2_onnx_cam.py
```

Raspberry Pi Camera Module V2などMIPI-CSI接続のカメラの場合は--csiオプションを付けてください。

```
# python3 tiny_yolov2_onnx_cam.py --csi
```

カメラから取り込んだ画像が表示され、検出した物体がバウンディングボックスで囲まれることを確認してください。ウィンドウを閉じるかEscキーを押すとアプリケーションが終了します。コンテナのシェルでexitコマンドを実行することでホスト側のシェルに戻れます。

```
# exit
```

9

Docker Composeを利用したデプロイメント

3個のコンテナによるアプリケーションを試します。アプリケーション実行のたびに3個のコンテナそれぞれを1つずつ起動するのは非常に面倒です。複数コンテナを定義、起動するために「**Docker Compose**」というソフトウェアを利用します。

Docker Composeのインストール

DockerはJetPackにあらかじめインストールされていましたが、Docker Composeはインストールする必要があります。本書執筆時現在、このインストールには注意すべき点があります。

Chapter 9-3で紹介したNVIDIA社によるDockerの拡張機能を利用するには、コンテナ起動にランタイム指定が必要です。しかし、aptコマンドでインストールできるDocker Composeはバージョンが古く、ランタイム指定ができません。そのためDocker Composeをpipでインストールする必要があります。

pipはJetPackにあらかじめインストールされていないので手動でインストールする必要がありますが、aptでインストールするpipのバージョンが古く、ここでもDocker Composeのインストールに失敗します。pipでpip自身をバージョンアップできますが、aptでインストールしたpipでそれを行うと不具合が生じるのでお勧めできません。

そのため少し面倒ですが、次のようにcurlコマンドを使って、インストールするpipを直接指定してインストールし、インストールしたpipでDocker Composeをインストールします。なお、aptでインストールできるDocker Composeのバージョンが上がれば、この問題は解決すると思われます。

aptでインストールしたpipが既に存在する場合、アンインストールします。

```
$ sudo apt remove python3-pip
```

pipをインストールします。この方式でインストールするPython3向けpipのコマンド名は、「pip3」ではなく「pip」となることに注意してください。

```
$ sudo apt update
$ sudo apt install curl python3-testresources
$ curl -kL https://bootstrap.pypa.io/get-pip.py | python3
```

インストールしたpipでDocker Composeをインストールします。

```
$ python3 -m pip install --user docker-compose
```

ホームディレクトリの.bashrcファイル（~/.bashrc）の最後の行にPATH設定を追記します。ユーザーディレクトリ直下の./local/binにパスを通します（Docker Composeをユーザー権限でインストールしたために必要な設定です）。

テキストエディタでホームディレクトリの.bashrcファイルを開き、次のように追記します。「ユーザーディレクトリ」部分は、自分が作成したJetson Nanoログインユーザーのユーザーディレクトリ（本書の例ではjetson）を指定してください。

●パスを通す

~/.bashrc

```
PATH="$PATH":/home/ユーザーディレクトリ/.local/bin
```

追記します

.bashrcを再度読み込んで、上記のPATH設定を有効にします。

```
$ source ~/.bashrc
```

Docker Composeがインストールできたことを確認します。docker-composeコマンドを実行します。

```
$ docker-compose --version
docker-compose version 1.28.5, build unknown
```

Composeファイル

Docker Composeに対する指示は「**Composeファイル**」で行います。このファイルの形式はYAMLと呼ばれるもので、通常「**docker-compose.yml**」というファイル名で作成します。

サンプルアプリケーションのComposeファイルです。

●Composeファイル

docker-compose.yml

```
version: '3'

services:

  messaging:
    network_mode: "host"
    image: "eclipse-mosquitto"

  dashboard:
    build:
      context: ./
      dockerfile: "Dockerfile.node-red"
    network_mode: "host"
    environment:
      - FLOWS=/usr/src/node-red/myflows/flows_person_count.json
    volumes:
      - "${PWD}/flows:/usr/src/node-red/myflows"
    depends_on:
      - "messaging"

  inference:
    build:
      context: ./
      args:
        - BASE_IMAGE=${BASE_IMAGE}
    image: tiny_yolov2_onnx_cam:l4t-r${L4T_VERSION}
    network_mode: "host"
    runtime: "nvidia"
    environment:
      - DISPLAY=${DISPLAY}
    devices:
      - "/dev/video0:/dev/video0"
    volumes:
      - "/tmp/argus_socket:/tmp/argus_socket"
      - "/tmp/.X11-unix/:/tmp/.X11-unix"
    depends_on:
      - "dashboard"
    command: python3 tiny_yolov2_onnx_cam_mqtt.py --topic tiny_yolov2_onnx_cam ⮐
--novout
```

9

docker runコマンドのオプションに似ているので何となく理解できるかもしれませんが、要点を次にまとめます。

- **Messagingサービス➡Dashboardサービス➡Inferenceサービスの順にコンテナが起動するように、depends_onオプションで依存関係を定義しています。**
- **Messagingサービスでは、Eclipse Mosquittoイメージをそのまま利用しています。**
- **Dashboardサービスでは、Node-REDイメージには標準でインストールされていないnode-red-dashboardモジュールをインストールしたイメージを作成するための、Dockerfile.node-redを定義しています。**
- **Node-REDで動作させるフローflows_person_count.jsonは、ボリュームマウントにより、コンテナ内から参照できるようにし、環境変数FLOWSにより、Node-REDへフローファイルを指定しています。**
- **Inferenceサービスでは、commandオプションで、物体検出プログラムが自動的に起動するようにしています。**
- **複数のコンテナを起動する本アプリケーションでは、物体検出プログラムで表示を行うと、高い確率で、PyCUDA関連のエラーが発生することがわかったので、物体検出プログラムは--novoutオプションを付けて、カメラ映像の表示を行わないようにしています。今後、プログラムの改良で、この問題が改善する可能性はありますが、これが現時点の対策です。**

本書では深く解説しませんが、Composeファイルの詳細についてはDocker社のドキュメントを参照してください。

● Docker Documentation

https://docs.docker.com/

アプリケーションの実行

サービス用のコンテナの構築・作成・起動は「docker-compose up」コマンドで行います。ただし、本アプリケーションの場合は前述のとおり、ホスト側のL4Tバージョンとベースイメージ（NVIDIA L4T Base）のバージョンを合わせる必要があるので、まとめて、compose-up.shシェルスクリプトの内部で行っています。

```
$ ./scripts/compose-up.sh
```

ログが表示されて各コンテナが起動する様子が確認できると思います。

```
reading L4T version from /etc/nv_tegra_release
L4T BSP Version:  L4T R32.5.0
l4t-base image:  nvcr.io/nvidia/l4t-base:r32.5.0
Creating tiny_yolov2_onnx_cam_messaging_1 ... done
Creating tiny_yolov2_onnx_cam_dashboard_1 ... done
Creating tiny_yolov2_onnx_cam_inference_1 ... done
Attaching to tiny_yolov2_onnx_cam_messaging_1, tiny_yolov2_onnx_cam_dashboard_1,
tiny_yolov2_onnx_cam_inference_1
dashboard_1   |
dashboard_1   | > node-red-docker@1.2.9 start /usr/src/node-red
dashboard_1   | > node $NODE_OPTIONS node_modules/node-red/red.js $FLOWS "--userDir"
"/data"
dashboard_1   |
messaging_1   | 1614411594: mosquitto version 2.0.7 starting
messaging_1   | 1614411594: Config loaded from /mosquitto/config/mosquitto.conf.
messaging_1   | 1614411594: Starting in local only mode. Connections will only be po
ssible from clients running on this machine.
```

前ページで解説した理由によりカメラ映像の表示を行わないので、物体検出が始まるタイミングを把握しづらいですが、しばらくしたらJetson Nano上のChromium Web Browserを起動してhttp://localhost:1880/uiへアクセスしてください。次のようなダッシュボード表示を確認できると思います。人が検出される度にカウントアップします。

●ダッシュボードの表示

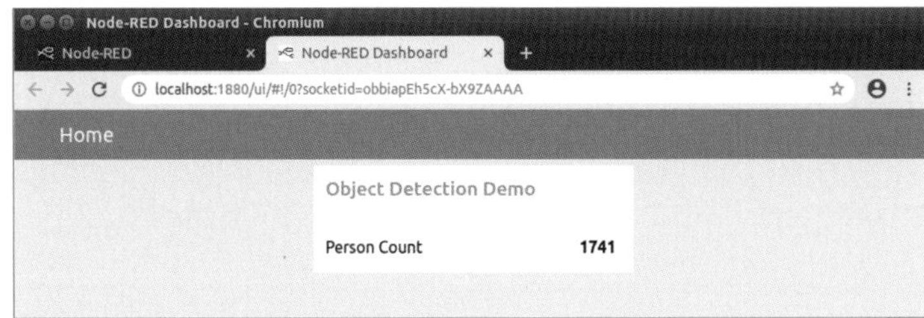

http://localhost:1880へアクセスすると、動作しているNode-REDフローを確認できます。

●Node-REDフロー

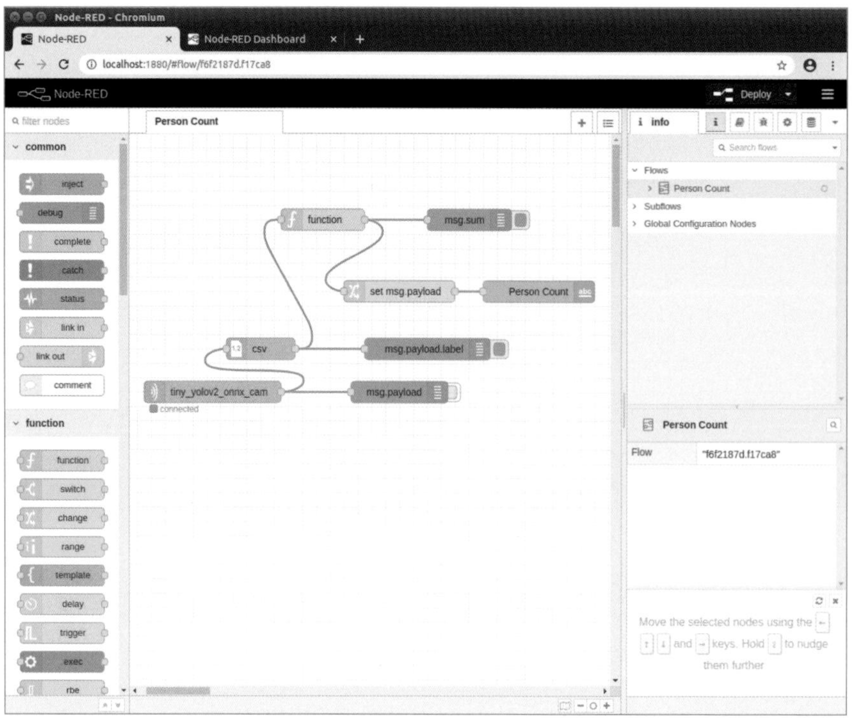

アプリケーションの停止

通常、サービス用コンテナの停止は「docker-compose down」コマンドで行います。ただし、本サンプルプログラムではcompse-down.shシェルスクリプトでコンテナを停止させます。停止と同時に、サービス用コンテナは削除されます（イメージは削除されません）。

新規Terminalを起動して、tiny_yolov2_onnx_camディレクトリで次のコマンドを実行してください。

```
$ ./scripts/compose-down.sh ⏎
```

次のようなログ表示で、コンテナの停止と削除を確認できます。

```
Stopping tiny_yolov2_onnx_cam_inference_1 ... done
Stopping tiny_yolov2_onnx_cam_dashboard_1 ... done
Stopping tiny_yolov2_onnx_cam_messaging_1 ... done
Removing tiny_yolov2_onnx_cam_inference_1 ... done
Removing tiny_yolov2_onnx_cam_dashboard_1 ... done
Removing tiny_yolov2_onnx_cam_messaging_1 ... done
```

INDEX

著者紹介

からあげ

愛知県のモノづくり系企業で働くエンジニア。妻と娘の3人家族。趣味はカメラと電子工作で、創作物をブログやイベントで精力的に発信中。著書に「からあげ先生のとにかく楽しいAI自作教室」(日経BP)の他、「ラズパイマガジン」「日経Linux」等多数の商業誌・Webメディアへ記事を寄稿。好きな食べ物は、からあげ。

ブログ 「karaage.」(https://karaage.hatenadiary.jp)
Twitter @karaage0703(https://twitter.com/karaage0703)

北崎(きたざき) 恵凡(あやちか)

野良ハックチーム「ざっきー」。同好の士が集まり趣味でモノづくり活動をしています。

Twitter @Zakkiea(https://twitter.com/Zakkiea)

鶴長(つるなが) 鎮一(しんいち)

大学院在学中からISPの立ち上げに携わり、紆余曲折を経て現在ソフトバンク(株)に勤務。2018年に、突出した知識やスキルを持つ第一人者を認定した「Technical Meister」に任命される。サイバー大学での講師をはじめ、AIインキュベーションの「DEEPCORE」でのテクニカルディレクターなど、幅広い業務に従事。Software Design(技術評論社)や日経Linuxへの寄稿をはじめ、著書に『rsyslog 実践ログ管理入門』(技術評論社)、『Nginx ポケットリファレンス 』(技術評論社)、『MySQL徹底入門 第4版』(翔泳社)ほか多数。

中畑(なかはた) 隆拓(たかひろ)

スマートライト株式会社
DALIやKNXといった国際規格のオープンなプロトコルを使って設備制御してる人。IP通信で設備をつなぎ、設備側からDXやSociety5.0を実現する会社を目指しています!

ブログ 「デジタルライト.」(https://digital-light.jp/)
YouTubeチャンネル 「スマートライト」(https://www.youtube.com/smartlightjp)
Twitter @nakachon(https://twitter.com/nakachon)

古瀬(ふるせ) 勉(つとむ)

技術士(情報工学部門)。外資系半導体メーカーを経て、現在、株式会社マクニカに勤務。フィールドアプリケーションエンジニアとして半導体製品の、顧客向け技術サポートを担当。平日は仕事として、休日は趣味として、組み込みシステムに取り組む毎日。

Jetson Nano 超入門 改訂第2版

2021年4月30日　初版　第1刷発行

著　　　者　Jetson Japan User Group（からあげ　北崎恵凡　古瀬勉　鶴長鎮一　中畑隆拓）
カバーデザイン　広田正康
発　行　人　柳澤淳一
編　集　人　久保田賢二
発　行　所　株式会社ソーテック社
〒102-0072　東京都千代田区飯田橋4-9-5　スギタビル4F
電話（注文専用）03-3262-5320　FAX 03-3262-5326
印　刷　所　大日本印刷株式会社

ISBN978-4-8007-1283-7